[増訂版]

現代社会は持続可能か
基本からの環境経済学

古林英一

日本経済評論社

増訂版まえがき

2013年に本書初版を出版し，はや6年の歳月が流れた．初版刊行時に存命だったコースや宇沢弘文も鬼籍に入ってしまった．時の流れの早さを感じる．環境をめぐる動きでいえば，わが国は参加しなかったが，京都議定書の第2約束期間もすでに終わりをむかえ，パリ協定の時代になろうとしている．京都議定書が採択から発効までに長い時間を要したのに対して，パリ協定は採択の翌年には発効した．それだけ事態が深刻化しているということなのだろう．

ごみ関係の問題でいえば，海洋プラスチックごみを契機として，プラスチックの利用や廃棄に関する世界的な議論が巻き起こっている．この問題は単なるごみ問題の範囲を越え，石油製品に依存する現代社会そのもののあり方に関わる大きな問題となりつつある．

環境問題に関する議論は日々刻々変化している．この増訂版も早晩内容が古くて使いものにならなくなるだろう．ただ，事実関係についての記述は古くなってしまったとしても，環境問題に対する見方や考え方が古くなるとは思わない．主たる読者である学生諸君は個々の事実よりも，見方や考え方について学んでほしいと切に思う．「学んでほしい」というのは筆者のものの見方・考え方を受け入れてほしいという意味では決してない．情報を鵜呑みにせず，自分の頭で判断できるようになってほしいという意味だ．

増訂版での変更点などについてふれておこう．

第1章から第5章までの構成は変えていない．ただ記述内容を少し変え，新たに写真を何枚かいれた．歴史の時間で習うせいだろうが，足尾銅山事件や四大公害訴訟は過去の話としてしか認識していない人が多い．事件の発生は過去の話だし，今では大気も水もきれいになっているが，その爪痕は未だ

に残っており，事件そのものが完全に過去の話になってしまっているわけではない．破壊された環境は一朝一夕に復元できるものではない．

初版の第6章は補章として巻末に移し，初版第7章を大きく膨らませ，第6章から第8章を自然の保護・保全や生態系にかかわる諸問題にあてた．自然や生態系保全などの記述が大きく増えたのは筆者本人の個人的事情による．

真面目で熱心な会員とはとてもいえないが，筆者は一般社団法人北海道自然保護協会という団体に所属している．特に動物や植物に詳しいわけでもなく，強い興味があったわけでもない．植物の名前など何回聞いても覚えられない．そんな筆者がなぜ所属したかというと，ひょんなことから，北海道の植物に関してはこの人の右に出る者がないという植物学者で，なおかつわが北海学園大学名誉教授でもある佐藤謙前会長に引きずり込まれたという他にない．それでも引きずり込まれたおかげで，札幌円山公園での外来植物の駆除作業にちょこっと参加してみたり，外来生物の駆除活動をおこなっている人の話をちょこっと聞いたりすることが多くなった．

円山公園のゴボウ（道外から持ち込まれた栽培種が野生化したものといわれる．いわば野良ゴボウだ）の駆除活動の結果，4年前にはゴボウが生い茂っていたエリアに今では在来植物が生えている．自然は常に変化しているもんだとしみじみ思う．本書に記載した生物関係の小ネタの多くは，自然保護協会を通じていろいろな人に教示してもらったことに負うところが大きい．ネット時代の今日だ．ヨコハマナガゴミムシ，レブンアツモリソウ，カラカネイトトンボなど本書に登場する生物はネットで検索すれば簡単にその姿をみることができる．ぜひ見てほしいと思う．

本書が深く環境問題を考えるきっかけになればうれしい．本書が売れて印税がはいってくればもっとうれしいが，印税で稼ぐことは完全に諦めている．はっきり断言するが，世界的に知名度が高い学者ならいざ知らず，筆者レベルの学者が学生に本を売りつけて儲けることは不可能だ．投入した労力を貨幣換算するとテキストの執筆など，経済合理性の観点からすると，とても割に合う作業ではない．いわゆる科学者が科学的に行動するとは限らないのと

同様，経済学者が経済合理的な行動をとるとは限らないのだ．

　本書の記述内容が多少なりとも読者の記憶に残ってくれれば幸いだ．

　2019 年 7 月　北海道らしからぬ猛暑の研究室にて

目次

増訂版まえがき

第1章　環境と社会・経済 ………………………………………………… 1

 1.　環境と人間社会 … 1

  (1)　環境と生物 1

  (2)　環境問題とは何か？ 3

 2.　環境問題と経済学 … 6

  (1)　環境問題と経済活動 6

  (2)　経済学と環境問題 9

  (3)　本書の構成 11

第2章　近世以前の環境問題 ……………………………………………… 13

 1.　古代から中世の環境保護政策 … 13

  (1)　古代の環境政策 13

  (2)　中世の環境政策 15

 2.　近世の環境問題 … 18

  (1)　鉱害問題の発生 18

  (2)　江戸モデル 20

第3章　近代化と環境問題 ………………………………………………… 25

 1.　富国強兵と殖産興業 … 25

 2.　足尾銅山鉱毒事件 … 26

  (1)　鉱毒問題 26

目次　　　　　vii

　　　(2)　鉱毒反対運動　29

　　　(3)　現在も続く鉱毒事件　32

　　3.　工業化と公害　　　　　　　　　　　　　　　　　　　　34

第4章　高度経済成長と公害問題の深刻化 ……………………………… 39

　　1.　公害問題の再発と深刻化　　　　　　　　　　　　　　39

　　　(1)　高度経済成長　39

　　　(2)　典型7公害　41

　　2.　四大公害訴訟　　　　　　　　　　　　　　　　　　　45

　　　(1)　水俣病　45

　　　(2)　新潟水俣病　47

　　　(3)　イタイイタイ病　49

　　　(4)　四日市ぜん息　51

　　3.　反公害運動と公害国会　　　　　　　　　　　　　　　54

　　　(1)　公害対策基本法の制定　54

　　　(2)　公害反対運動と公害国会　57

第5章　地球環境問題の時代 ……………………………………………… 63

　　1.　環境問題の国際化　　　　　　　　　　　　　　　　　63

　　　(1)　国境を越える環境問題　63

　　　(2)　酸性雨　64

　　　(3)　スリーマイルとチェルノブイリ　66

　　　(4)　ボパール化学工場事故　69

　　2.　国際的取り組みのはじまり　　　　　　　　　　　　　72

　　　(1)　『成長の限界』と国連人間環境会議　72

　　　(2)　ブルントラント委員会　75

　　3.　地球サミットから現在　　　　　　　　　　　　　　　78

　　　(1)　地球サミット　78

（2）　環境基本法の制定　79

（3）　地球サミット以降　81

第6章　環境の保護・保全と利用　……………………………………　85

1.　自然保護の思想と国立公園　85

（1）　近代的自然保護思想とイエローストーン国立公園　85

（2）　わが国の国立公園制度　88

（3）　保護と保全　97

（4）　自然保護運動　102

2.　都市環境　106

（1）　アメニティ　106

（2）　景観とフットパス　108

（3）　都市問題　111

（4）　交通問題　113

第7章　環境の評価　……………………………………　117

1.　費用便益分析（CBA）　117

2.　CBA の問題点　126

3.　非市場財の価値　131

4.　非市場財の評価手法　134

第8章　生物の保護と利用　……………………………………　145

1.　生物多様性　145

（1）　生物多様性条約　145

（2）　名古屋議定書と愛知目標　148

（3）　生態系サービス　152

（4）　生態系サービスへの支払　154

2.　資源としての生物　157

目次　　　　　　　　　　　　　　ix

　　　(1)　資源管理の理論　157

　　　(2)　コモンズの悲劇　163

　　　(3)　環境保全とコモンズ　166

　　3.　野生生物との共存　　　　　　　　　　　　　　　　169

　　　(1)　野生鳥獣害　169

　　　(2)　鳥獣害拡大の要因と対応　173

　　　(3)　外来生物問題　178

第9章　地球温暖化問題 ……………………………………… 185

　　1.　地球温暖化　　　　　　　　　　　　　　　　　　　　185

　　　(1)　温室効果　185

　　　(2)　IPCC レポートから UNFCCC（気候変動枠組条約）へ　188

　　　(3)　京都議定書と京都メカニズム　193

　　　(4)　パリ協定　196

　　2.　温室効果ガス削減の手法　　　　　　　　　　　　　　199

　　　(1)　直接規制と経済的手法　199

　　　(2)　環境税制　201

　　　(3)　排出取引　206

第10章　ごみ問題とリサイクル ……………………………… 211

　　1.　ごみ問題　　　　　　　　　　　　　　　　　　　　　211

　　　(1)　磯野家のごみ　211

　　　(2)　混ぜればごみ，分ければ資源　217

　　　(3)　ごみ有料化とリサイクル制度　218

　　2.　グッズとバッズ　　　　　　　　　　　　　　　　　　220

　　　(1)　ごみと資源は紙一重　220

　　　(2)　グッズとバッズの理論　225

　　　(3)　バッズ取引の問題点　227

x

3. ごみの排出抑制政策　　　　　　　　　　　　　230

(1) ごみの有料化　230

(2) デポジット・リファンドシステム　232

(3) 拡大生産者責任 EPR とリサイクル制度化　237

4. 海洋プラスチックごみ　　　　　　　　　　　　　241

第 11 章　食と化学物質：リスクへの対応 …………………………… 243

1. 化学物質への懸念　　　　　　　　　　　　　　243

(1) 身土不二と食育　243

(2) 『沈黙の春』と『奪われし未来』　246

2. リスクへの対応　　　　　　　　　　　　　　　251

(1) リスクと予防原則　251

(2) HACCP とトレーサビリティ　253

(3) リスク管理の原則　256

補章　環境経済論の基礎理論 …………………………………………… 261

1. 外部不経済　　　　　　　　　　　　　　　　　261

(1) 市場の合理性　261

(2) 外部不経済と市場の失敗　264

(3) ピグー税　267

(4) コースの定理　269

2. 社会的費用　　　　　　　　　　　　　　　　　273

(1) K.W. カップの社会的費用論　273

(2) 宇沢弘文『自動車の社会的費用』　277

参考文献　　　　　　　　　　　　　　　　　　　　281

索引　　　　　　　　　　　　　　　　　　　　　　287

第1章
環境と社会・経済

1. 環境と人間社会

(1) 環境と生物

　とりあえず「環境」という言葉を辞書で引いてみる．すると，「かん‐きょう【環境】クワンキャウ　まわりを取り巻く周囲の状態や世界．人間あるいは生物を取り囲み，相互に関係し合って直接・間接に影響を与える外界」（大辞泉）と書いてある．

　生物は外界との物質交換によって生命を維持している．植物でも動物でも酸素やその他の物質を体内に取り込み，成長や活動のためのエネルギーを得ている．近代科学では，人間を一種の機械として考えるようになった．その出発点が近代合理主義哲学の祖といわれるデカルト（René Descartes, 1596-1650）だ．いきなり，デカルト……．何やら格調高い感じだ．だが，これは実はハッタリだ．これでも一応大学教授だから，それっぽいことでスタートしようと思っただけだ．心配無用だ．もうデカルトは出てこない．デカルトがでないのにカントが出るわけもない．ただ，この本にはいろいろな人物が登場する．

　デカルトはともかくとして，いかに万物の霊長と威張っても，ヒトは依然としてひとつの生物に他ならない．宇宙にロケットを飛ばし，地球の反対側の出来事さえ，インターネットを通じて瞬時に知れ渡るようになった 21 世紀の今日だが，それでも人間，というより生物学的な意味でのヒトは，他の

動植物を摂取することでエネルギーを持ち，交尾によって繁殖し，そして死んでいく．

　そういった意味で，ヒトもミミズも基本的には変わりはない．ミミズという生物は学生諸君も見たことがあると思う．ミミズは環形動物門に分類される動物だ．環形動物門貧毛綱（ハゲオヤジである筆者にはイヤなネーミングだ）の総称がミミズだ．ちなみに，環形動物門には他に多毛綱やヒル綱がある．多毛綱はいわゆるゴカイだ．ゴカイは釣り餌によく使われる．北海道ではイソメと呼ばれる．

　貧毛綱は4つの群に分類され，一般にいうミミズはこのうちの1つの群で，ナガミミズ類・ツリミミズ類・フトミミズ類が含まれるのだそうだ（中村 2011: 10）．この本によると，貧毛綱は世界で約7,000種，日本でも約100種が知られているそうだ．ずいぶん種類が多い．現存するヒトなど1属1種だ．

　ミミズはおそらく何も考えていない．ミミズになったことがないからわからないが，脳の大きさからすると，たぶん深くものを考えることはないと思われる．

　だが，ミミズが生きているだけで土壌は物理的・化学的に変化する．このことによって植物の生育条件が良化する．ミミズは植物に影響を与えるのだ．植物が枯れると枯れた植物はミミズなどによって分解される．ミミズは外界に影響を与えるのと同時に，外界からも影響を受けている．

　何となくミミズを例にしたが，ミミズに限らず，生物は生きているだけで外界に影響を与え，逆に影響を受けている．ヒトも生物であるから，生命を維持している基本的なメカニズムはミミズと同じである．酸素も水もないところでは生きることができないし，他の生物が作り出す有機物を摂取しなければ生命を維持できない．

　ミミズが活動すればミミズの生息環境は変化する．この点でもヒトとミミズは同じだ．ヒトが生息していればその生息環境は変化する．ではヒトとミミズはどこが違うのだろうか？

　決定的違いは，ヒトは，知能を発達させ，意識的に環境を変化させるよう

になったことだ．その始まりは農耕だ．特定の植物を限られた範囲に意図的
に繁殖させることで，ヒトは生息に必要なエネルギーをそれまでよりも豊か
に得ることができるようになった．いかに緑豊かであろうと農地は自然では
ない．強いて言えば人工化された自然だ．自然の改変は農業からはじまった．

　ヒトが，というより，ここから先は「人間が」というほうが適切だろう．
人間が耕すことによって土壌を変化させるのと，ミミズが活動して土壌が変
化することの違いはまさにここにある．植物を育て，次に，一部の獣を飼い
慣らし，育て，増やし，獣の肉や皮，それに獣の持つ力を利用するようにな
った．獣は家畜となった．家畜を飼養することは，さらなる自然の改変をも
たらした．餌として草を利用するようになったし，家畜の糞尿は肥料となっ
た．森の木は建物の材料として，また燃料として切り倒されるようになった．
さらに，人間は鉱物も利用するようになり，化石燃料の利用でさらに地上に
はびこるようになった．

(2)　環境問題とは何か？

　農耕，森林伐採，鉱業，そして工業の発達，都市の形成……．過去1万年
にわたって進行したこれらの営為が環境を大きく変えた．地震や火山の噴火，
豪雨・日照りといった天変地異，さらには病気や虫の大発生などにも人間は
脅かされ続けてきた．こうした人為によらない環境の変化によって，人間の
生活や命がが失われることもしばしばだった．

　人為によらない環境変化に加え，人間自身の行為による環境改変が，人間
の生活や命を脅かすということも起こるようになってきた．これが環境問題
だ．地震や火山の噴火は人為によって引き起こされるものではない．地震や
火山の噴火による命や暮らしの損壊は，そのすべてを自然現象のせいにする
ことはできない．

　人為による環境改変が原因となって，人間に対して思いもかけぬ反作用が
発生する現象を筆者は環境問題と定義したい．この定義は少し狭いかもしれ
ない．地震や火山の噴火は人為による環境改変ではない．だが，地震や火山

の噴火によって人間社会が被る被害の相当部分は，人間の営為によって引き起こされている．人為による環境改変が被害の程度を高めてしまうことも稀ではない．地震や火山の噴火を制御する能力を人間はまだ持ち合わせていない．だが，かなりの程度までこれらの活動記録を人間は持っている．きわめておおざっぱながらも，その予測もできるようになっている．制御は出来なくてもある程度の（あくまで「ある程度」に過ぎないかもしれないが）対応はできるようになっている．

　意図的・非意図的を問わず，人為によって引き起こされた環境変化が人間社会に対して起こす反作用は，人間活動の及ぶ範囲が広がるほど，大きく広いものとなってきている．かつては気温の上昇や集中豪雨といった異常気象は人間の活動によるものではなかったが，近年では人間が生み出した温室効果ガスが地球規模で気象条件を変化させ，その結果として台風や集中豪雨が起こりやすくなっているという．それが事実かどうかを筆者が判断することはできない．でも，そういうこともあるのではないかと思う．

　１万年にわたり人間がつくってきた文明とか社会の依って立つ基盤である環境が危なくなっている気はする．これは，筆者がジジイになってきて心配性になったからだけではないと思う．たぶん，若い読者諸兄でもそんな気がしている人が多いのではなかろうか．

　人間が社会生活という方法（サルでもアリでも「社会」はあるわけなので，人間が生み出した方法とはいえないかもしれないが，あまり細かいところを突っ込まないでほしい）を生み出して以来，自然環境そのものだけが人間にとっての環境とはいえなくなっている．

　人間にとってもっとも重要な環境といえば，まず，生命を維持する基盤としての環境だ．個々の人間はいずれ死ぬ．生まれたときから，死ぬ日は着実に近づいてくる．あくまで確率的な話だが，20年そこそこしか生きていない若い学生諸君に比べると，60年以上生きてきた筆者なんぞはだいぶ極楽（地獄？）に近いところにいるだろう（あくまで確率的な話だ．学生諸君の大半より小生の方が遠い未来を見聞するかもしれない）．個々の人間は死ん

でも，類としての人間は残る．残ってほしいと思う（なぜそう思うのかはわからないが）．

　生命の維持基盤としての環境の保全はもっとも基本的な環境保全だといえよう．

　次に，人間は社会というものを形成して生きている．社会的存在としての人間だ．最初は，お互い知っている者同士でひとつの社会が形成されていたのだろうが，現代社会はそうではない．無数の社会が形成され，それが相互に重なり合い，つながりあって，人間の生活が形成されている．

　人が生きているというのは，単に心臓が動いているという意味ではない．社会的存在として生きているということだ．社会がなくなれば個々の人間が生きていくことはできない．となると，社会そのものの存立基盤という意味と，人間が社会的存在として生きていくための基盤として，両方の意味で社会環境というものも考えることができる．言い換えれば，人間が社会的存在として生きていく基盤という意味での社会環境（ふつう社会環境といえばこの意味だろう）と，社会そのものが存続し続けるための条件としての環境だ．

　生命のレベルに関わる環境と社会に関わるレベルでの環境は相互に密接に関係している．人間が未だ生物である以上，当然といえば当然だろう．

　また，環境問題を考えるとき，その広がりも多様だ．ごく局地的に発生する環境問題もあれば，地球規模での環境問題もある．さらに，空間的な広がりもさることながら，時間的な広がりも多様だ．ごく短期的に完結する環境問題もあれば，何十年，何百年，場合によってはそれ以上の時間的広がりをもつ問題もある．

　レベルが異なり，さらに，空間的な広がり・時間的な広がりが多様である以上，人間の取り得る対応策も多様にならざるを得ないことは，これまた理の当然というものだろう．

2. 環境問題と経済学

(1) 環境問題と経済活動

　人間は生きていくために環境を改変してきたし，今も改変し続けている．人間が，人間として生きるためには，様々な財やサービスが必要だ．社会が複雑化するほど，人間が社会で生きるために要する財やサービスは複雑になる．本当に，飯食って，糞して，寝て，というだけなら，財やサービスはそうたくさん必要なわけではない．だが，現代社会で社会に生きる人間が「飯を食う」ためには，様々な財やサービスが必要となる．「糞する」だけでも野生鳥獣のように簡単にはできない．これまたそれなりの財やサービスが必要だ．「寝る」のも同様．

　人々が社会を通じて財やサービスを生み出したり，消費したり，交換したりすることを，経済活動とよぶ．わが北海学園大学で環境経済論の講義を担当して20年になるが，筆者は試験の答案用紙の最後に講義の感想文を書かせることが多い．はっきりいわせてもらうが，何百枚も似たような内容の答案を採点するのはけっこう苦痛だ．設問に対する解答を求めるのだから，内容が似たようなものになるのはまったくもって当たり前なのだが，採点作業を続けていると，当然，飽きてくる．大学の教師は，階段の上から答案用紙をばらまいて，近くに落ちた答案から高い点数をつけるという都市伝説(?) が昔からあるが，筆者は大学教師生活を30年以上やっているが，実際にそうやって採点している教師に会ったことがない．もちろん，筆者も，学生諸君が一所懸命記入した答案用紙を一枚一枚精魂込めて採点している．でもやっぱり飽きてくる．筆者の退屈しのぎに講義の感想文を書いてもらっているという面は確かにあるが，もちろん自分の講義のやり方に対する参考意見としても重視している（我ながら言い訳がましい）．

　その感想のなかに，「環境と経済がむすびついているとは思いませんでした」というのが，ほんとうによくある．環境問題というと，自然保護だの，

大気や水の汚染防止だのに関する自然科学的な話か，それとも自然を守ったり，汚染防止のための法制度の話かを連想することが多いようだ．だが，上述したように，なぜ人間が環境を改変するのかを考えれば，環境問題の根本が経済活動にあることは自明だろう．

環境問題の根本が経済活動にあるということは，環境問題の解明は経済学的な問題でもあるということだ．もちろん，自然科学的な知見は重要だ．自然科学的な知見の蓄積があるからこそ，問題がなぜ問題なのかがわかるのだ．

これは環境問題の認識に関わることでもある．一例をあげよう．第2章でふれるが，山林の木を伐採しすぎると洪水が起きたり土砂崩れが起こるということは，大昔の人もちゃんと知っていた．自然の脅威と真っ向から向き合って生きざるを得なかった昔の人は，現代人よりも自然に対する観察力をもっていたのかもしれない．

山の木を伐ったら洪水が起きた．なぜか．現代人なら森林の伐採により土壌が変化し，保水力がなくなったために云々，という説明ができるだろう．土壌は英語でsoilという．筆者が学生の頃，筆者が所属する農学部のソフトボール大会の強豪チームに，ソイラーズというチームがあった．このチームは土壌学研究室の学生・院生のチームだったので覚えている．筆者はそのときロドファイターズというチーム名で出場したように思う．ソイラーズvsロドファイターズって，ちょっと格好いいと思わないだろうか？　ロドファイタというのはトサカノリとかテングサの紅藻類の学名だ．つまり，日本語だと，土組対トサカノリ組となって，何ともしまらない感じになる．学生時代に覚えたことって，長い年月が経っても覚えているものだ．学生諸君，今のうちにいろんなことを詰め込んで下さい．将来きっと役に立つから……といいながら，紅藻類や緑藻類（クロロファイタ）の学名が役に立ったことはなかったようにも思う．でも，もしかしたら，これから役に立つかもしれない．

話を戻す．今ならそうだろうが，昔の人は木の伐採→洪水発生頻度の増大のメカニズムはわからなかったかもしれない．こういうとき，便利な説明が

ある．「神の思し召し」だ．ご神木を伐ったから神が怒ったのだ．日本には，天神地祇というように，天には天の神があり，地には地の神がおわしますのだ．八百万（やおよろず）の神々というように，山には山の神，海には海の神，川にも，池にも，便所にさえ，神が（紙も）おわしますのだ．そうなると，対処法は自ずと今とは異なったものにならざるを得ない．

　現代なら植林を進めるとか砂防ダムをつくるとかいう対策が採用されるだろうが，神の怒りなら神の怒りを鎮める神事をすることになる．日照りでみんなが困っていたとき，美人の代名詞として知られる小野小町が勅命（天皇の命令）により「ことわりや日の本ならば照りもせめ，さりとてはまたあめが下とは」という歌を詠んだところ，神が喜んで今度は大雨が降り続いたという雨乞い伝説もある．もっとも，天の神が，歌に感じたのか，小町の美貌に感じたのかはわからない．もしかしたら，シャレみたいな歌の内容をみて，逆に，腹を立てて嫌味で雨を降らせ続けたのかもしれない．

　それはともかく，現代でも，ここ一番のとき神様にすがるというのはよくやることだ．筆者の高校時代の先輩である福井さん（といっても読者諸兄のほとんどは誰も知らないだろうが，今は大阪府下で高校の教師をしている）が，大学受験の前に神社にお参りし，「これで大丈夫，「神事を尽くして天命を待つ」や」とほざいていたら，しっかりすべって1年間の浪人生活を送るはめになったのを思い出した．神様が何でもいうことを聞いてくれるわけではない．ちなみに，翌年は「人事を適当に尽くして天命を待った」のだそうで無事合格した．

　確かに非科学的なことではあるが，科学的なメカニズムは不明でも非科学的な信仰・信心があったために，自然が守られてきた面も必ずしも無視はできない．神社の周辺が鎮守の森として手つかずの状態で保全されてきたケースはあちこちにある．逆に，中途半端に，科学的知見や技術があったがために，公害問題が発生したともいえる．核燃料の後始末の技術が確立する前にスタートしてしまい，将来的な不安要素が高まっている原子力事業なんていうものある．科学技術の発達が新たな環境問題を発生させることもしばしば

あることだ.

　現代の科学や技術は万能ではない．これは事実だ．だからといって，すぐに神にすがるのもあまり賢い選択ではないだろう.

　話はだいぶそれたが，ともあれ，人間の経済活動が発展進化をとげるにしたがって，環境問題が多様化・複雑化してきたことは確かだ.

(2)　経済学と環境問題

「経済学って何をする学問か？」これは，筆者が毎年ゼミのときに，学生諸君におこなう質問だ．経済学部の教師になってはや 20 年が経過した（その前は水産学部の教師を 7 年 3 か月，園芸学部の教師を 5 年 9 か月やった）が，この質問に，「○○です」とさっと答えた学生は皆無だ．わが北海学園大学経済学部の学生が特にアホなわけではないと思う．こういっては何だが，わが北海学園大学は北海道ではそこそこ名門校だ（と思う）．いきなり，こう尋ねられたら何と答えていいかわからないのだろう．少し考える時間を与えたら，「市場が……」とか，「需要と供給が……」とかいう答えが返ってくる.

　でも，実はこれは意地の悪い質問だ．例えば中学生に「数学って何？」とか「世界史って何？」と尋ねられ，さっと説明出来るだろうか？　けっこう悩むのではなかろうか．そんなものだ.

　こういうときは，まず，辞典（事典）を調べてみる（昨今ならネットでウィキペディアなんかを見るだろう．注意しておくが，ウィキペディアって重宝だけど，案外，間違ったことを書いていることがある．ウィキペディアで調べたことは，出来るだけ元ネタ（出典）なり，公的な統計なりを確認した方が無難だ）．筆者の手元にあった『岩波現代経済学事典』（2004 年）と有斐閣『経済辞典（第 4 版）』で「経済学」をひいてみた.

　まず，岩波の方には「人間の生活の基礎である物質的財貨の生産・分配・消費の過程と，それにともなって生ずる人間の社会的関係を経済といい，それらの間－つまり，生産の関係を支配する法則，分配関係を律する法則，消

費を規制する人間行為の分析，またそれらを包摂する社会関係を考える学問を経済学という．」とあった．

　有斐閣の方には「社会科学のうち，経済に関して研究する学問．広い意味では，人間社会における物質的生活資料の生産と交換を支配する諸法則を研究する科学であるが，ほとんどは資本主義経済を直接の研究対象としている．古典学派の時代には political economy（政治経済学）と呼ばれていたが，economics の語が，19世紀末にマーシャル（A. Marshall）たちが使いはじめて以来，近代経済学では広く用いられるようになった．経済学の定義は経済学者ごとに異なるといってよいが，大まかにいえば，「富についての科学」（plutology）という見方と，「交換についての科学」（cattalactics）という見方に分かれる」と書いてあった．

　さらに，本棚で埃をかぶっていた宇野弘蔵の『経済原論』を久々に開いてみたら，「経済学は，商品経済に特有なる諸現象を解明するものとして発達してきた学問である」（宇野 1964: 1）と書いてあった．宇野弘蔵（1897-1977）はわが国の代表的なマルクス経済学者で，筆者は学生時代に読んだ（正直にいうが，「読んだ」が「理解した」もしくは「会得した」わけではない）．さらに，宇沢弘文（1928-2014）は『経済学の考え方』のなかで，「経済学は，人間の営む経済行為を直接の対象とし，現実の経済現象の根底にひそむ本質的な諸要因を引き出し，経済社会の基本的な運動法則を明らかにすると同時に，貧困の解消，不公平の是正，物価の安定，さらには経済発展の可能性を探ろうという実践的な意図をももつ」（宇沢 1988: 6）といっている．

　また，"Economics is the science which studies human behaviour as a relationship between ends and scarce means which have alternative uses." というのも，L.C. ロビンズ（1898-1984）による有名な経済学の定義だ（Robbins 1935 [2nd ed.]: 16）．なお，この文は本書の後の方でもう一度出てくるので，今のうちにちゃんと日本語訳をしておくように（この定義はやたらいろんな教科書に出てくる）．

　これくらい挙げておけばまあいいだろう．キーワードとしては，市場，分

配，交換，諸法則……というところだろうか．われわれが生きているこの社会は市場経済という仕組みのもとに成立している社会だ．これを考察の対象としているのが経済学だ．

環境問題の根本には，先に述べたように，大なり小なり経済行為がある．となると，環境経済学というのは，環境問題を経済活動という視点から考察する学問ということになる．

そしてこの経済活動は市場メカニズムにしたがっている．ということは，市場メカニズムというものと，環境というものがどう関わっているのか，もしくは市場メカニズムのもとで，環境がどう変化するのか，どう扱われるのか，さらに，環境問題を解決する上で市場メカニズムがどう作用するのか，させるのか，といったようなことがらをこの本でとりあげることになる．

(3) 本書の構成

まえがきにも書いたが，本書では，できる限り広範に環境問題をみることを企図した．まず，第2章から第5章が環境史だ．環境問題の歴史をごく簡単に振り返る．世界的な環境史を網羅したいところだが，筆者の力がそこまで及ばないので，わが国の環境問題を中心とする．

環境問題は決して昨日今日の問題ではないということを大まかに理解してもらえるよう，第2章では古代から近世までの環境問題をとりあげた．環境問題のすべてを取り上げることはできていないが，今日問題となっている事柄のルーツを確認することに主眼をおいた．

第3章では，明治期から第二次大戦期までの，わが国の近代化の過程で生じた環境問題で，ぜひこれは知っておいてほしいと筆者が思ったことをとりあげた．

第4章は高度成長と公害問題だ．公害問題の深刻化によって，環境政策が独自の政策領域として確立する時代だ．わが国が「公害列島」化し，四大公害問題をはじめとして，深刻な環境問題が続発する．そうしたなかで，現代の環境政策につながる政策が徐々に形成されてくる．

第5章では，環境問題が国境を越え，地球環境問題としてわれわれの前に立ち現れる．国連を中心とした，国際的な動きを概説している．アルファベットの略号や，カタカナがやたら多くなるが，グローバル化のご時世であるからして，読者諸兄には我慢していただくしかない．

第6章以降は，領域別に環境問題をとりあげている．

第6章〜第8章は自然環境の保全と利用に関することがらをとりあげている．自然環境の利用と保全や生物と人間のつきあい方に関する基礎知識と，そのために用いられる経済学的手法を解説している．この章は少し長いが，他の分野でも用いられる手法や考え方を盛り込んでいる．

第9章は地球温暖化問題だ．現代の地球環境問題でもっともよく論じられる領域だ．今後，この問題がどう展開していくのかはわからないが，これまでの経緯と，経済的手法とよばれる諸対応策の解説をおこなった．

第10章はごみ問題とリサイクルだ．われわれにとって，きわめて身近な問題のひとつだ．リサイクルはごみ問題の解決に向けた中心的な手段だ．ごみの排出抑制やリサイクルを理解するための理論と政策をとりあげている．

第11章は食と化学物質について述べた．ここではリスク管理という考え方も解説している．リスク管理の考え方は食や化学物質の問題に限らず，広く使われている．

また，補章では，環境経済学で中心的な役割を果たす「外部不経済」と「社会的費用」という2つの概念を解説している．これらの概念を理解している読者には必要はないかもしれない．

本書は必ずしも順番どおりに読まなくてもいいようになっている．できれば通読してほしいが，読者諸兄が関心をもったところから読んでもらっても差し支えないように作成したつもりだ．

第**2**章
近世以前の環境問題

1. 古代から中世の環境保護政策

(1) 古代の環境政策

人間の歴史をちょいと長い目でみると，環境の変化に対応しきれず消えていった文明をみることができる．

高校の世界史の教科書のはじめのほうに載っているメソポタミア文明はその代表だ．ティグリス川とユーフラテス川というふたつの大きな川の流域に形成された文明だ．今から1万年くらい前には農耕が始まり，紀元前3500年くらい前にはいわゆるメソポタミア文明が形成された．

灌漑と治水によって耕作地が増大し，農業生産力を高めることに成功したのだが，実はここに落とし穴があった．長期にわたる灌漑は農地に塩害をもたらした．また，羊の飼育を中心とした牧畜の発達は，森林の伐採と荒廃をもたらした．安田（2004）によると，森林伐採によりメソポタミア上流域のレバノンスギは壊滅し，その後大洪水や干ばつでメソポタミア文明が崩壊したという．

文明の発達にともなって森林が伐採され，洪水や干ばつによって文明が崩壊したというのはインダス文明も，黄河文明も似たようなものだったらしい．

オリエント文明，古代インド文明，古代中国文明に比べれば，はるかに時代は降るが，わが国では古くから自然環境の保全を命ずる命令が出されていた．逆にいえば，「自由競争」にまかせていては，自然環境が破壊されてし

まい，それが人々の生活に悪影響を与えるということを，大昔の為政者も知っていたということだ．

　例えば，飛鳥時代の終わり頃，天武天皇が675年に出した詔勅に「庚寅詔諸國曰 自今以後 制諸漁獵者 莫造檻 及施機槍等類 亦四月朔以後 九月三十日以前 莫置比滿沙伎理梁 且莫食牛 馬 犬 猿 鶏之肉 以外不在禁例 若有犯者罪之」（日本書紀）がある．現代語に訳すと，「今後，漁業や狩猟に従事する者は，檻や落とし穴，仕掛け槍などを造ってはならない．4月1日以降9月30日までは，隙間の狭い梁を設けて魚をとってはならない．また，牛馬犬猿鶏の肉は食ってはいけない．それ以外は構わない．もし違反したら処罰がある」となる．これは一般的には肉食禁断の詔勅として有名だが，これは正しい評価とはいえない．「以外不在禁例」とあるから，鹿，猪，兎，野鳥，それに魚など，おそらく当時一般に食されていた動物を食することは禁じられておらず，肉食一般を禁じてはいない．牛と馬については農業生産力や運搬力維持のために食用にしてはいけないという意味なのかもしれない．犬・猿・鶏を食してはならない理由はわからないが，何らかの理由があるのだろう．

　さらにこの詔勅で注目したい部分は「亦四月朔以後 九月三十日以前 莫置比滿沙伎理梁」というところだ．これは稚魚の保護を命じているようにみえる．稚魚を漁獲しないことで，水産資源の保全を意図していると思われる．

　奈良時代初期718（養老2）年には藤原不比等らによって大宝律令を修正して養老律令が編纂された．ちなみに律令の「律」は刑罰の規定のことで，「令」は一般行政の規定のことだ．養老律令の雑令の九番目に「凡國内有出銅鐵處官未採者 聽百姓私採若納銅鐵折充庸調者聽 自余非禁處者 山川藪澤之利 公私共之」という文言がある．前半は銅や鉄を私的に勝手に採掘して庸や調にあてている者があるらしいが，今後はそういうことをしてはいけないという意味だろう．後半の「山川藪沢之利　公私共之」が環境史でよく引用される有名な文言だ．これは「センセンソウタクノリ，クシコレヲトモニス」と読むのだそうだ．山川はサンセンではなくセンセン，公私はコウシ

ではなくクシと読むそうだ．この文言は世界最古の自然保護の法令だという
説もある．山や川の資源は公私の別なく皆で利用すべきもの，すなわちコモ
ンズに関する規定だということになる．

さらに時代を下り，平安時代の821（弘仁12）年4月21日に出された太
政官符のなかに「右得大和國解偁，産業之務非只堰池，浸潤之本水木相生，
然則水辺山林必欝茂，何者大河之源其山欝然，小川之流其岳童焉，爰知流之
細太随山而生，夫山出雲雨，河潤九里，山童毛尽，谿流涸乾，（以下略）」と
いう文言が記載されている（『類従三代格　巻19　禁制事』）．冒頭の一文は大
和国からの上申書（解）で以下のように述べられているという意味だ．つま
り大和国の国司は森林保全が水の保全につながるという認識を持っていたと
いうことで，この上申を踏まえ，太政官が森林の勝手な伐採を禁じたのがこ
の太政官符だ．富山和子によると，これは世界最古の森林保安立法だという
（富山 2001: 59）．森林の保全が洪水の防止や利水に必要だということを，わ
れわれのご先祖さまたちはよく知っていたということだ．

これら古代の法令がどの程度実効性を持っていたのかはわからないが，す
でに問題になっていたからこそ，敢えて禁令が出されたということだろう．
自然環境の保全や天然資源の保護が，千数百年も昔から政策課題となってい
たことは知っておいていい．

(2)　中世の環境政策

わが国の農耕文明が比較的永続的であったのは森林保護のおかげだけでは
ない．牧畜業が発達しなかったことと，農業の中核が水田での稲作にあった
ことが大きいように思われる．

畑作物の多くは連作障害が発生するので輪作が必要となる．それに対して
水稲作は連作障害がない．米はカロリーも高く，あまり複雑な加工を必要と
せず食用にできる．労働集約的な耕作により，単位あたり面積の収量も比較
的多いから人口扶養力も高い．

さらに，水田の保水力も無視できない．集中的な豪雨があっても水田が治

水ダム的な機能を果たすことで洪水の発生を軽減する効果がある．豊かな森林と水田が大規模な洪水の発生をかなりの程度抑制していたことは確かだろう．

また，わが国で牧畜が発達しなかったことが，森林の保全に寄与した面もあるように思われる．牧畜を大規模に営むためには森林の伐採による放牧地の造成が必要となる．牧畜が未発達だったことが集落近郊の山林の保全につながり，自然の生態系をあまり破壊せず，むしろ生態系のなかで永続的な農耕社会が実現したのであろう．もちろん，これは意図的なものではなく，高温多湿なわが国の風土によるところが大きいのだろうが，結果的に，比較的安定的な農耕社会が形成されてきたことは確かだろう．

とはいえ，一方で森林の伐採は進行していたし，当時の農業技術や土木・建築技術の水準は，現代に比べれば格段に低い．台風や地震といった自然災害に対する対応力も格段に劣る．

災害を，台風や地震などの天災と，火災などの人為による災害（人災）に区分するのは，「近代科学にもとづく分類であり，中世社会では全く異なった認識がなされていた」（水野 2013: 116）という．天災であろうと人災であろうと，大きな災害は，天子の不徳によるとする，中国からもたらされた思想は，古代から中世にかけて一般的な常識だった．大きな災害が起こるたびに，天皇が退位したり，征夷大将軍が退任したりしている．今では災害でも何でもないが，彗星の出現は妖星であり，天変地異の予兆としてとらえられていた．鎌倉幕府第 7 代執権北条貞時はハレー彗星の出現を契機として執権を譲り出家している．「彗星の責任をとって，引退したり出家した支配者は少なくなく珍しくない」（海津 1995: 13）という．責任をとるという形で彗星が政変のきっかけになることもしばしばあったらしい．改元がおこなわれることもある（一世一元となるのは，明治以降だ）．天意によるものなら，天に祈るしかない．人智を超えた神仏への祈願は重要な国家行事とならざるを得ない．かくして「古代では国家レベルで行われたこれらの法要は，中世という時代を通じて，村落レベルでの除災儀礼として浸透していく」（同

第2章 近世以前の環境問題　　　17

上）．こう考えると，天皇の譲位，征夷大将軍の退任，改元，祈禱といった事柄も，その実効性はともかくとして，古代・中世日本の重要な環境政策だったともいえる．

　水田が環境保全的な役割を果たしていることは述べたが，その一方，水利に恵まれた水田適地は，洪水の危険性が高いところでもある．治水は為政者にとって重大な事業だった．堤防の建設や川の付け替え（防災的な意味だけでなく，水運上の意味があったケースもある）といった，大規模な事業がおこなわれるようになる．代表的な戦国大名の1人である武田信玄がつくった信玄堤によって甲斐国（今の山梨県）の国力がアップしたことは有名だ．だが，自然環境の改変が新たな災害を生むこともある．堤防を川の一方の側に建設したら，もう片方の側で水害が起きやすくなったなどだ．また，特に激しい豪雨があったりすると破堤が起こる．破堤が起こると，破堤した箇所に水流が集中するので，局地的に壊滅的な被害が発生するという事態も生ずる．

　また，農業技術の発展が，環境破壊を生み出すこともあった．農業の生産性を高める重要な技術のひとつに施肥がある．農作物をつくるのに肥料を与えることは誰でも知っているだろう．化学肥料が登場するまでの肥料は，刈敷，草木灰，家畜糞尿などだ．肥料用，飼料用，さらに燃料を採取するため，山が利用される．

　室町時代には刈敷の利用が盛んになったとされているが，その結果，柴刈りや草刈りをめぐってのもめ事（争論という）が起こるようになる．近世になると，山野を共同で利用管理する「入会」というかたちが確立してくるが，中世以前の山野の所有・利用の形態は多様だったようだ（盛本 2013: 152-53）．

2. 近世の環境問題

(1) 鉱害問題の発生

「資源に乏しい日本」というのはよく使われる常套文句だ．でも，実は，わが国は鉱物資源が「豊富な」国なのだ．近代までに重要視された鉱物資源のうち，わが国で産出しないものって，ダイヤモンドくらいしかないのではなかろうか．金，銀，銅，鉄，水銀，鉛，硫黄，亜鉛．それに石炭，石油，天然ガス，ウラン鉱石だって産出する．火山の恵みともいえる．とはいえ，現代では，ほとんどの鉱物資源を輸入に依存していることは今さらいうまでもない．何でも採れるが，産業ベースに見合うものはあまりない．種類は「豊富」だが，量が少ないということで，いわば鉱物標本みたいな国だといえるかもしれない．

　だが，かつてはそうではなかった．日本は鉱物資源の輸出国だったのだ．マルコ・ポーロがわが国を「黄金の国ジパング」と呼んだのは有名だ．もっとも，マルコ・ポーロ自身は訪日していない．中国あたりでのうわさ話を聞いたのだろう．実際，日本はヨーロッパあたりに比べると金は豊富だった．金と銀の交換レートも日本は銀が高くそのぶん金が低かった．このことが，後に，幕末の開国以降，金が大量に海外に流出した原因ともなる．

　大航海時代は経済のグローバル化の最初の波といっていいだろう．ユーラシア大陸の西の端っこの連中が，東の端にあるわが国周辺に出没し始めるのは 16 世紀だ．わが国で産出された銀は，メキシコ銀とならび，世界の銀価格の相場を左右するほどであった．

　わが国で銀の採掘量が大きく増加するのは石見銀山の開発からだ．石見銀山には，博多の商人神屋寿貞が沖合を航行中に，山が光っているのをみて発見したという伝説がある．ほんとかね？　と思う話だ．世界最大の銀山として，17 世紀には世界の（「日本の」ではない）銀の産出量の 1/3 を占めたとさえいわれているくらいだ．

朝鮮国から「灰吹（はいふき）法」という精錬技術が移入されると，石見銀山の産銀量は大きく増大する．灰吹法とは，炉に銀鉱石と鉛を入れて加熱する精錬方法だ．金や銀は鉛に溶けやすいので，加熱すると鉛と金や銀の合金ができる．銀の場合だと，銀と鉛の合金を加熱すると，融点の低い鉛が先に溶け出し酸素と化合して酸化鉛となり，この酸化鉛を灰に吸収させると銀が残る．こうして精錬された銀を灰吹銀という．この技術が導入されるまでは，銀鉱石を朝鮮に船で精錬したようだ．精錬した銀を運ぶのと鉱石を運ぶのとでは効率が全く異なる．

近世における鉱山開発については，仲野（2012）にコンパクトにまとめられている．鉱山開発ブームによって各地に鉱山町が形成され，大きな鉱山町の人口規模は「城下町に匹敵する規模」（仲野 2013: 50）だったという．

だが，飯島伸子が「日本で公害問題や労働環境問題が頻繁に発生し始めたのは江戸時代である」（飯島 2000: 13）と述べているように，鉱山開発が山林の環境破壊をも引き起こしたことも事実だ．

鉱山開発による環境問題としては，精錬にともなう大気汚染による自然破壊・健康被害，坑木・燃料・精錬資材（炭）として木材が大量に使用されることによる森林の過剰伐採，さらに，採掘・精錬過程で排出される鉱毒の問題がある．

飯島は江戸時代の鉱害問題について，①江戸時代前半においては鉱害が発生し農林漁業への被害が発生すると鉱山の方が操業停止となっている．だが，②江戸時代後半になると，農業補償と引き替えに操業の継続が認められるケースが増えている．③鉱害で操業停止や廃山になっても再び採掘がおこなわれ再度鉱害を発生させたケースも少なくない，といった事柄を指摘している（同上: 20-40）．

①から②への転換は重要だ．江戸時代の幕藩体制はいわば「米本位制」とでもいうべき農本主義的な社会体制だ．大名が支配する領地の規模がその領国の米生産高（石高）によって表現され，各大名のステータスも石高が基準のひとつになっていたことは象徴的だろう．ただ，大名や旗本の支配地の知

行高が実際の生産高を表しているわけでない．たとえば，徳川宗家を除けば最大の大名だった加賀藩は加賀百万石と称されたが，実際の米の生産高が100万石だったわけではない．

ちなみに，1石は体積（容積）の単位で，ほぼ180Lに相当する．昔の感覚では，1人1食1合で計算すると，1人1年で約1石となる（今はそんなに食べない．昔もそんなに食べていたわけではないのかもしれないが，一応の目安だ）．

米を基準とした社会だからといって，米が貨幣そのものであったわけではない．江戸時代はすでに貨幣経済の時代だ．農業生産力が上昇し，米の生産量が増大すると，需要量がそれに見合って増大しない限り，米の相対価格は低落する．商品経済が発達し，様々な商品を市場から貨幣で購入するようになるなかで，米の現物支給を受けている武士たちが窮乏化していったのは当然だ．

各藩の財政も悪化する．財政悪化に対応すべく，各藩は様々な特産品の開発を奨励することになる．米の収穫量が少なく，公称的には小藩であっても，有力な特産物があれば藩は豊かになる．①から②への転換はまさにこの事情を反映している．つまり，藩の政策における米への依存度が低下するにしたがい，産業政策の優先順序が農林水産業から商工業へとシフトしていったことの反映なのだ．

わが国で，環境政策が，環境政策として自立的な意味をもつようになるのは，はるか後の20世紀以降のことだ．近世においては，そして，後述するように，明治期以降になっても，環境政策は産業政策に付随するものでしかなかったのだといえよう．③もこのことを表している．

(2) 江戸モデル

わが国の江戸時代は別の面でも注目されている．読者諸兄は，日本史の時間に鎖国というのを習ったと思う（昨今では使わなくなってる言葉だそうだが）．たいがいの場合，「鎖国によって，わが国は西洋列強の進歩に遅れをと

第 2 章　近世以前の環境問題　　　　21

ってしまいました」という否定的な見方を教え込まれる．まあ，それはある
程度確かだろうが，われわれが小学校以来教え込まれたほど，鎖国体制下で
西洋の知識・情報が途絶していたかというと実はそうでもないらしい．

　例えば，読者諸兄の多くをこれまで大いに悩ませてきたもののひとつに
「数学」という学問がある．数式はアルファベットで書かれる．たとえば，

$$y = f(x)$$

というのは中学以来おなじみだろう．高校卒業と同時にきっぱり縁を切った
という読者諸兄もおられよう．経済学部に入学した諸君の中には，縁を切っ
たつもりだったのが，案に相違していまだにつきまとわれて難儀していると
いう人もいるだろう．現代経済学に数学は必須だ．

　さて，$f(x)$ の f は何を意味しているかというと，これはいうまでもなく
関数だ．ではなぜ関数（函数）が f なのか．多くの学生諸君に尋ねると，
知らない人が実に多い．「高校の先生もこれくらいは教えておいたら？」と
筆者は思う．function の f だ．第二次大戦前後までの教科書には「函数」と
書かれていた．函という字が当用漢字になくなったので関数になった．

　昔々中学だか高校だかの数学の授業で，x を入れたら，y になって出てく
る箱（函）みたいなものをイメージして函数と名付けたのだと聞いた．なる
ほどねえと思ったけど，実はそうではないようだ．函数という言葉は中国か
ら伝わったらしい．欧米の宣教師たちが母国の学問を中国語訳して出版し，
その中国語版の西洋数学で function を函数と音訳したのだそうだ．それが
鎖国時代のわが国に持ち込まれていたらしい．中国で函という字を充てたの
は箱のイメージだったのかもしれないが，少なくとも日本人がつくった言葉
ではない．そういえば，数学って，微分とか積分とか，西洋起源の学問の割
に，カタカナが少ない学問だ．ペリーの来航だって，庶民はともかく，幕府
首脳は事前に知っていたという．

　知識や情報はそれなりに入って来ている．とすれば，鎖国とは何か．物質
の流入・流出が極端に制限されていたということだ．物質の流入・流出が少

ないなかで，商品生産が発達し，人口も増加している．江戸時代初め頃の人口は1,300万人程度だったのが，幕末期には3,300万人くらいになっていたという．Sustainable Development（この概念については後の章で少し詳しく解説する）を実現できた歴史的経験ではないかという評価がされているのだ．

江戸時代の社会は再生可能エネルギーに支えられていた．逆にいうと，当時の科学技術水準では，再生可能エネルギー（そのほとんどは植物だ）で扶養できる人口は3,300万人くらいが限界だったということでもあろう．

近世までの日本社会はほぼすべてを植物に依存していたといえよう．衣食住の衣は，麻，木綿，絹だ．麻と木綿は植物繊維，絹は動物性タンパク質だが，絹を得るためのカイコの餌は桑だ．食もほとんどが植物だ．エネルギーを得るための炭水化物の中心は米だが，米以外に麦，粟，稗といった雑穀類も用いられている．ついでにいうと，農村部では雑穀や玄米が中心だ．精米した白米が食の中心だったのは都市生活者に限られていた．そのためビタミンBが不足し，脚気になる人が都市には多く，脚気は「江戸患い」などといわれたという．

動物タンパクのほとんどは魚類だ．海産魚類の養殖はまだない．コイやフナの粗放的な養殖はあったが，わが国で最初の本格的な海産魚類の養殖のスタートは幕末の長州藩の江戸屋敷でのウナギ養殖だとされる．幕末の長州藩江戸屋敷って，さぞや物騒なところだったと思うのだが……．何を考えてウナギを飼っていたのだろうか？

先にも述べたように，わが国では畜産業があまり発達しなかった．牛馬の飼養はもっぱら役畜として，さらに厩肥の供給源としてのものだった．もちろん，畜肉を全く食べなかったわけではないようだが，食生活を支えるほどのものとはとうてい言えないレベルだ．

住についていえばほとんど植物と土だ．柱は木，壁は土か木．障子などというものもあるが，これには紙が貼ってある．紙の原料も植物だ．燃料は薪か炭．いずれも植物だ．化石エネルギーは全く使われていない．非再生資源

は金属類くらいなものだ．金属は，資源としては非再生資源だが，再生利用しやすい物質でもある．江戸時代の社会は徹底したリサイクル・リユース社会でもあった．庶民は古着を着るのが当たり前だ．和服というのは，ごく簡単にいうと，長方形の布を組み合わせて構成されている．長方形の一辺の幅は約36cmで規格化されている．多少肥っても痩せても融通がきく衣服だ．パーツに解体して再利用もしやすい．

江戸時代の生活については多くの書籍が出版されているが，ここではアズビー・ブラウン『江戸に学ぶエコ生活術』と石川英輔『大江戸リサイクル事情』の2冊を紹介しておく．前者は，江戸時代へタイムトリップし，農家や武家の生活を見て歩くという内容で，後者は江戸時代のリサイクル産業を分かりやすく紹介している．どちらも楽しい本だ．

植物を食って，植物の衣服を着，植物と土の家に住んでいたのだ．エネルギーと何から何まで植物依存．鬼頭宏はこの江戸時代の社会を高度有機経済（advanced organic energy based economy）とよんでいる（鬼頭 2012: 38）．

もっとも，環境負荷が小さかったという点だけを過大評価して，江戸時代の生活を単純に賞賛するのは考え物だ．薪炭，肥料，建築資材など近世までの生活は山林に依拠するところが大きかった．それゆえ，実は山林はかなり荒れていた．荒れていたからこそ為政者は何度も山林利用の規制措置をとらなければならなかったのだ（同上: 138-43 などを参照されたい）．千数百年来，わが日本では今ほど山が緑豊かな時代はなかったのだという人は少なくない．ともすれば，昔は緑豊かだったと思いがちだが，実は案外そうでもないのだ．

また，飯島が指摘しているように，各地の鉱害問題も起こっている．さらに加えて鬼頭は砂鉄を原料とするタタラ製鉄による環境破壊を指摘している．砂鉄採取には鉄穴流（かんなながし）という方法がとられたが，この工程では大量に土砂が排出され，河川の汚染や天井川の形成（＝水害の原因となる）を引き起こし，さらに鉄の精錬で不可欠な炭をまかなうため，過剰な森林伐採がおこなわれ，タタラ製鉄が最も盛んであった中国山地では森林荒廃

による地滑りや洪水の原因となったという（鬼頭 2012: 135-36）．

第**3**章
近代化と環境問題

1. 富国強兵と殖産興業

　まず日本史の復習だ．1853（嘉永6）年，ペリーの率いるアメリカ東インド艦隊が浦賀に来航し幕府に開港を迫った．日本史の授業で習ったところによると，突然の来港に幕府首脳は慌てふためいたというが，下々の庶民はともかくとして，実際のところ幕府首脳は来航を予期していたらしい．

　それはともかく，国際貿易が極めて限られていたことは確かであった．もっとも，国際貿易が限られていたことと，200年以上，内戦・内乱がなかったことで，国内産業が育成されたという側面もあるだろう．

　日本史の復習を続けよう．1854年再度来航したペリーを全権としたアメリカ合衆国政府と林復斎を全権とする幕府の間に日米和親条約が結ばれる．そして1858（安政5）年日米修好通商条約が締結され，国際貿易が解禁される．これによってわが国は本格的に対外貿易に参入することとなる．これらが不平等条約であったことから，条約改正が明治政府の重要な外交課題になったことは確かなのだが，欧米列強が他のアジア諸国と結んだ条約に比べると，わが国が結んだ条約はまだましらしく，われわれが習ったほど幕府の官僚は無知でも無能でもなかったようだ．

　1867（慶応3）年征夷大将軍徳川慶喜が朝廷に政権を委譲（大政奉還）し，1868年の内戦（戊辰戦争）を経て明治政府が確立する．

　開国当初の輸出産品は茶と生糸だ．明治初期（1868-71年）の総輸出額の

38% を生糸，24% を茶がしめている．それが，1891-95 年になると，茶の比率は 8% に低下し，石炭（6%）や銅（5%）が重要な輸出産品として登場する（杉山 1989: 196-97，表 4-4）．

殖産興業と富国強兵は明治政府の二大スローガンだ．ついでにいうと，富国強兵という言葉そのものは明治政府のオリジナルではなく，なんと大昔の中国の史書『戦国策』にあるのだそうだ（『日本史広辞典』）．

富国強兵＆殖産興業の二大スローガンのもと，政府主導による近代鉱工業の発展がはかられる．すでに前章で，飯島伸子の著書を引用し，江戸時代にはすでに鉱業による環境汚染や労働環境問題が発生していたことに触れたが，明治期になってそれはさらに大規模なものとなって発生する．

2. 足尾銅山鉱毒事件

(1) 鉱毒問題
足尾銅山による鉱毒事件は近代鉱業による大規模な環境破壊の典型的な事例で，公害問題の原点といわれる．環境問題を学ぶ上でぜひ知っておきたい事件だ．

足尾銅山は栃木県の西部にあった鉱山（図 3-1）だ．1610 年に 2 人の農民によって発見され（1550 年発見説もあるようだ）採掘が始まった．わが国屈指の銅山として栄えたが，江戸時代末期には鉱脈が枯渇し閉山同様の状態になっていた．この鉱山を買収し，新鉱脈を発見し近代技術の導入によってよみがえらせたのが古河市兵衛だ．

古河市兵衛は幕末の豪商小野組の番頭だった古河太郎左衛門の養子で，小野組による生糸の輸出で才覚を発揮した人だ．古河市兵衛は 1875（明治 8）年に新潟県の草倉銅山の経営を出発点として鉱山経営に進出した．古河機械金属株式会社のウェブサイトに記載された同社の沿革では草倉銅山を創業としている．草倉銅山は阿賀野川上流の新潟県東蒲原郡阿賀町（旧鹿瀬町）にあった鉱山だ．ついでにいうと，旧鹿瀬町は新潟水俣病を引き起こした昭和

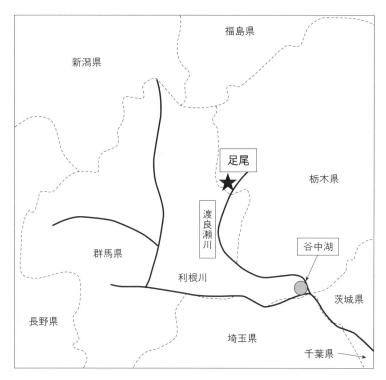

図 3-1　足尾鉱山の位置

電工鹿瀬工場のあった場所だ．草倉銅山を買収した2年後の1877（明治10）年，古河市兵衛は閉山同様の状態だった足尾銅山を買収する．当初は不振だったが，1881年に大鉱脈が発見され足尾銅山の産銅量は一気に増大しわが国最大の銅山に成長した．生糸でスタートし，銅で財をなしたわけだから，まさに明治期の経済発展を体現した人物といっていい．現在の古河機械金属や富士通の源流が古河市兵衛のつくった古河鉱業だ．

　足尾銅山の引き起こした公害事件は大気汚染（煙害）と水質汚濁（とそれに基づく土壌汚染）の2つだ．まず大気汚染である．銅鉱石は金属銅の固まりではない．鉄分や硫黄分や酸素などと化合した物質だ．銅鉱石にもいろいろな種類があって，代表的な銅鉱石のひとつである黄銅鉱は鉄と硫黄と銅の

化合物（CuFeS$_2$）だ．したがって，黄銅鉱から銅を取り出すためには硫黄分と鉄分を除去する必要がある．まず，硫黄分を除去するためには，鉱石を加熱し，硫黄分と酸素を反応させる．硫黄と酸素が化合すると有毒な二酸化硫黄 SO$_2$ が発生する．二酸化硫黄は毒性が強く，大気中の濃度が 0.003% 以上になると植物が枯死し，0.012% 以上になると人体に害が起こるという．分子量は 64 で空気の平均分子量約 29 よりずっと大きい．したがって地表近くに溜まりやすい．また，二酸化硫黄が水と反応すると亜硫酸（H$_2$SO$_3$）といわれる酸が発生する．これは酸性雨の原因でもある．

足尾鉱山は渡良瀬川の流域に立地している．渡良瀬川の上流に松木村という村があった．山村だ．山村というと「貧しい」という形容詞がつきもののように思われがちだが，これはまったくの偏見で，山村が「貧しく」なったのは現代の話だ．近世から近代まで，山村は案外豊かだったのだ．ちょっと考えてみればわかる．電気やガスが一般的な燃料になるまで，わが国では薪や炭がもっとも一般的な燃料だった．薪や炭は山林で産出する．それに建築資材も木が中心だ．

加えて，松木村は薪炭の生産だけでなく，養蚕も盛んだったという．何度もいうように，開国以来，生糸は重要な輸出品となったから，幕末から明治期にかけて養蚕農家はかなり潤ったはずだ．豊かな山あいの村だった松木村を足尾銅山から排出された二酸化硫黄が襲った．山あいだから二酸化硫黄が溜まりやすかったのだろう（写真 3-1）．養蚕の基盤となっている桑の木も枯れ，農作物も枯れ，さらに村人の健康被害が頻発した．松木村に人は住めなくなり，ほとんどの住民は村外に出ることを余儀なくされ，豊

写真 3-1 松木村集落跡（2017 年 9 月筆者撮影）

かだった村は廃村となってしまった．松木村だけでなく近隣の旧村 4 か所も今では廃墟となっている．

　足尾町は 2006 年に合併し，今は日光市の一部となっている．足尾商工会のウェブサイトには松木渓谷の観光案内が掲載されている．この写真をみると，松木渓谷には未だに木は茂っていないのがわかる．山腹荒廃地は 1,313 ha，渓流を埋める不安定土砂の量は 62.5 万 m³ にのぼるという（飯島 1993: 138）．

（2）　鉱毒反対運動

　煙害問題に続き，土壌汚染による広範な農地被害が発生する．田中正造（1841-1913）の活動によって有名となった足尾銅山鉱毒事件がこれだ．

　先に掲げた地図をみるとわかるように，足尾銅山の近くを流れる渡良瀬川は下流で利根川と合流している．渡良瀬川と利根川が平行して流れるあたりから，合流地点一帯は水害が発生しやすいことがうかがわれる．群馬県内で渡良瀬川が湾曲しているあたりが山岳部と平野部の境目だ．関東平野の周辺部にあたる．

　水害が起こると農業には大被害を与える．とはいえ，水害は被害だけをもたらすわけではない．大雨によって足尾山地からは大量の腐葉土が下流に押し流され，農地が肥沃化する．一度水害が起こると 3 年は肥料を要しなかったという話もある．

　足尾銅山の発展によって，近隣の山から坑木材としてまた薪炭材として大量の樹木が伐採されたことに加え，二酸化硫黄による樹木の枯死がある．山がはげ山になってしまうと保水力が著しく低下し，洪水発生リスクは高まる．まさに「山高故不貴　以有樹為貴」なのだ．これは平安時代に成立し，江戸時代の寺子屋で教本としてよく用いられた実語教という書物の一節だ．筆者も幼少のみぎり，近所の寺子屋でこの言葉を学んだ……というのは嘘だ．いくら筆者がジジイでも，筆者が子供の頃に寺子屋はない．養毛剤のテレビコマーシャルでこの言葉を使っていたのだ（出典は大人になってから知った）．

森林保護のスローガンに使える言葉だ．それにしても，この本は，化学式は出てくるし，漢文も出てくる．数式もちょいちょい出てくる．読者諸君は面倒くさい本だと思うかもしれないが，いずれも高校生レベルだ．そもそも世の中には文系も理系もないのだ．

　単なる水害ならまだしも，明治期になると鉱毒を含んだ大量の土砂が洪水によって下流域に大きな被害をもたらすようになった．特に 1896（明治 29）年の 7 月と 9 月に発生した大洪水は未曾有の被害を流域にもたらした．渡良瀬川下流から利根川との合流地点一帯は，先の地図でみてもわかるように，関東各県の県境が複雑に入り組んでいる地域だ．その被害は 1 府 5 県に及んだという．府というのは東京府．東京都が出来たのははるか後の 1943（昭和 18）年．それまでは東京府と東京市があったのだ．

　足尾銅山に対する抗議運動のリーダーとなっていたのが有名な田中正造だ．田中正造や足尾鉱毒事件についてはいくつもの文献があるが，ここでは，由井正臣『田中正造』，広瀬武『公害の原点を後世に　入門・足尾鉱毒事件』などに依拠して，田中正造と足尾鉱毒事件の経緯をたどることにする．田中正造は 1841（天保 12）年下野国安蘇郡小中村の名主の家に生まれ，父の後を継いで名主となる．幕末期に領主と対決し捕縛され，領主六角氏の江戸屋敷の牢につながれたこともある．明治期になって東京に出て，江刺県（今の岩手県の一部）の下級官吏に採用される．このときも殺人事件の犯人に疑われ，全くのえん罪にもかかわらず逮捕され獄中につながれている．

　1874（明治 7）年故郷に帰り，この頃から自由民権運動に参加する．1880年栃木県会議員に，1890 年の第 1 回衆議院選挙で当選し代議士となった．当選したのが 7 月，そしてその年 8 月に渡良瀬川で大きな水害があった．すでにこの頃鉱毒による河川の汚染は進行しており，流域に数多くいた川漁師もほとんどいなくなっていた．この 1890 年の水害は「それ以前の洪水被害とはまったく異なった様相をしめした．稲は冠水しただけで腐って，穂が出ない．桑木は八，九割方枯れてしまうという状態が現出した」（由井 1984:116）というものだったという．さらに，上述した 1896 年の 2 度の大洪水が

第 3 章　近代化と環境問題　　　　　　31

発生する．9 月 15 日，田中が起草した「足尾銅山鉱業停止請願（草案）」が被災地の人々に送られた．ここで本格的な足尾銅山との対決が始まる．鉱毒反対運動は富国強兵政策を推進する政府によって厳しく弾圧された．

　1900 年 12 月に召集された第 15 議会で田中は政府の責任を厳しく追及した後，10 月に議員を辞職する．そして 12 月に有名な天皇直訴事件を引き起こす．直訴状は田中と交友のあった幸徳秋水（1871-1910，大逆事件で刑死）が書いたものだといわれている．

　1901 年 5 月には鉱毒調査有志会が結成されている．この会は田口卯吉らが呼びかけて結成されたもので，三宅雪嶺，陸羯南，徳富蘇峰，谷干城，内村鑑三ら，歴史の教科書などで名前を見かける有名人のオンパレードだ．足尾鉱毒問題が大きな問題として全国的に注目されていたことがわかる．また，直訴事件は大きな反響を呼び，当時岩手県の盛岡中学校（現在の盛岡第一高校）の 3 年生だった石川啄木（1886-1912，歌人）が新聞配達で稼いだアルバイト代を被害農民に寄付したり，黒澤西蔵（1885-1982，雪印や酪農学園大学の創立者）が田中を訪ね運動に参加したりもしている（由井 1984: 171-72）．田中の墓のひとつ，鉱毒反対運動の拠点であった雲龍寺の墓碑には「夕川に葦は枯れたり血にまとう民の叫びのなど悲しきや」という啄木の歌が刻まれているそうだ（奈良 2003: 14）．また，黒澤は田中の秘書として活動した後北海道に渡る．黒澤が唱えた「健土健民」の思想は田中の思想を受け継いだものだという．

　当時の政府や栃木県にとって足尾銅山を廃鉱にすることなどは思いもよらない．そこで，治水対策として利根川と渡良瀬川の合流地点に近い谷中村を遊水地とする計画を立案・実施した．田中らは水没・廃村となる谷中村の住民とともに反対運動を起こすが，土地は 1907 年に強制収用されてしまう．このとき，田中は，石川三四郎（1876-1956，無政府主義者，作家）や幸徳千代（秋水の妻）らと谷中村の土地を購入し抵抗した．はるか後の三里塚空港反対闘争などで用いられた一坪地主運動の先駆けみたいなものだ．土地を追われた農民のなかには北海道に移住した人たちもいた．オホーツク海に面し

写真 3-2　現在の渡良瀬遊水地
（2017 年 9 月筆者撮影）

た佐呂間町栃木地区がその入植先だ．

　足尾銅山鉱毒事件で初の和解が成立したのは，なんと鉱山が閉山した 1973（昭和 48）年の翌年 1974 年のことだ．政府の公害等調整委員会の調停で被害者 971 人に対して 15.4 億円の損害賠償金が支払われることで決着した．鉱毒被害が明るみに出てから 90 年の歳月が流れていた．

(3)　現在も続く鉱毒事件

　これで足尾銅山鉱毒問題は終わったかというと，実はまだ続きがあるのだ．2011 年 3 月 11 日の東日本大地震で足尾銅山からの排水を集積している集積場のひとつ源五郎沢堆積場の堆積物が渡良瀬川に流入するという事件があった．地元新聞の『下野新聞』2011 年 11 月 22 日付朝刊に「【日光】東日本大震災や大雨で，足尾銅山からの排水を集積する堆積場の安全確保に関心が高まっている．簀子橋堆積場安全対策協議会はこのほど，足尾の同堆積場で見学会を開き，市民ら約 60 人が危険性の有無を確認した．休止中の別の堆積場からは震災で土砂が流出し，一時，川から環境基準値を超える鉛を検出している．同堆積場の集水面積は 105 万平方メートルで，幅 337 メートル，奥行き 800 メートル．銅山坑内からの沈殿物（スライム）を含む排水を集積している．いわば銅山の「最終処分場」だ．排水には鉄などが含まれる．

　足尾中心部の真上に位置するため，万が一決壊すると地域全体に多大な被害が及ぶ恐れがある．また沈殿物を分離した後の水は川に排出しているが，下流の渡良瀬川に太田市や桐生市などの取水口があり，安全確保が不可欠となっている．（以下略）」という記事が掲載された．鉱山が閉山して 40 年が

経過しても鉱毒問題は完全に終わっていないのだ．

　長らくはげ山だった足尾の山々では，現在植林による山の復元作業が行われている．足尾で生まれ少年期を過ごした方にうかがった話では，足尾銅山が閉山になった 1970 年代はじめまで山にはほとんど木が生えていなかったそうだ．土壌に残存する硫黄酸化物の影響で植物もなかなか育たず，まずはこうした土壌でも育つ外来植物の種子を散布し，新たな土壌を形成させ，その後北関東の在来植物を移植し，本来の山の姿に戻すのだそうだ．80 年はかかるという．

　山に緑が少しずつ戻るにつれて渡良瀬川の水流も現在では復活している．1970 年代には雨が降ったときだけ大量に水が流れる状態だったそうだが，今では周年にわたり水が流れ，近年ではアユの遡上もみられるという．アユは海から遡上する魚だから，下流の水もきれいになったということだ．

　当然のことながら，煙害が起きたのは足尾銅山だけではない．当時の技術水準では精錬の過程で発生する二酸化硫黄を除去することはできない．足尾と並びわが国の代表的な銅山だった愛媛県の別子銅山でも同様の事件が発生している．

　別子銅山は 1691（元禄 4）年に大阪の豪商住友家によって採掘が開始され，その後 1973 年に閉山するまで住友系企業が経営していた．

　江戸時代には別子の山中に精錬所があったが，明治期になって近代技術を導入し採掘量を増大させるため，沿岸部の新居浜に精錬所を移設した．ところが，二酸化硫黄による煙害で健康被害や農作物被害が発生した．そこで，住友は瀬戸内海に浮かぶ無人島であった四阪島に精錬所を移転した．新居浜から約 20km も離れた洋上であるから，煙は拡散して影響はなくなるだろうという見込みだったのだが，実際には愛媛県東部（東予地方）全域に被害を発生させてしまう．

　最終的に煙害を解決できたのは 1927（昭和 2）年に二酸化硫黄を硝酸を利用して硫酸に変換する施設を完成させ，さらに溶鉱炉から発生する二酸化硫黄をアンモニア水を使って回収する施設が完成した 1939 年のことだったと

いう（別子銅山については，住友金属鉱業のウェブサイトによる）.

3. 工業化と公害

前節では公害問題の原点といわれる足尾銅山をとりあげたが，明治期から大正期にかけてわが国の工業が急成長をとげるにつれ，環境への悪影響も増大しはじめた．『公害白書（昭和44年版）』では「第1次大戦前後からわが国の産業活動はますます活発化し，人口の都市集中が始まり，都市の一部に生活環境の劣悪化もみられるようになってきた．工場等における生産活動に伴って発生するばい煙や排水による汚染，騒音，悪臭等の公害のほとんどがこの時期までに発生をみている」と述べている（同書:1）．一般に，公害問題といえば，高度経済成長期というイメージを持っているかもしれないが，公害問題はもっと古いのだ．考えてみれば当然で，騒音や悪臭に関する法的規制がなければ騒音や悪臭はよほどのことがない限り放置されるだろうし，前節でふれたように，二酸化硫黄の発生・拡散を防止する技術が確立するのは大正末期のことだ．石炭をエネルギー源とする限り二酸化硫黄の発生は防げなかった.

明治末期から大正期にかけ，阪神工業地帯や京浜工業地帯が形成される．鉱山とそれに付随する精錬所を別にすると，工業化の進展による環境汚染はこうした地域でまず深刻化していった.

「東洋のマンチェスター」，これは工業都市大阪を讃えることばだ．もしかすると，読者のなかにも，歴史の教科書か何かで，この言葉を見たことがある人がいるかもしれない．しかし，そもそも，マンチェスターってどんな街なんだろうか？　なんせ行ったこともないし，マンチェスターに親戚もいないからよくわからん.

そもそもこの言葉は明治期に薩摩閥と結託して活躍した政商五代友厚（1835-85）が，大阪を大工業都市にするという自分の夢を語った際の言葉のようだ．マンチェスターはイギリスの都市で産業革命の中心となった都市の

第 3 章　近代化と環境問題　　　　　35

ひとつだ．1845 年に発行されたエンゲルス（Friedrich Engels, 1820-95）の
『イギリスにおける労働者階級の状態』は主としてこの町を題材として書か
れた．五代友厚がヨーロッパ各国を歴訪したのは幕末の 1865 年．エンゲル
スが描いた時代から 20 年後のことだ．20 年のタイムラグがあるとはいえ，
エンゲルスはそこに労働者階級の悲惨な状態を見，五代友厚は同じ町に大英
帝国の栄華を見たということだ．ついでにいうと，後に「東洋のマンチェス
ター」となった大阪でも労働者階級の生活環境は大きな社会問題となった．
エンゲルス的意味でも大阪は「東洋のマンチェスター」になったというわけ
だ．

　ここで重要なことを指摘しておきたい．黒ずんだ空や黒ずんだ川の流れを
今のわれわれが見たら，すばらしいとは決していわないだろう．ところが，
工業都市化が急速に進展した 20 世紀はじめの段階では，工場から排出され
る煙は繁栄の象徴として積極的に評価される面があったのだ．小田康徳
「「煙の都」の写真について」（小田 1998）に，1914 年に発行された『大阪府
写真帳』という本に掲載された写真が載せられている．小田の考証によると，
この写真は大阪市内を東西に流れる堂島川にかかっている橋のひとつである
玉江橋から西方の工業地帯を撮影したものだという．この写真のキャプショ
ンには「大阪市及ひ其の附近には無数の工場相連なり，為めに市は煙筒林立，
黒煙濛濛として天に漲り，図に示すか如き壮観を呈し，煙の都の名を附せら
るヽに至れり」とある．どう見ても黒煙を嘆息しているようには見えない．

　仁徳天皇の逸話から難波の都は煙をありがたがる特殊な町かといえばそう
ではない．1904（明治 37）年に操業を開始した官営八幡製鉄所（後の新日鉄
八幡製鉄所）のある現在の北九州市八幡区はかつては八幡市だった．ちなみ
に，北九州の八幡は「やはた」，京都府南部で石清水八幡宮のある八幡市は
「やわた」と読む．念のためにいっておくと，石清水八幡宮は「いわしみず
はちまんぐう」だ．北九州の八幡は製鉄所の建設以来都市化が進み，1917
（大正 6）年には市制がしかれている．

　その北九州の八幡市の市歌には「焔炎々　波濤を焦がし　煙濛々　天に漲

る」という一節がある．これは八波則吉という人の作詞によるものだ．八波則吉というのは尋常小学唱歌の編纂委員を務めた第五高等学校（今の熊本大学）の教授だそうだ．日本の音楽教育史では有名な人なのではなかろうかと思うが，なんせ，筆者はこの方面は疎いのでよく知らない．大阪府写真帳と同様の文言だ．つまり，当時の人たちにとって，「煙濛々」は決して否定されるべき光景ではなかったということだ．今とは大きな違いだが，今でも巨大な構造物をつくることに「進歩」を感じる人もいるので，メンタリティーは今も昔もさして変わっていないのかもしれない．

「煙濛々」が繁栄の証だといっても，ばい煙や二酸化硫黄などの有毒な気体が人々の生活に悪影響を与えたことはいうまでもない．工業化がいち早く進んだ大阪では公害もいち早く発生している．環境再生保全機構のウェブサイトによると，そもそも，公害という言葉の初出は1880（明治13）年に大阪府が発した府達だといわれている．もっとも，1880年段階だとまだ「煙濛々」の時代ではないから，ここでいう「公害」は近代的な工場によるものではないだろう．松浦（2008）に「明治10年（1877年）5月23日に大阪府が制定した「鋼折・鍛冶・湯屋業ノ取締」と称する布令によると，「諸職業中鋼折・鍛冶・湯屋業等ハ，合壁近隣ノ者共，地響又ハ汚穢喧囂（ケンゴウ）ナルヨリ，健康上ノ妨害ヲナス段，往々苦情相聞候處」と述べて，「鋼折業ノ者ハ，人家稠密ナラザル村落，又ハ四方五間以上ノ空地ヲ構ユル場所へ，来ル十一月三日迄ニ轉移可致候事」などと定めて，「人民互ノ商業ト雖」近隣住民に被害が及ばないようにするべきことを定めていた」とある．鍛冶は鍛冶屋，湯屋は風呂屋だが，鋼折とは何だろう？　広辞苑にも載ってない．字面からすると鉄工所だろうか．時期的にも近いのでこの頃の「公害」の発生源は鋼折・鍛冶・湯屋ということになりそうだ．

「煙濛々」に関わるところでは，1911（明治44）年に煤煙防止研究会が大阪府知事のもとに組織されている（飯島2000:71）．もっとも，この煤煙防止研究会については1907年発足説もある（下川2003）．いずれにせよ，明治末期には既に政策的に何らかの対応が求められるほど煙害がひどかったと

いうことだ.

　工業の発展にともなって，公害問題が深刻化しつつあったのだが，まだ，この段階では環境問題を包括的に政策化する動きはない．日清戦争（1894-95），日露戦争（1904-05），第一次世界大戦（1914-18）とわが国は 10 年ごとに大きな戦争をおこなっている．富国強兵は最重要の政策課題であり，環境は二の次，三の次というのが実際のところだ．それと，当時の科学技術の水準では適切な規制基準を策定することも難しかったのかもしれない．とはいえ，生活より産業が優先という国家政策はながらく続き，公害問題全般への政策対応がおこなわれるようになるのは，はるか後の 1950 年代後半以降のことである．

第4章
高度経済成長と公害問題の深刻化

1. 公害問題の再発と深刻化

(1) 高度経済成長

　筆者の親父は 1928（昭和 3）年生まれだ．親父は 1945（昭和 20）年，広島県の江田島にあった海軍兵学校（海軍士官を養成するための学校）に入学する．入学して数か月後の 8 月にわが国はポツダム宣言を受け入れ連合国に降伏する．この敗戦で帝国海軍は消滅し，帝国海軍士官になりそびれた親父は兵庫県尼崎市に帰郷する．おそらくその頃のことだろうが，「大阪市内を流れる川がきれいになって魚がたくさん泳いでいるのが見えた」と言っていた．わが国の大都市はアメリカ軍を中心とした連合国軍による空爆で徹底的に破壊されていた．こうなると煤煙も水質汚濁もない．当時の東京の空はとても澄んでいたという記述も見たことがある．環境問題からいえば，重大な環境問題を引き起こしながら強行された富国強兵政策の結果は皮肉なものだったというしかない．

　戦禍で設備は破壊され尽くしたのだが，人と技術は残っていたわけで，朝鮮戦争をひとつの契機として，わが国は再び経済成長に向かう．「もはや戦後ではない」という有名な言葉がある．これは 1956 年の経済白書のなかにある言葉だが，間違って引用されることの多い言葉でもある．「もう，戦後復興の時期ではなく，新しい成長の時期だ」と，高度経済成長期への胎動を高らかに宣言した言葉だとして書いたものがまま見られるが，そんな文脈で

使われた言葉ではない．「戦後復興という成長バネは既になく，新しい道を模索しないといけない」とどちらかといえばネガティヴなトーンで使用された言葉だ．

　だが，その後の歴史を見ると，間違った引用のされ方をされるのが当然ともいうべき，経済成長の時代に入る．1960年12月，当時の首相池田勇人（1899-1965，首相在任期間：1960.7.19-1964.11.9）は「10年間で国民所得を2倍にする」とぶち上げた（所得倍増政策）．この段階では大ボラだと思っていた人も少なかったようだが，1960年代前半の実質経済成長率は年率9.3%，後半になるとなんと12.4%という高い経済成長率を実現したのだった．ちなみに，1991-2011年の平均は年率0.9%だから嘘みたいな時代だ．ただ，元の国内総生産が小さければ少し増えても成長率は高くなるし，国内総生産が大きくなれば同じだけ増えても成長率は小さい．逆にいうと，当時の日本の国内総生産が小さかったからより高かったということでもある．

　ともあれ，ここで簡単な（手計算では大変だが）計算問題だ．年率9.3%で成長を続けたなら国内生産が2倍を越えるのは何年後か？　正解は8年で2.04倍になる．10年かからない．実際には60年代後半はさらに成長率が高かったから所得倍増はもっと早く達成できている．

　高度経済成長の実現には重厚長大産業とよばれた重化学工業の発展が大きく寄与している．農村部から大工場が立地する大都市への著しい人口移動も起こった．高度経済成長が始まった当時から既に公害問題はあらわれている．下川耿史『環境史年表　昭和・平成』の1956年の項をみると，2.16 北九州の洞海湾が「日本一汚れた死の海」として問題化，7.12 厚生省，大腸菌汚染の海水浴場278か所の遊泳禁止を各都道府県に通達，5.- 大阪で近畿地方大気汚染調査連絡協議会が結成される，夏- 三浦半島や房総半島に大量の汚物や生理用品が漂着．東京湾口に投棄されるし尿が海流の関係で入り込んだもの，8- 群馬県の東邦亜鉛安中工場の公害が問題化．9.10 農民900世帯が「東邦亜鉛鉱毒対策期成同盟会」を結成，8.- 東京都都心部で河川の悪臭が激化，といった記事が掲載されている．

工業起源の問題も多いが，海水浴場の大腸菌汚染や三浦半島・房総半島への汚物・生理用品の漂着といった問題は，都市への急激な人口集中に対して生活環境インフラの整備が追いつかなかったことによる．

以上のように，高度経済成長が始まる段階においてすでに公害問題は発生していたが，それが高度経済成長期にはいっそう拡大・深刻化していった．

(2) 典型7公害

公害とは，事業活動などによって，近隣住民らに悪影響を与えることだといえるが，法的にはその内容が限定されている．1993（平成5）年に制定された環境基本法は，「「公害」とは，環境の保全上の支障のうち，事業活動その他の人の活動に伴って生ずる相当範囲にわたる大気の汚染，水質の汚濁（水質以外の水の状態又は水底の底質が悪化することを含む．第十六条第一項を除き，以下同じ．），土壌の汚染，騒音，振動，地盤の沈下（鉱物の掘採のための土地の掘削によるものを除く．以下同じ．）及び悪臭によって，人の健康又は生活環境（人の生活に密接な関係のある財産並びに人の生活に密接な関係のある動植物及びその生育環境を含む．以下同じ．）に係る被害が生ずることをいう」（第2条）と規定している．ここにあげられた大気汚染，水質汚濁，土壌汚染，騒音，振動，地盤沈下，および悪臭の7種を典型7公害という．この規定は1966年に制定され，環境基本法制定にともなって廃止された公害対策基本法の規定を引き継いでいる．日照阻害とか生態系破壊などは法的な意味では公害には含まれない．7公害のうち3つについて少し解説を加えておこう．

◇大気汚染

前章でとりあげた足尾銅山や別子銅山の事例では二酸化硫黄を原因物質とする大気汚染が起こっているが，明治期以降，石炭が産業エネルギーとして利用されるようになり，降下煤塵が大きな問題となった．煤煙が大正期にはすでに問題となっていたことは前章でもふれたとおりだ．

1962（昭和37）年には初の大気汚染の防止法としてばい煙規制法（ばい煙

排出の規制等に関する法律）が制定されている．降下煤塵については集塵装置の設置や石油へのエネルギー転換によって 1960 年代後半には沈静化したものの，二酸化硫黄などの硫黄酸化物（SO_x）による大気汚染や，浮遊粉塵，自動車の排気ガスなどに含まれる窒素酸化物 NO_x が大気汚染の主役となった．

　四大公害訴訟のひとつである四日市ぜん息は典型的な大気汚染だ．高度経済成長期には各地の臨海工業地帯を中心に健康被害が発生している．また，モータリゼーションの進展により，自動車由来の大気汚染が深刻化したのも高度経済成長期だった．

◇水質汚濁

　水質汚濁の原因は産業排水と生活排水だ．産業排水といえば都市部における工業によるものがまず頭に浮かぶだろうが，農村部でも畜産業にともなう廃水や農薬散布が水質汚濁の原因となる．

　第二次大戦終結後，わが国の工業は復活をとげつつあったが，水質汚濁が最初に問題となったのは沿岸漁業だった．すでに 1940 年代後半から 50 年代初期にかけ，復活しつつあった工業から排出される汚染水が沿岸漁業に対して悪影響を与えつつあった．排水の水質を規制する法案をつくろうという動きもあったが，工業育成の政策的観点から法制化はなかなか進展しなかった．そうしたなかで発生したのが本州製紙事件だ．

　1958（昭和 33）年（筆者の生まれた年だ），東京都江東区に立地していた本州製紙という企業がケミカルパルプ製造装置を新設した．本州製紙はこの施設から強い酸性の廃液を大量に東京湾に排出した．この廃液によって東京湾で魚の大量斃死が発生した．

　江戸前のにぎり鮨って聞いたことがあるだろう．江戸前というのは東京に近い海のこと．東京湾は（大阪湾や伊勢湾もそうだが），種々の魚類に加え，エビやシャコ，各種の貝類，それにノリなどが豊富に獲れる豊かな漁場だった．東京（古くは江戸）という大消費地を控えていたこともあって，東京湾は数多くの漁民の生活の場だったのだ．

そこで魚類の大量斃死が発生した．怒った漁民は本州製紙に対して強い抗議活動をおこない，その結果乱闘事件にまで発展し，逮捕者が出てしまう．これが本州製紙事件だ．東京都だけでなく千葉県にまで広がった漁業被害は大きな社会問題となった．この事件が契機となってようやく成立したのが，工場排水規制法（工場排水等の規制に関する法律）と水質保全法（公共用水域の水質の保全に関する法律）のいわゆる水質2法だ．水質2法は新たにつくられた水質汚濁防止法が1971年に施行されたのにともなって廃止された．

水質2法が出来たからといって水質の改善が進んだわけでは全くない．高度経済成長期にあっては産業排水に加え，都市への人口集中や下水道事業の遅れもあって河川の水質が著しく悪化し，大きな社会問題となった．人間や家畜の糞尿は有効な肥料として活用されていたが，これが化学肥料に代替されたことも河川汚濁の原因のひとつとされている．

河川の有機汚濁を測る代表的な指標にBOD（Biochemical Oxygen Demand）がある．これは水中の有機物が微生物の働きによって分解されるときに消費される酸素の量だ．ただし，水中に微生物の生物活性を低下させる物質が含まれていると低下してしまう．例えば塩分が多いとBODは低く測定されてしまう．そこで，海域や湖沼の有機汚濁を測る指標としてCOD（Chemical Oxygen Demand）が用いられる．これは水中の有機物を酸化剤で分解する際に消費される酸化剤の量を酸素量に換算したものだ．

高度経済成長まっただ中だった1969年に発行された『公害白書（昭和44年版）』には全国各地で測定された河川のBODの値が記載されている．ちなみに，BODの目安として，同書には，3ppm以下は上水道の原水およびサケ，マスなどの生息の許容目標値，5ppm以下はコイ，フナなど川魚の生息許容目標値，10ppm以下は悪臭などで人の健康に指標を及ぼさない目標値と記載されている（同書: 69）．

筆者は阪神工業地帯のど真ん中の兵庫県尼崎市の生まれだ．尼崎市の東隣は大阪市だ．その尼崎市と大阪市の境目を流れる神崎川（左門殿川）に辰巳橋という橋が架かっている．1960年代半ばのこの辰巳橋附近のBODの年平

均はなんと 46.8 となっている．10 以下が「悪臭などで人の健康に指標を及ぼさない目標値」だから実に 5 倍近い値だ．これくらいになってしまうと流域には悪臭が常に漂う．筆者は幼児期にこの川の下流に住んでいたので臭かったことをおぼろげに覚えている．これで驚いてはいけない．福岡市の那賀川下流では 77.4〜110.0 という数値が記録されていた．

　排水規制の強化，浄化施設の整備などのため，当時に比べれば今は水質も随分改善されている．神崎川辰巳橋の BOD は今では 2 程度となっており，魚も棲める水質に戻っている．ついでにいうと，札幌市内を流れる豊平川の水質もかつてはかなり悪化していた時期もあったのだが，現在では 0.5〜1 程度（東橋付近）ときれいになっている．サケもしっかり遡上している．ちなみに札幌市は豊平川によって形成された扇状地に立地しており，東橋付近はその扇端部分にあたる．扇状地の扇端部分は地下水が湧いているところが多い．サケは湧水のあるところに産卵する．豊平川もこのあたりに湧水があり，サケの産卵場所となっている．

◇地盤沈下

　地盤沈下は比較的早くから問題となっている．『公害白書（昭和 44 年版）』では 1937（昭和 12）年〜38 年頃に東京都江東区平井町・亀井町で年間 15cm の沈下が観測され，第二次大戦期には一時停滞していたものの，1955 年頃から再び地盤沈下が深刻化したとある（同書: 100）．

　地盤沈下の原因は地下水のくみ上げだ．1956（昭和 31）年には工業用水法が制定され，東京や大阪で地域指定がおこなわれた．さらに，1962 年にはビル用水法（建築物用地下水の採取の規制に関する法律）が制定された．

　その他の公害は割愛するが，いずれも深刻な状況を呈していた．

　以上，見てきたように，こうした公害問題は，1950 年代〜60 年代にかけて，それぞれ個別に法律が制定され，対応策がとられてきたのであるが，水質汚濁にみられるように，公害問題の抜本的な解決策にはならず，公害問題は高度経済成長期になると深刻さの度を増すばかりだった．

　深刻化する公害問題の典型的な事例がいわゆる四大公害訴訟だ．おそらく

第4章　高度経済成長と公害問題の深刻化　　45

学生諸君も中学校あたりで習ったと思う（「習った」ということと「身につ
いた」ということは別問題だが）が，念のために次節で改めて簡単に振り返
っておこう．

2.　四大公害訴訟

(1)　水俣病

　熊本県水俣市で発生した水俣病の加害企業はチッソという会社だ．チッソ
の前身は日本窒素肥料，そのまた前身の日本カーバイド商会が 1908（明治
41）年熊本県水俣でカーバイドの製造を開始したのが，そもそもの出発点だ．
カーバイドは化学肥料の原料だ．カーバイドからアセトアルデヒドを合成す
る（カーバイド法）．この過程で水銀が触媒として用いられるのだ．日本カ
ーバイド商会が合併によって日本窒素肥料となり，1932（昭和7）年にアセ
トアルデヒド工場の操業を開始し，このときから大量の排水を水俣湾に排出
するようになる．

　第二次大戦後，1950 年に日本窒素肥料は新日本窒素肥料として再出発す
る（煩雑なので以下すべてチッソとする）．水俣はチッソの企業城下町とし
て発展した．1956 年水俣病が最初に発見されたのもチッソの附属病院だっ
た．翌 57 年，熊本大学医学部が魚貝類を通して人体に摂取された重金属が
原因だと思われるという報告をおこなった．

　早くから環境問題に関わり，リスク分析による環境問題へのアプローチの
開発を主導してきた中西準子が興味深いことを書いている．「多分，当時大
学生であったと思うが，東京の新聞だけを読んでいた私は，また熊本大学が
「水銀が原因だ」というような無責任な説を出しているという印象をもって
いた．（中略）私の印象は，そのまま新聞の記事の書かれ方であり，世論で
あったであろうことを考えると，熊本大学の研究が誹謗，中傷の中で孤立し
て行われたことがよくわかる」（中西 1995: 32）．中西は 1938 年生まれなの
で，当時大学生だったとすると，1960 年前後のことだろう．

今ではチッソが排出した有機水銀が水俣病の原因だと誰でもが思っている．だが，発見当初はむしろチッソ原因説は異端の扱いだったのだ．このことは，自分への自戒の念を込めて受け止めたいところだ．学生諸君も強く意識してほしいと思う．東日本大震災以降の原発問題をつい想起してしまう．起こるはずがないと主張されていたことが起こってしまう．でも，実は，起こりうると警告を発していた人はいたのだ．科学の名の下に非科学的（非理性的）な行動が社会的に容認されてしまうことはしばしばあるのだ．「想定外」という言葉を免罪符とするのは決して科学的なスタンスとはいえないだろう．

水俣病の最初の提訴は1969年だ．水俣病発見からすでに10年以上が経過している．企業城下町で，そして地域社会の中ではマイノリティであった漁業者が町の「主」であるチッソと闘うことがいかに困難であったかがうかがわれる．水俣病の提訴は，水俣より10年近く後に発見された新潟水俣病の提訴よりも後なのだ．

1973年3月第一次訴訟で原告側（患者側）の勝訴が確定した．そして，1977年に始まり，1990（平成2）年に完了した埋め立て工事で，水俣湾のかなりの部分はすでに海ではなくなっている．だが，これで解決したわけではない．未認定患者とよばれる人たちが全国に数多く残された．2004（平成16）年10月には関西訴訟の最高裁判決が下され，国と熊本県の敗訴が確定した．政府は最終的な解決をはかるため，2009年に水俣病救済特措法（水俣病被害者の救済及び水俣病問題の解決に関する特別措置法）を公布施行した．この法律に基づく救済の申請も2012年7月31日に終了した．特措法の救済制度による一時金支給対象者は3万2千人を超える．だが，これで解決したわけではない．そもそも仮に一時金を受け取ったからといって，健康が回復

写真4-1　埋め立てられた水俣湾
（2018年6月筆者撮影）

するわけではない．特措法の認定に漏れた人たちが訴訟を提起した．原告の数は千人を超える．この訴訟では生年や居住地による線引きが争点となった．

2013年の最高裁判決はひとつの症状であっても水俣病と認定できるという判断を示し，これを受けて環境省が新たな指針を作成したものの，事実上認定の幅は広がらなかった．

公式発見からすでに60年を超えているが，水俣病はまだ過去のものになってしまったわけではないことを理解してほしい．

（2）　新潟水俣病

新潟大学医学部の教授から新潟県衛生部に阿賀野川下流域で水銀中毒患者の発生が報告されたのが新潟水俣病事件の発端だ．1965年5月のことだ．

この段階では水俣病の原因物質は有機水銀であることがほぼ明らかになっていたためだろうか，厚生省（現在は厚生労働省）は比較的早い対応をとり，新潟有機水銀中毒特別研究班は，1967年4月に，原因は昭和電工鹿瀬工場から排出された廃液によるものという見解を発表した．昭和電工鹿瀬工場もチッソ水俣工場と同様アセトアルデヒドを生産しており，その生産高はチッソ水俣工場に次ぐものだった．

厚生省発表の2か月後の6月に被害者は提訴している．先にも述べたように，熊本の水俣病の提訴よりも早い．これは被害者と加害企業の関係が希薄だったということも影響しているかもしれない．後の調査で汚染の範囲はかなり広いことが判明したのだが，当初被害の発生が報告された地域は加害企業の立地点から，阿賀野川を約60km下ったあたりである．昭和電工の企業城下町ではない地域だ．

このことは前章でとりあげた足尾銅山鉱毒事件でも似たような構図がみられる．足尾銅山の恩恵を直接受けることの少ない下流域の農村部が，鉱毒事件に対する反対運動の中心となっている．逆に現代でも似たような構図はみられる．青森県の下北半島の先端に建設が予定されている大間原発も，その反対運動は地元大間よりもむしろ対岸の北海道函館市で盛んなようにみえる．

話を元に戻す．昭和電工の歴史を要約すると，1908（明治41）年に設立された房総水産が昭和電工の前身で，1917（大正6）年に設立された電気化学工業会社の東信電気が房総水産を吸収合併する．1928（昭和3）年に関連会社の昭和肥料が設立された．東信電気が阿賀野川上流域の鹿瀬町（現在は近隣と合併し阿賀町）に鹿瀬発電所をつくった．鹿瀬町につくられた昭和肥料の工場でカーバイドの生産がはじまった．1939年に昭和肥料と日本電気工業が合併して昭和電工となる．このあたりの経緯は水俣のチッソと似ている．

1967年6月第一次訴訟がおこなわれ，1971年9月に原告勝訴の判決が下されたが，未認定患者の問題などもあり，これで最終決着とならなかったのも水俣と同様だ．

新潟水俣病についても多くの文献があるが，さしあたっては堀田（2002）をあげておく．

水俣病は水銀問題の解決に向け世界的に大きな影響をもたらした．というのは，水銀中毒は世界各地で発生し問題となっているからだ．

水銀は常温では液体という特異な金属で，金や銀を吸収する性質がある．そこで金鉱石から水銀に金を吸収させ水銀と金の混合物（アマルガム amalgam）をつくり，アマルガムを加熱し水銀を蒸発させると金が残る．この精錬法は大昔から用いられてきた．また，アマルガムを塗布して水銀を蒸発させると金メッキができる．奈良時代に東大寺に作られた毘盧遮那仏（いわゆる奈良の大仏さん）はこの方法で金メッキされたようだ．水銀中毒になった職人もいたのではなかろうか．

現在ではもちろん使用されていないが，江戸時代までの白粉には水銀が含まれていたそうだ．白色が際立つのだそうだ．水銀入りの白粉を常用したことで半身不随になった歌舞伎役者もいたそうだ．近年のわが国ではほとんどみかけることもなくなったが，筆者が若い頃には水銀を使った体温計や血圧計はごく一般的なものであったし，乾電池にも水銀が使用されていた．

アマルガム法による精錬は，当然のことながら，水銀中毒を引き起こす．現在もなお，発展途上国の小規模な金鉱山などでは，アマルガム法による金

の精錬がおこなわれており健康被害が多く発生している.

　国連環境計画（UNEP）は 2001 年から水銀汚染に関する調査をおこない 2002 年水銀アセスメントという報告書をまとめた．その後，UNEP では水銀汚染を防ぐための条約の制定をめざし政府間交渉委員会（INC: Intergovernmental Negotiating Committee）の第 1 回会合（INC1）を 2010 年に開催した．2013 年 1 月に開催された第 5 回会合で条文案が合意され，条約名が「水銀に関する水俣条約 Minamata Convention on Mercury」となった．同年 10 月に条約の採択・署名のための国際会議が熊本市と水俣市で開催され，全会一致で水俣条約が採択された．水俣条約は 2017 年 8 月に発効し，わが国では水銀汚染防止法が本格施行された.

（3）　イタイイタイ病

　富山県神通川流域で発生したイタイイタイ病の原因はカドミウムだ．汚染源となった神岡鉱山は古く 800 年頃に発見されたという（浅見 2001）．開発が始まったのはそれよりはずっと後だが，それでも歴史はかなり古く，「16 世紀末の戦国時代に開発され，現在までの約 400 年間にわたり，銀・銅・亜鉛を産出してきた世界最大級の金属鉱山である」（畑 2001: 64）.

　銀を採掘していたが，幕末期には衰退していた．それが明治期になって近代技術の導入によって復活し，三井組がそれまで分割されて経営されていた神岡鉱山を買収し統一的に経営するようになる．その後，鉛の生産が中心となり，1905 年から亜鉛も生産するようになった．閉山は 2001 年 6 月で，鉱業所があったところから下流約 10km に位置する茂住坑は 1994 年に廃坑となったが，その跡を利用し，小柴昌俊のノーベル物理学賞の受賞で有名になったニュートリノの研究施設である東京大学宇宙線研究所の「スーパーカミオカンデ」が設置されている.

　19 世紀終わり頃には煙害が激しくなっており，「三井は，こうした被害によって困窮する農家から山林や田畑を買い受けることで鉱業所用地を拡大していった」という（藤川 2007a: 211）．ここでも足尾と同様煙害が大きな被

害を発生させている．

亜鉛の鉱石にはカドミウムが含まれる．カドミウムが資源として活用されるようになったのは第二次大戦後のことで，それまではカドミウムを含む鉱滓は廃棄されていた．このカドミウムが約40km下流域でイタイイタイ病を発生させることとなった．地図を見ればわかるが，神岡鉱山は岐阜県にあって，神通川は急峻な山岳地帯を抜けて富山平野に至っている．川の流れが緩やかになる平野部にカドミウムが堆積したわけだ．

2008年に日本環境学会の大会が富山県立大学で開催され，筆者もそのとき汚染された地域を見学した．広大な水田が拡がる水田地帯で，この問題がなければかなり豊かな農村だっただろうと思う．

イタイイタイ病の発生（ただしイタイイタイ病という名称はまだなかった）は古く明治末期の1910年代からみられたという．「その被害がもっとも激しかったのは1940年代半ばである．この時期，被害者数は数百人にのぼり，中心地域では20〜50％の世帯にイ病の患者がいたと推測される」という（藤川2007b: 29）．イタイイタイ病という名称が使われるようになったのは1955年，荻野昇医師によるカドミウム鉱毒説の発表が1961年だ．

藤川は「（水俣病が発見されてから公害病認定されるまで長い時間がかかっているが），イタイイタイ病（イ病）に関する対応の遅れは，水俣病に比べて知られていないものの，はるかに顕著である」（同上: 29）といっている．確かにそうだ．この遅れについて，藤川は「ある事象が「加害→被害」と認識されるためにはいくつかの条件があり，第一に，害となる現象，ここではイ病だが，それが認められなければいけない．いかに激甚な症状であろうと，自然な経緯として見過ごされてしまうことがあり，イ病はまさにその例である」（同上: 31）と述べているが，実際，イタイイタイ病は，中高年の女性に多い風土病と長らく認識されていたのだ．

1968年3月患者と遺族ら28人は神岡鉱山を経営する三井金属鉱業を相手取り，富山地裁に提訴した．さらに1968年5月には厚生省がイタイイタイ病の原因は神岡鉱業所からの排出物であると発表した．1971年6月の地裁

第 4 章　高度経済成長と公害問題の深刻化　　　　51

判決と，翌年 8 月の名古屋高裁金沢支部の判決はいずれも原告の全面勝訴だった．

また，イタイイタイ病は多くの被害者の命と健康を直接奪ったがそれだけではない．カドミウムに汚染された水田からはカドミウムを含んだ米が収穫される．もちろん食用として販売できない．

写真 4-2　修復中の汚染農地
（2008 年 8 月筆者撮影）

　イタイイタイ病が契機となり，1970 年に農用地の土壌の汚染防止等に関する法律が制定され，公的予算で土壌の修復がおこなわれた（対象地域は富山だけでなく全国各地にある）．神通川下流で汚染農地の修復がようやく完了したのは 2012 年 3 月のことだった．

　土壌修復に要した時間は約 40 年，事業費は 400 億円にのぼるという．また，神岡鉱山に対する立入検査に要した費用は 200 億円にのぼるという．この立入検査は，公害防止協定に記載されたもので，被害者団体が三井金属の負担でおこなうというものだった．若い頃専門家の立場で立入検査に参加したある先生によると，この立入検査に対して鉱山側は協力的だったとのことだ．

　これですべて解決かというと実はそうではない．2017 年 7 月に開催された富山県公害健康被害認定審査会では認定申請があった 3 名を審査し，2 名を「認定相当」（うち，1 名は前年 9 月に死去），1 名を「要観察者相当」とした．この段階で認定患者数は 200 名，うち生存者は 6 名となった．イタイイタイ病もまだ完全に過去のことになったわけではない．

(4)　四日市ぜん息

　第二次大戦前，帝国陸海軍は工廠という軍需工場を各地に持っていた．海

軍工廠のひとつである第二燃料廠が三重県四日市につくられたのが太平洋戦争が始まった 1941 年だ．その跡地を昭和石油（現在は昭和シェル石油）に売却することが決定されたのが 1955 年．タンカーが横付けできる港があり，なおかつ広大な用地が既に造成されており，さらに大都市にも近いというのは石油化学企業にとって打ってつけの好立地だったのだろう．昭和四日市石油の操業が開始されたのが 1958 年．まさに石炭から石油へエネルギーの大転換がおき，石油化学工業が高度経済成長を牽引しはじめようとしていた時期だ．

石油化学工業を集積して立地させる臨海コンビナートの建設が各地でおこなわれ，四日市でも 1959 年に第 1 コンビナートが操業を開始し，63 年には第 2 コンビナートの操業が開始される．

第 1 コンビナートの操業開始翌年頃からすでにぜん息の患者が多発していたという．人間の健康被害だけでなく，伊勢湾で獲れる魚の異臭も問題になっていた．

ぜん息の原因は化学コンビナートから排出される二酸化硫黄などの硫黄酸化物だ．わが国の高度経済成長は安価な石油と質量ともに豊富な労働力に支えられたものだったが，その安価な石油は多くを中東産原油に依存していた．中東産原油は硫黄分の含有量が比較的高いのだそうで，そのため硫黄酸化物の発生量も多くなる．

足尾銅山の煙害でもそうだったが，硫黄酸化物の影響は地形に大きく影響される．被害が最も甚大だった磯津地区は地形的に影響を強く受けやすい地形だった．1964 年の磯津地区における二酸化硫黄の年平均値は 0.075ppm に達していたという．これは現在

写真 4-3　現在の第一コンビナート
（2017 年 9 月筆者撮影）

の環境基準の4倍にあたる．

磯津地区の住民9人がコンビナートに立地する企業を相手取って訴訟を起こす．これが1967年のことだ．

公害訴訟に深く関わってきた宮本憲一によると「石油関連工業が公害防止投資をおこないはじめたのは，住民の公害反対の世論をおさえきれなくなった一九六四年以降のことである．しかもその防止策は主として拡散の原理にたよっている」（宮本1975: 36）といっている．拡散の原理というのは，要するに高い煙突を立てて煙を排出し，広くばらまいて希釈するということだ．宮本はさらに続けて，「四日市市のように汚染源が集積し，住宅地域が広域にひろがっている場合，高煙突拡散の効果は乏しい」（同上）という．

現在語り部として活動している伊藤三男さんによると，この当時，第一コンビナートの最寄り駅である近鉄塩浜駅に列車が近づくと車内に異様な臭気が漂ったという．おそらく，現在の若い学生諸君には想像しがたいだろうが，阪神工業地帯の真ん中で高度経済成長期に幼児期を過ごした筆者はその臭気がわかる．

写真4-3は最も被害が集中した磯津地区の鈴鹿川河口の現在のようすだ．のんびり釣り糸を垂らしている人がみえる．今はきれいな鈴鹿川も当時はおそらく真っ黒な油臭い水が流れ，釣りどころではなかっただろう．

1972年7月，津地裁四日市支部は，被告企業の二酸化硫黄排出と原告住民の呼吸器疾患の因果関係を認定し原告勝訴の判決を下した．この当時，いわゆる公害法はまだ十分な整備がなされていない．村田正人は「もちろん，被害者住民が望んだことは，損害賠償請求による金銭賠償ではなかった．求めていたのは，企業責任の明確化と奪われた命への真摯な謝罪や奪われた健康の回復」ではあったが，「そのため，公害企業である昭和四日市石油，三菱油化，三菱モンサント化成，三菱化成工業，中部電力，石原産業の七社の法的責任を明確にさせることが訴訟の眼目となった」と述べている（村田2012: 15）．四日市訴訟の判決は1973年の公害健康被害補償法（公害健康被害の補償等に関する法律，公健法と略称されることが多い）の制定に影響を

与えたといわれている.

現在, 臨海コンビナートは観光資源にもなっている. 工場夜景が関心を集めるようになり, 四日市臨海コンビナートを海から眺める夜景クルーズが人気だ. 2017 年に筆者が参加したときのガイドさんは, かつてコンビナートで働いていた人のようで, 深刻な公害問題があったことと同時に, 石油コンビナートが日本の経済成長に大きく寄与したことも語っていた. 現在水俣病資料館で語り部をつとめておられる水俣病患者の南アユ子さんが, 講話のなかで「病気は憎んでいるが, チッソは憎んでいない」とおっしゃっていたことを思い出す.

中学高校で四大公害は歴史の時間で習ったと思う. 歴史の時間で習うためだろうが, 四大公害は昔の話だと思い込んでいる人が多いのではなかろうか. 本章で述べたように, 実は決して過去の話になってしまっているわけではない.

3. 反公害運動と公害国会

(1) 公害対策基本法の制定

公害問題に対する規制は国よりも地方自治体が先行した. 高度経済成長以前, 戦後復興の段階で, すでに公害問題が深刻化しつつあったことはすでに述べたとおりだ.

東京都の 1949 年を皮切りに, 大阪府 (1950 年), 神奈川県 (1951 年), 福岡県 (1955 年) と公害防止条例が制定された. 地域住民に対するサービスをおこなうのは国よりも地方自治体だ. だから, 公害規制において, 国よりも自治体が先行したというのは, 考えてみれば当然かも知れないのだが, それよりも国は常に産業優先的な政策をとっていたことが大きいとみるべきだろう.

宮本憲一は高度経済成長期までの公害発生の社会経済的要因として, 高度蓄積方式, 過大都市化, 大量消費生活様式の急速で無計画な普及, 日本資本

主義の後進性の4つの要因をあげている（宮本 1975: 107-8）．そしてそれらに対し，「日本の国家は大企業中心の高度蓄積をおしすすめるために，これら四つの原因を防ぐどころか，むしろ，助長したということができる」（同上: 109）と手厳しく批判している．

ついでに当時の政治状況をみておくと，自民党（産業擁護的スタンスが強い）が国会で安定多数を維持し続けており，労働組合などが主たる支援団体だった社会党などの野党が政権を獲得できる見通しはほとんどない状態だった．とはいえ，自民党政権も反公害の声を無視できず，1967 年には公害対策基本法を制定させた．

公害関連の法律としては，1958 年に水質2法，1962 年にばい煙規制法が制定されているし，1965 年には企業の公害防止設備などを資金供給などで支援するための特殊法人である公害防止事業団も設立されている．なお，公害防止事業団は 1992 年に環境事業団に改組され，さらに 2004 年に公害健康被害補償予防協会と合併し，現在は環境再生保全機構となっている．

公害対策基本法には，「経済調和条項」とよばれた有名な文言が記載されていた．それは「生活環境の保全については，経済の健全な発展との調和が図られるものとする」（第1条第2項）というものだ．後にふれるが，この文言は削除されることになる．はるか後に発行された『平成 11 年版環境白書（総説）』はこれまでの環境政策を総括しているが，そのなかで「（経済調和条項は）経済優先ではないかという国民の疑念を払拭」するために削除されたと解説している．法律の文言というのはとかく素直に読みにくいものであるが，素直に読めば「経済の健全な発展」が主で，生活環境の保全は従だと筆者には読める．そもそも環境保全と経済発展を別々にあげていることからして，ここでいう「経済の健全な発展」という概念には「生活環境の保全」は含まれていない．国民の生活環境が保全されていない経済発展は「不健全な」経済発展だと筆者は思う．では「経済の健全な発展」の「健全な」というのはどういう意味だろうか？　年率 10% の成長力を保つという意味なのだろうか．環境白書のいう「経済優先ではないかという国民の疑念」は疑念

ではなく，事実だったというべきだろう．でなければわざわざこんな一文を
入れる必要はない．宮本も「私企業が採算のとれる範囲でとにかく生活環境
の保全をしようという，そういう意図がこの目的に表れているように思う」
（同上：111）といっている．

　1960年代，特に後半，わが日本国は公害列島などと称されるくらいであ
った．「公害列島」は単なる比喩ではなく，大人も子どももほんとに国民全
体が直面する問題となっていた．なんせ，子ども向けの怪獣映画まで公害が
テーマになったくらいだ．1971年に公開された東宝のゴジラシリーズ第11
作「ゴジラ vs ヘドラ」がそれだ．若い学生諸君もヘドラは知らなくてもゴ
ジラは知っていると思う．ゴジラの第1作は1954年に公開された．水爆実
験だったか，原爆実験だったかによって生まれたという設定だったと思う．
ゴジラをはじめ，ウルトラマンシリーズやその前身のウルトラQシリーズ
に登場する怪獣って案外世相を反映させていることが多い．作っている人は
大人ですからな．

　さてヘドラは当時問題になっていた静岡県田子の浦の海底に堆積するヘド
ロから生まれたことになっている．静岡県の田子の浦は，「田子の浦に　うち
出でて見れば　白妙の　富士の高嶺に　雪は降りつつ」という有名な和歌（作
者は誰か知ってるかな？　これくらいは知っていてほしい．山部赤人だ．小
倉百人一首の4番目の歌だ）で有名な風光明媚なところだが，近隣の富士市
にはいくつもの製紙会社が立地しており，製紙工場から排出される汚泥が沈
殿しヘドロとなって水質汚濁や悪臭などの公害を引き起こした．そういえば
ヘドロって何語だろう？　どうやら日本語だが，漢字表記は見たことがない．
どこかの方言という説もあるらしい．ヘドラは隕石に付着した生物がヘドロ
を食べて成長し，硫酸ミストを振りまくという怪獣だ．

　話を戻す．1966年10月，厚生大臣の諮問機関として設置された公害審議
会は「公害に関する基本的施策について」という答申をおこなった．この答
申を受け，1967年8月に制定されたのが公害対策基本法だ．それまで個別
法によって公害問題への対応がおこなわれていたのが，この法律の制定によ

って総合的な公害対策がはかられることとなった．なお，この法律の成立段階では，7公害のうち，土壌汚染を除く6つが規定されている．

公害防止に関する関係当事者の責務が定められ，さらに基本施策として，

①環境基準の設定（大気汚染，水質汚濁，騒音）
②国の施策：規制措置，監視体制の整備，公害防止技術研究の振興
③地方公共団体：国に準じた施策
④公害防止計画：特定の地域
⑤紛争処理，被害救済制度

が規定され，さらに財政措置として，公害防止施設の整備に対する税制優遇措置，助成措置なども定められた．公害対策会議や公害対策審議会の設置も盛り込まれている．

公害対策基本法の成立に続き，ばい煙防止法の抜本改正がおこなわれ，1968年6月には，大気汚染防止法と騒音規制法が制定された．

(2)　公害反対運動と公害国会

公害対策基本法が制定され，関連法規が多少整備されたからといって，急に公害問題が収束するわけはない．まして，「経済の健全な発展との調和を図る」という前提の下である．

相次ぐ公害訴訟がおこなわれ，国民的な反公害運動は大きな盛り上がりをみせる．当時の反公害運動は，社会党や共産党といった社会主義政党がリードしていた面が多分にある．そういえば社会主義政党というのもすっかり影が薄くなったねえ．当時の反公害運動は，単純化していえば，利益を貪って肥え太る大企業とその代弁者である自民党政権に，そのために命すら奪われる勤労者一般大衆が戦いを挑むという構図だった．そして，その構図はかなり説得力のある構図だったように思われる．

1960年代後半から，社会党や共産党がリーダーシップをとるいわゆる革

新首長が全国の自治体で相次いで誕生した．京都府の蜷川虎三知事，東京都の美濃部亮吉知事，大阪府の黒田了一知事，神奈川県の長州一二知事らだ．もっとも蜷川虎三は60年代よりずっと古く1950年に知事に当選している．

『昭和46年度版公害白書』では，公害をめぐる各界の動きとして，国際社会科学者会議の公害シンポジウム（1970年3月）での東京決議，日本弁護士連合会（日弁連）の公害シンポジウム（同9月），日本学術会議第57回総会（同10月）で「公害激化にあたって科学技術者に訴える」という声明が出されたこと，そして11月29日には公害メーデーが開かれたことなどが書かれている．さらに「学生のあいだでも，公害問題は70年代の主要課題として，また，トピカルな問題としてとりあげられるようになり，多くの学生が田子の浦，洞海湾，水俣などの現地にも出かけ，また，高校の学園祭などにおいても公害問題が研究展示のテーマとして多くのところでとりあげられた．大学キャンパスでも公害ゼミナール，シンポジウム，自主講座などが次々に行なわれるようになったことも注目された」とある．70年といえばまだ学園紛争が続いている頃だ．

筆者が大学に入学したのは1977年だから，この頃よりは少し後だ．それでも大学内では水俣病に関する講演会や集会などがしばしば開催されていた．筆者はあまりまじめな学生ではなかったが，徹底して不真面目でもなかったので，こうした講演会や集会もちょこっとのぞきに行ったものだ．特に水俣病についてはその被害の悲惨さに衝撃を受けた．

公害メーデーは全国150か所で集会が開催された．メーデーは5月だからメーデーだと思うのだが，公害メーデーは11月だ．82万人が参加したと伝えられている．スローガンは「青空と緑をとり返し，国民の命とくらしを守ろう」というものだった．

政府も1970年7月に総理大臣を本部長とする公害対策本部を設置し，国政レベルでの法体系の整備の検討をはじめた．当時の総理大臣は佐藤栄作（1901-75）．佐藤栄作は病気で退陣した池田勇人の後を継いで内閣を組織した．1964年11月9日から1972年7月7日まで，2,798日にわたる長期政権

を維持した．この首相在職2,798日というのは歴代2位（2019年5月末現在）
だ．1位は桂太郎の2,886日だが，桂太郎は西園寺公望と交代で首相を務め
た（桂園時代などといわれたことが日本史の教科書に載っていたはずだ）の
で，連続記録としては1位だ．ついでにいうと，佐藤栄作の実兄が岸家に養
子にいって後に首相になり昭和の妖怪と綽名された岸信介．岸信介の娘の子
供の一人が現首相（2019年5月現在）の安倍晋三だ．

　1970年11月24日から12月18日にかけて25日間開かれた第64国会
（臨時会）は公害国会とよばれ，公害・環境問題に関する審議が集中的にお
こなわれた．公害国会では14の法案が可決されている（表4-1）．このとき，
公害の項目に土壌汚染が加わり6公害から7公害となった．また，先に述べ
た公害対策基本法の悪名高い「経済調和条項」が削除された．

　地方自治体が大気汚染や水質汚濁について国よりも厳しい基準を設ける
（俗に上乗せなどという）権限を認めたことや，公害防止事業費事業者負担
法の制定で公害防止事業における事業者の費用負担義務が具体化したことな
ども含まれている．

　さらに，続いて70年12月26日に召集された第65国会（常会）では環境

表4-1　公害国会で可決・成立した法律

法律名	公布年月日
公害対策基本法の一部改正	1970年12月25日
道路交通法の一部改正	1970年12月25日
騒音規制法の一部改正	1970年12月25日
廃棄物処理法	1970年12月25日
（法律名は「廃棄物の処理及び清掃に関する法律」に修正）	
下水道法の一部改正	1970年12月25日
公害防止事業費事業者負担法	1970年12月25日
海洋汚染防止法	1970年12月25日
人の健康に係る公害犯罪の処罰に関する法律	1970年12月25日
農薬取締法の一部改正	1971年1月14日
農用地の土壌の汚染防止等に関する法律	1970年12月25日
水質汚濁防止法	1970年12月25日
大気汚染防止法の一部改正	1970年12月25日
自然公園法の一部改正	1970年12月25日
毒物及び劇物取締法の一部改正	1970年12月25日

出典：『平成11年　環境白書（総説）』，15頁より作成．

庁設置法案が可決（71年5月）され，7月1日環境庁（2001年1月6日省庁再編で環境省）が発足した．初代の環境庁長官は自民党の大物代議士だった山中貞則（1921-2003，総務長官兼任）だが，7月5日に内閣改造があり，大石武一（1909-83）が長官となった．山中の環境庁長官在職はわずか4日（それも兼任）なので，この大石が実質的な初代長官みたいなものだ．この大石武一は父の後を継いで医者から政治家になった人で，北海道とのかかわりでいえば「大雪山ナキウサギ訴訟」で原告側（つまりナキウサギさんの側）に立って意見陳述をおこなっている．大雪山ナキウサギ訴訟とは，北海道が計画した道道士幌然別湖線の建設が，生きた化石ともいわれ希少動物でもある大雪山国立公園内のエゾナキウサギの生息地を破壊するとして起こされた道路建設差し止め請求の訴訟だ．1999年3月に，当時の堀達也知事のおこなった「時のアセス」で建設が中止となったので訴訟も取り下げられた．大石は古い自民党の政治家としては珍しく環境保護や平和運動に熱心な政治家だった．

ちなみに，環境庁長官は，初代の山中貞則から，最後の川口順子まで39人，環境大臣は初代の川口順子から現在（2019年5月）の原田義昭まで18人．川口順子が重複しているので，48年間で長官・大臣が55人．1人あたりの在任期間は平均10か月と少々．

わが国の経済成長は1970年代にはいると勢いが鈍化する．1971年8月にニクソンショックがあり，12月のスミソニアン協定で円のレートが大幅に切り上げられる．そして1973年12月に第4次中東戦争を契機とする第1次オイルショックが日本経済を直撃する．

このオイルショックは公害問題の沈静化に寄与した．『昭和48年版 環境白書』（昭和46年版までは公害白書，47年版からは環境白書となった）は「わが国の経済構造は需要構造よりも主として投入・産出構造の方が汚染因子を発生させやすい方向に作用していたことがわかる」（同書: 43）と記している．つまり，輸出を軸とした重化学工業が高度経済成長を牽引し，それが環境汚染を発生させやすかったのだ．

第 4 章　高度経済成長と公害問題の深刻化　　　61

　オイルショック以降，重厚長大型の産業構造は徐々に転換し，公害規制も
機能し，公害問題は沈静化に向かった（決してなくなったわけではない）．
総務省が 2018 年 12 月に発表した報道資料によると，2017 年度の全国の公
害苦情受付件数は 68,115 件で，2007 年度以降 11 年連続の減少だった．高
度経済成長期終わり頃の 1972 年度の 87,764 件から減少傾向だったのが，
1994～97 年度に一時的に減少したのを除くと，1985 年度から増加傾向に転
じ，2015 年度には 10 万件を超えた．つまり，公害苦情受付件数は高度経済
成長期が終わってからも増え続けたのだ．もっとも公害の発生件数と苦情受
付件数は必ずしも一致しないし，公害の規模の問題もあるので，一概にはい
えないが，公害は決して過去の話ではないということだ．

　ちなみに 2017 年度の公害苦情の，典型 7 公害は 47,437 件で，多い順にみ
ると，騒音が 15,743 件，大気汚染が 14,450 件，悪臭 9,063 件，水質汚濁
6,161 件，振動 1,831 件，土壌汚染が 166 件，地盤沈下が 23 件となっている．
典型 7 公害以外は 20,678 件で，そのうち 9,076 件が廃棄物投棄となってい
る．廃棄物投棄以外は，高層建築による日照不足や通風妨害，深夜の照明な
どに対する苦情，テレビ電波などの受信妨害や違法電波などの苦情だそうだ．

第5章
地球環境問題の時代

1. 環境問題の国際化

(1) 国境を越える環境問題

わが国で発生した公害問題は加害企業も被害住民も日本の企業であり，日本国の住民だ．それゆえ問題への対処はわが日本国の法律と制度によっておこなわれる．だから簡単に解決するというわけではないけれど，国家というひとつの大きな枠組みのなかで解決策を模索することができる．

だが，加害者の側と被害者の側がそれぞれ別の国家であると，それぞれ別の法制度の枠組みがあるし，国家利害というややこしい問題が介在することによってその解決は複雑なものとならざるを得ない．

環境問題が国境を越えるというのは，加害・被害の関係が国境をまたぐというだけではない．直接的な加害・被害の関係は国内問題であっても，そこに関わる利害関係が国境を越え，それが問題を複雑化し，解決を困難化することもある．

1960年代以降，こうした国境を越える問題は数多く発生している．ここでは加害・被害が国境を越える問題となった事例として，1960年代に深刻化したヨーロッパの酸性雨と，1986年に発生したチェルノブイリ原発事故を，多国籍企業が引き起こしたために利害関係が国境を越え問題解決を困難にしたボパールの化学工場事故を，それぞれとりあげる．いずれも環境問題では有名な事例なのでぜひ知っておいてほしいことがらだ．

（2） 酸性雨

　前章でふれたように，1960 年代，わが国は公害問題の激化に苦しめられた．そのひとつが大気汚染であったこともすでに述べたとおりだ．改めて確認するが，大気汚染の原因物質は，硫黄酸化物や窒素酸化物，そして粉じんなどである．

　1960 年代に高い経済成長をとげたのはわが国だけではない．欧米のいわゆる先進諸国も高い経済成長率を示していた．石炭や石油を基礎とする重化学工業が経済成長に大きく寄与していたことは，程度の差こそあれ，これまたわが国と同様だ．ということは，当然のことながら，大気汚染や水質汚濁の問題は発生していたということになる．当時の欧米諸国の「公害」問題がどのようなものだったかについては，まことにもって残念なことながら，筆者は不勉強でよく知らない．もっともどうやら公害問題はわがニッポンほど強烈ではなかったかもしれない．なんせ，"kogai" という言葉が使われたくらいだ．

　だが，相当な規模で公害が発生していたことは明らかだ．ヨーロッパの場合，いくつもの国家が国境を接している．ということは，当然のことながら，大気や水は複数の国家をまたがって移動するということだ．つまり大気や水を汚染する公害問題も容易に国境を越えるということでもある．

　その代表的な公害問題が酸性雨だ．石炭や石油の燃焼にともなって発生する硫黄酸化物（SO_x）や窒素酸化物（NO_x）は，水と反応して酸を生み出す．硫黄酸化物だと亜硫酸など，窒素酸化物だと亜硝酸などだ．亜という字がついているが，この亜というのは亜流などの言葉で使われる「亜」だ．つまり，似たようなものとか類するものといったニュアンスだ．つまり，亜硫酸は硫酸みたいなもの，亜硝酸は硝酸に類するものという意味だ．硫酸や硝酸は高校の化学で習ったはずだ．いずれも強い酸性を示す物質だ．

　次は化学の復習だ．【問題 1】酸性・アルカリ性の程度を示す指標は何か？【問題 2】その指標はどのように定義されているか．問題 1 は私立文系とか国立理系とか関係なく，一般常識として知っておくべきことがらだ．

第5章　地球環境問題の時代　　　65

　問題1の正解はpH．これを「ピーエイチ」と読むか，「ペーハー」と読むかだ．前者は英語読み，後者はドイツ語読みだ．筆者ははるか大昔の高校時代ペーハーと習った．大学でもそう聞いた．わが北海学園大学経済学部の学生に尋ねたらやっぱりペーハーだそうだ．まあどっちでもいい．高校では習わなかったと思うが，pHの語源はpotential Hydrogenだ．問題2は少し難しかったかもしれない．pHは水素イオン濃度の値が基準となっている．中性だと1×10^{-7}mol/L．このときpHは7だ．水素イオンの濃度が高くなると10のべき数の絶対値は小さくなる．だからpHは小さいほど酸性が強いということだ．molなんていう単位，筆者は久々に見た．一般に酸性雨とは雨水のpHが5.6以下の場合をいう．

　ドイツやフランスの工業地帯を中心に発生した硫黄酸化物や窒素酸化物は西風にのって北欧に向かう．そして大気中の水と反応し，スウェーデンやデンマークに酸性雨が降ることになる．ヨーロッパでは産業革命以降大量の石炭が消費されたから，イギリスあたりだと酸性雨も19世紀には既に発生していたという．

　藤田慎一『酸性雨から越境大気汚染へ』には酸性雨の歴史が述べられている．この本によると，右大臣岩倉具視を特命全権大使とし，当時の政府首脳が多く加わった遣欧使節団が欧米を歴訪したのは1871（明治4）年から73年にかけてのこと（日本史の教科書に出ているはずだ）だが，この頃，この使節団が訪れたイギリスでは既に酸性雨や煙害が問題となっていたという．使節団のメンバーの一人久米邦武（歴史学者で，後に天皇制をめぐる議論で帝国大学を追われたことでも有名だ）がまとめた『米欧回覧実記』には煙害によって植物が損傷しているという記述があるという（藤田2012: 5）．同書によると，すでに1863年には第14代ダービー伯が中心となって，リバプール一帯に立地していたアルカリ産業から排出される塩化水素の規制法がつくられていたのだそうだ．「これが環境法の嚆矢として名高い「アルカリ法」である」（同上: 13）と藤田は述べている．この14代ダービー伯は首相も務めた有力貴族政治家だ．なお，競馬のダービーの語源となっているダービー

伯はこの人ではなく，第 12 代のダービー伯だ（オークスも第 12 代ダービー伯によって始められたレースだ）．

1960 年頃から急激に酸性雨が激しくなり，北欧ではかなりの被害が観測されるようになっていた．pH が 4.0 を下回る地域もあらわれたという．スウェーデン政府は 1972 年に開催された国連人間環境会議（後述する）に報告書を提出した．だが，「指弾されたイギリスや旧西ドイツは冷淡だった」（同上: 63）という．

酸性雨は化石燃料の消費だけでなく，火山の噴火も原因となるのだが，1960 年頃から急速に酸性雨の量が増加したということは，おそらく火山活動が原因だとはいえないだろう．この頃から国境を越える大気汚染の問題が国際社会のなかで課題となってきたのだ．

(3)　スリーマイルとチェルノブイリ

2011 年 3 月 11 日に起きた東日本大震災で大きな被害をもたらしたのは津波と原発事故だった．「起こるはずがない」とされていた原子力発電所の大事故は様々な面で大きな影響を社会に与えた．

この福島の事故が報じられたとき，しばしば比較の対象となったのが，1986 年に大きな事故をおこしたチェルノブイリ原子力発電所だ．

チェルノブイリ原発の事故をさかのぼること 7 年，1979 年 3 月 28 日にアメリカのスリーマイル島に立地していた原発がレベル 5 の過酷事故を発生させている．

奇しくもこの事故が発生するわずか 12 日前，ひとつの映画がアメリカで封切られた．その映画のタイトルは，The China Syndrome．日本でも公開された映画だ．映画好きな人なら若い人でも知っているかもしれないが，タイトルだけ見ると何の映画かさっぱりわからないだろう．監督はジェイムス・ブリッジス（James　Bridges），主演はジェーン・フォンダ（Jane Fonda）．ジェーン・フォンダは名優ピーター・フォンダの娘で，かっこいいねえちゃんやなあと若き日の筆者は思っていた……というような話はこの

第 5 章　地球環境問題の時代　　　67

際どうでもいい．スリーマイル島原発事故の直前に封切られたこの映画は，なんと原発の過酷事故をテーマとしたアクション映画なのだ．なお，○○シンドロームという言葉が日本に定着したのはこの映画のヒットによるところが大きい．それまでシンドロームなんていう言葉は日本ではほとんど誰も知らなかった（と筆者は思う）．

　映画のストーリー自体は荒唐無稽なものだ（だから，映画にしやすいのかもしれない）が，公開直後に本当の原発事故が起こってしまったのだ．この事故の後，アメリカでは新たな原発は長らく建設されていない．つまりそれだけアメリカ国民にインパクトを与えた事故だったのだ．

　映画チャイナシンドロームはアメリカで大ヒットし，日本でもヒットした．これがもし，日本なら，福島の原発事故直後に原発事故をとりあげた映画は上映を中止するような気がする．アメリカ人は無神経なのかと思いきや，その一方で，アメリカはこの事故以降原発の新設を中止しているが，日本では福島の事故で一度停止させた原発の再稼働はもちろん，新設さえしようとしている．国が変われば国民性もずいぶん変わるものだとつくづく思う．

　スリーマイル島の事故直後，いわゆる「関係者」や「識者」のなかには，日本では起こりえないと発言していた人も少なからずいたのを筆者は覚えている．原子力利用の初期から現在までをきちんと解説している吉岡斉は「日本の原子力関係者は最初，この事故を対岸の火事として位置づけ，日本国内での原発論争に波及させまいとした」（吉岡 2011: 158）と言っている．事故後わずか 2 日後には当時の原子力安全委員会の吹田徳雄委員長がスリーマイル島原発のような事故はあり得ないという談話を発表した．だが，アメリカの原子力規制委員会が 4 月に再点検の必要があると通告し，わが国でも再点検がおこなわれた．

　筆者はまったくの素人だが，わずか 2 日後だと事故調査も十分おこなわれていないだろうから，その段階で「わが方は大丈夫」と宣言するというのはあまり科学的な行動とは思えない．ちなみに吹田徳雄という人は阪大や京大の工学部の教授だった人で理学博士だ．科学者だから科学的な行動をとると

は限らない.

そして 1986 年 4 月 26 日, 今度はウクライナのチェルノブイリの原発で, レベル 7 (最悪) の重大事故が発生した. 当時, ウクライナはソ連の構成国. だから, ウクライナ共和国での事故というより, ソ連での事故と報道された.

この事故の時も, わが国の「関係者」や「識者」とよばれる人々のなかには, 日本の原発とは型が異なるので, 日本では起こりえないと言っていた人が多くいた. 確かに, チェルノブイリ原発は黒鉛減速軽水冷却型の原子炉で, 日本で稼働している加圧水型や沸騰水型の軽水炉とは異なる.

吉岡によると, チェルノブイリのときもわが国の原子力関係者はこんな事故は日本では起きないと力説し, その根拠として, 炉の構造が異なる, チェルノブイリ原発に設計上の難点がある, そして, 「ソ連政府が運転員の規則違反を事故原因と断定したことをふまえて, 日本の運転員は原子力安全文化を身につけている」(吉岡 2011: 225-26) ことをあげたという. 前の 2 つは素人である筆者は何ともいえないが, 3 つめは噴飯ものだ. 簡単に言えばソ連人 (ロシア人) はいい加減で, 日本人は律儀だから大丈夫だといっているようなものだ. 事実, その後, 東海村でおきた JOC の臨界事故ではいい加減な作業がおこなわれ, そのため事故が発生している. そして 2011 年には福島でチェルノブイリ級の事故がわが国でも起こったのだ. 国民性みたいなあやふやなものを科学者が根拠にしちゃあいけない.

当時のソ連は情報をほとんど公開しなかったので, 当初その被害状況などはあまり公開されなかった. 被害の状況などがある程度他国にもわかるようになったのはソ連崩壊後のことだ.

地図をみると, チェルノブイリという町は確かにウクライナ共和国にあるのだが, ベラルーシ共和国との国境に近いところだ. したがって, この事故による汚染地域はウクライナだけでなく, ベラルーシやロシアにも広がっており, その面積は 14.5 万 km² にも広がるといわれている. ベラルーシってどこだろうと思って調べたら, 昔, 日本で白ロシアと呼んでいたところのことだった. ベラルーシって白いロシアという意味だそうだ.

第5章　地球環境問題の時代　　　　　　　　　　　　69

　吉岡によると，チェルノブイリ事故では，急性放射線障害患者を多く生み出し，少なくとも31名が死亡したのに加え，晩発性の悪性腫瘍による死亡者も含めると死者は数万人規模であること，ホットスポットとよばれる高濃度汚染地帯（ホットスポットという言葉も福島原発事故以来人口に膾炙した）が数多く発生し，約40万人の退去者が出たこと，事故収束と拡大防止に従事した60〜80万人が被曝したこと，そして，現在も復旧が進んでおらず，原子炉はコンクリート製の石棺にいれられたままで土地の除染も進んでいないことをあげている（同上: 380）．

　チェルノブイリがその後どうなったかというと，商魂たくましいというか，何というか，観光地化しているのだそうだ．チェルノブイリ医療支援ネットワークのウェブサイトには「世界を震撼させたチェルノブイリ原発事故から20年以上が過ぎた現在，ウクライナ共和国キエフ市内では旅行会社が企画した立入禁止ゾーンを訪れる観光旅行が人気を集めたり，映画のロケ地として依頼があるといいます」とあった．何やら複雑な気持ちになる．

　ついでに，原発問題のその後にもふれておくことにしよう．スリーマイル島やチェルノブイリの事故の後，原発の新設は日本を除く先進国ではいずれも停滞する．ところが，地球温暖化の問題が浮上してくると，クリーンな（二酸化炭素などを出さないことをクリーンと世間ではよぶらしい）発電として，再び着目されるようになる．吉岡は，1998-2010年を核不拡散問題再燃と原子力発電復活の時代と位置づけている（同上: 11）．

(4)　ボパール化学工場事故

　ボパールという町を知ってるかな？　ここでとりあげる事件を知らない日本人は多いのではなかろうか．筆者も大学院生時代にこの事件が発生するまで聞いたこともなかった．自分が知らなかったから世間も知らないだろうというのは傲慢だが，でもたぶん知らない人が多いと思う．

　ボパールはインドのマッディア・ブラデーシュ州の州都だ．マッディア・ブラデーシュ州というのはインドのほぼ中央部で，ボパールはインドの藩王

の古都で，そしてこのあたり一帯の中心都市だそうだ．

このボパールの町で史上最悪の事故とよばれる大きな工場爆発事故が起こった．なお，以下に述べるこの事件についての経緯は，D. ラピエール，H. モロ著『ボーパール午前零時五分（上・下）』によるところが大きいことを予め断っておく．

事件のあらましは以下のとおりだ．

まず，1979年，アメリカ資本の国際的化学企業ユニオンカーバイド社（Union Carbide Corporation）がこのボパールにセヴィンという農薬（殺虫剤）の製造プラントを建設した．セヴィンは人体への毒性が明らかとなり世界各地で使用規制が進んでいたDDTに替わる強力な殺虫剤だった．

セヴィンは，MIC（イソシアン酸メチル；Methyl-Iso-Cyanate）とα-ナフトール（α-Naphthol）という物質を反応させて製造する．このMICというのが実に危険な物質で，ドイツやフランスでは，過剰に生産・保管することが厳禁されているという代物だった．

インドにユニオンカーバイドがセヴィンの工場をつくったのは，広大なインドが大きな市場となることを見込んでのことだったが，実際に操業を開始してみると，当時の農家のほとんどは高価な農薬を投入できるようなレベルにはなく，見込みがはずれたこの工場は大きな赤字を抱えてしまうことになってしまった．

結果的に，売上の低迷で過剰投資ということになってしまい，予算が削減され，安全確保がおろそかになり，そして未曾有の大事故につながる．

この工場は人里離れた山奥にあったわけでなく，貧困住民が集中している地区に隣接していた．事故が起きたのは1984年12月．12月といえども場所がインドだ．気温は20度くらいあったという．MICは冷蔵保存が必須なのだが，この冷蔵装置が従業員の錯誤もあって切られてしまった．ここにも経費削減が関わっている．そして，深夜，温度が上昇し，保存タンクのなかで気化したMICが膨張しタンクが破損してMICが街にあふれ出した．

この事故での死者は数千人から数万人とされている．人数がはっきりしな

いのは，貧民が集中して住んでいた地域の被害が最も深刻だったことによるところが大きい．この地区には住民登録をしていない住民が多数暮らしていたのだ．この毒ガスの影響を受けた人は少なくとも50万人はいるというのが，ラピエールとモロの見解だ．

この事件では，事故発生から7年もたった1991年に，ボパールの裁判所がユニオンカーバイド社の事故当時の社長ウォーレン・アンダーソンに「刑事事件としての殺人罪」で出頭を命じたが，引退してアメリカのフロリダの大邸宅で暮らしていたアンダーソンは行方をくらまし出頭しなかった．1992年，インド当局は，インターポールを通じて国際逮捕状を出したが，アメリカ政府はこれを無視した．「インドの司法が彼にインターポールを通じて出した国際逮捕令状は，被災者諸団体があらためてアメリカに提出したあらゆる出頭召喚状と同様，効果がないままだった」（ラピエールほか2002: 232）ということだ．

2010年6月7日にインド法人の幹部8人がボパール地裁で有罪判決を受けたが，全員が判決直後に10万ルピー（約19万円）の保釈金を払い保釈された．

ユニオンカーバイド社は2001年にダウ・ケミカル社（ダウ・ケミカル日本のウェブサイトをみると，「ダウは世界最大規模の総合化学品メーカーです．原料から川下製品まで統合化された製造体制，5千種類以上に及ぶ化学製品，多様性に富んだ企業文化を基盤に，5万2千人の従業員が世界160カ国で活躍する真のグローバル企業です」とある）に買収されたが，買収したダウ・ケミカル社はボパールの責任は負わないと明言している．

今も汚染土壌は多く残り，後遺症に苦しむ人も多いという．

ブルントラント委員会の報告書『我ら共通の未来』（これについては少し後に紹介する）には「工業国は一般に，輸出製品価格に環境への被害を補償する費用を上乗せすることに開発途上国よりはるかに成功してきた．従って，工業国からの輸出の場合には，これらの費用は第三世界諸国を含む輸入国の消費者が支払っている．しかし，開発途上国からの輸出の場合には，このよ

うな費用は，主として人の健康，財産，生態系への損害という形ですべて開発途上国内で負担されている」（環境と開発に関する世界委員会編1987: 112）とある．

いわゆ公害輸出もまた環境問題の国際化なのだ．

2. 国際的取り組みのはじまり

(1) 『成長の限界』と国連人間環境会議

1968年，イタリアの実業家アウレリオ・ペッチェイ（Aurelio Peccei, 1908 -84）と，OECDの科学局長を務めた後，OECDの事務総長となっていた化学者アレクサンダー・キング（Alexander King, 1909-2007）の招待で，政治家，産業界，研究者などの国際的な小さな会合がおこなわれた．この会合が出発点となって1970年にローマクラブ（The Club of Rome）が設立された（ローマクラブのウェブサイトより）．

この会合を主宰したペッチェイは，第二次大戦中ムッソリーニらのファシストに抵抗したレジスタンスの闘士であり，大戦後は自動車会社フィアットの再建をおこない，そしてオリベッティの会長を務めた人物だ．ローマクラブは，ドネラ・メドウス（Donella H. Meadows）とデニス・メドウス（Dennis L. Meadows）らマサチューセッツ工科大学（MIT）の研究者に，地球の将来を展望する研究を委託した．1972年に出版されたその最初の報告書がわが国でも広く読まれた"The Limits to Growth"（邦訳版は『成長の限界』（メドウスほか1972））だ．監訳者の大来佐武郎（1914-93, 官僚, 国際的エコノミスト，1979年に大平内閣で非議員で外務大臣を務めた）はローマクラブのメンバーでもあった．

めちゃくちゃ要約すると『成長の限界』は，資源などの制約により，今までの成長モデルによる成長は不可能だということを，数理モデルと最新の（もちろん当時の「最新」だから能力は今のパソコンより劣るレベルだ）コンピュータを駆使して明らかにしたというものだ．この中で，石油はあと

第 5 章　地球環境問題の時代　　　　　73

20 年しかもたないといった予測が提示され，当時はずいぶん話題となった
ものだ．

　環境問題とは直接関係ないが，1970 年には小松左京原作の映画『日本沈
没』が公開され大ヒットした．地殻変動によって日本列島が海中に沈没する
という SF 映画だ（このときの主演は草刈正雄．後に草彅剛主演でリメイク
されたので，もしかすると若い人も知ってるかもしれない）．71 年 8 月は前
章でふれたニクソンショック（ドルショック）だ．深刻化する公害問題，ド
ルショックによる対米輸出の停滞，時代は高度経済成長の終わりを予感させ
るようになっていた．

　そんな中で，石油枯渇まであと 20 年という予言は確かに大きなインパク
トがあった．1971 年中学生になった筆者でさえ，繁栄の時代は終わりつつ
あることを感じたものだった．もっとも，筆者の場合，ドルショックのあお
りをくらって親父が失業したという個人的事情もあったからなおさらだった
のかもしれない．親父はすぐに再就職できたから，筆者も無事に高校に進学
できたわけだが……．

　ついでにいうと，五島勉『ノストラダムスの大予言』というトンデモ本
（1999 年に世界が滅亡するというあれだ）がベストセラーになったのが 1973
年だが，この年の 10 月には第 4 次中東戦争が勃発し，第 1 次オイルショッ
クが日本を襲った．

　『成長の限界』がわが国でベストセラーになったのには，こうした世相が
影響しているように筆者は思うのだ．

　環境問題や資源問題が，一国内の公害問題の枠を越え，国際的な問題とし
て強く意識されるようになっていた．そんな中で開催されたのが，「かけが
えのない地球（Only One Earth）」をメインテーマとした国連人間環境会議
（United Nations Conference on the Human Environment; UNCHE）だ．これ
は環境をテーマにした初の世界的な会議で，1972 年 6 月 5 日から 16 日まで
ストックホルムで開催された．この会議は 1968 年から準備作業がおこなわ
れて開催された大規模なものだった．わが国からは前章で名前の出た大石武

一環境庁長官が出席した.

ところで,読者諸兄は6月5日が何の日かご存じだろうか? 環境の日だ. この日を世界環境デーにしようというのはわが国の提案によるものだった. わが国は1993年に制定した環境基本法第10条第2項で6月5日を環境の日とすると定めている. これはUNCHEの開幕日にちなんだものだ.「事業者及び国民の間に広く環境の保全についての関心と理解を深めるとともに,積極的に環境の保全に関する活動を行う意欲を高めるため」(第10条第1項)に設けられたのが環境の日で,この日は国民の休日とする……とは,残念ながら,書かれておらず,「国及び地方公共団体は,環境の日の趣旨にふさわしい事業を実施するように努めなければならない」(第10条第3項)となっている. せっかくの世界環境デーだが,休日にならないと世間一般にはあまり普及しないようだ.

ついでだが(「ついで」の多い本だ),アースデー(Earth Day)というのもある. これはアメリカで提唱され世界に広がったものだ.

さて,UNCHEには113か国が参加したが,当時のソ連や中国(中華人民共和国)などの社会主義諸国は不参加だった. また,当初はどうも環境会議として開催するはずだったらしいのだが,発展途上国が開発の権利を主張したこともあって,人間環境会議となったといういきさつも伝わっている.

UNCHEでは人間環境宣言(Declaration of the United Nations Conference on the Human Environment: ストックホルム宣言ともいう)が採択された. この文書は7つの共通見解と26の原則からなっている. 詳しい内容はネットを検索すれば簡単に見つかるので読んでみるといい. どれももっともな内容だと思うが,果たしてそれが採択に賛成した国々で守られているかどうかとなると,これはちょいと怪しいといわざるを得ない.

例えば,26の原則のうち,(6)では「環境汚染に反対するすべての国の人々の正当な闘争は支持されなければならない」とあるが,例えば,先にみたボパールでの事件で,アメリカ政府がインド政府からの容疑者引き渡しを無視していることなどをみると,どうなんだろうと思う. また,(10)では

「開発途上国にとって，一次産品及び原材料の価格の安定とそれによる十分な収益は環境の管理に不可欠である」とあるが，昨今喧伝されている自由貿易の推進は果たしてどうなんだろう？

また，UNCHE では，国連の組織として国連環境計画（United Nations Environment Programme; UNEP）の設立を提言した．この提言を受け，その年の国連総会で設立が決議された．

UNEP の本部はケニアのナイロビにあり，最高意思決定機関として管理理事会がある．

環境問題に関わるいろいろな国際条約，例えば，絶滅のおそれのある野生動植物の種の国際取引に関する条約（Convention on International Trade in Endangered Species of Wild Fauna and Flora; CITES. 通称をワシントン条約というのだが，ワシントン条約って他にもあるのでややこしい），オゾン層保護に関するウィーン条約（Vienna Convention for the Protection of the Ozone Layer），バーゼル条約（Basel Convention on the Control of Transboundary Movements of Hazardous Wastes and their Disposal），生物多様性条約（Convention on Biological Diversity; CBD）などの事務局となっている．

(2) ブルントラント委員会

高い見地から環境問題について提言を行う委員会を設けることを日本が提案し，1983 年に「環境と開発に関する世界委員会（World Commission on Environment and Development; WCED）」が発足した．この委員会は，委員長がノルウェーの首相経験者ブルントラントであったことから，通称ブルントラント委員会とよばれている．ブルントラント（Gro Harlem Brundtland, 1939-）は小児科医から 1977 年に労働党の下院議員となり，1981 年 2 月，ノルウェー初の女性首相となった人だ．選挙で勝ったり負けたりしながら，3 度首相を務めた．また，1998 年から 2003 年まで WHO（World Health Organization: 世界保健機関）の事務局長も務めている．ブルントラント委員会の日本人メンバーは先にあげた大来佐武郎だ．

この委員会は 1987 年に最終報告書『Our Common Future（我ら共通の未来)』を発表した．英文で書かれた報告書は国連のサイトにあるので，学生諸君は一度チャレンジしてみたらどうだろうか？

この『Our Common Future』のメインテーマともいうべき概念が Sustainable Development（SD）だ．ブルントラント委員会の委員だった大来佐武郎が監修し，環境庁国際環境問題研究会による邦訳，環境と開発に関する世界委員会編『地球の未来を守るために』では"Sustainable Development"を持続的開発と訳している．だが，ブルントラント委員会のメンバーが監修した邦訳にもかかわらず，この訳語はまことに評判が悪い．

はっきりいって筆者は英語は苦手だ．もっとも苦手なのは英語だけではない．ドイツ語に至っては大学院入試が終わった段階できっぱりと縁を切った（筆者の時代の大学院入試は外国語 2 科目が必須だった）．考えてみれば，筆者は，母国語の Japanese でさえ，Standard Japanese ではなく Kansai Japanese（?）だ．

辞書で development をひくと，発育，成長，開発，拡張，発展などと書いてある．ざっといえば質的な意味も含めて大きくなっていくというイメージだ．sustain は何らかの行為を続けるという意味で，それに able がついているので，sustainable は続けることが可能なという形容詞となる．持続的開発だと「開発し続ける」という意味にとれる．これはちょっと違うのでは？　と筆者でさえ思う．筆者だけではない．わが国の大学でもっとも早く環境経済学という科目を講義した（と，ご本人がおっしゃっていたのを以前聞いた記憶がある）寺西俊一は「「持続可能な開発」あるいは「持続可能な発展」，ましてや「持続的発展」等々といった表現はもともと SD という概念に込められた真意を的確に伝えるものではない」といっている（寺西編 2003: 4）．

寺西は，ストックホルム会議，ブルントラント委員会，そして地球サミットで大きな役割を果たしたモーリス・ストロング（Maurice F. Strong）の解説を引用している．それを孫引きすると，SD とは，社会的な衡平性

(Social Equity)，エコロジー的な分別ないしは深慮（Ecological Prudence），そして経済的な効率性（Economic Efficiency）という3つの基準を満たす「経済」や「社会」の新しい「発展」のあり方なのだという（同上: 3）．

もっとも，邦訳でも「即ち持続的開発とは，天然資源の開発，投資の方向，技術開発の方向付け，制度の改革がすべて一つにまとまり，現在及び将来の人間の欲求と願望を満たす能力を高めるように変化していく過程を言う」（環境と開発に関する世界委員会編1987: 69）と書かれており，訳語はともかくとして，内容的には間違っているとはいえない．

報告書は，SD（この本ではSustainable Developmentを下手に和訳せず，この略号を使うことにする．ちょっと狡い気がしないでもないが，まあ昨今ではSDで通るようになってることだし）の概念から導かれる課題（戦略的急務）として，7つの目標を掲げている．

ひとつめは，成長の回復である．これは1980年代の途上国の経済破綻が背景となっている．2つめが，成長の質の変更だ．例えば途上国の大規模商業的農業の導入などをとりあげ，市場原理主義的な成長を批判している．これは今の，市場原理主義的な経済政策からみると注目される指摘だ．3つめは，雇用，食糧，エネルギー，水，衛生といった基本的な欲求の満足．4つめは，人口の伸びを持続可能なレベルに確保すること．5つめは，資源基盤の保護と強化．6つめが，技術の方向転換と危険の管理だ．「人間と自然がしっかりと結びついた，技術の方向転換が必要」（環境と開発に関する世界委員会編1987: 85）と述べている．そして，7つめが環境と経済を考慮に入れた意思決定だ．

このSDは環境経済学の基本的概念として極めて重要なものだ．続かないということはすなわち破滅するということだ．ジジイの筆者は早晩この世を去ることになるが，人類社会が永続的に続き，そして質的量的により豊かになっていくことがSDであろう．

3. 地球サミットから現在

(1) 地球サミット

1992年6月3日から14日にかけ，リオデジャネイロで国連環境開発会議 (United Nations Conference on Environment and Development; UNCED) が開催された．この会議の通称が地球サミットだ．この会議の会期をみると気がつくと思うが，UNCHEのちょうど20年後となっている．これは偶然ではなく，UNCHEから20年を意識して開催されたものだ．このときの事務局長 (Conference Secretary General というらしい) は先に名前の出たストロングだ．この人物は国際環境問題や捕鯨問題でちょくちょく名前の出る人物だ．

172の国と地域が参加し，このうち108の国では首相や大統領などが参加したが，わが日本国はどうだったかというと，当時首相だった宮澤喜一は出席していない．こっ恥ずかしいことだが，包み隠さず正直にいう．筆者の前著『環境経済論』では，地球サミットの項で，「わが国からは竹下登首相（当時）が出席した」（古林 2005: 99）と嘘を書いてしまった．これは記憶で書いたことによる失敗だ．なぜかいつの間にか筆者がそう思い込んでいたのだ．竹下登は自民党環境族のドンで，地球サミット開催に向けて活動したのは事実だが，首相在職は1987年11月から1989年6月にかけてだ．竹下がリクルート事件で退陣した後，宇野宗佑，海部俊樹を経て，地球サミット開催時は宮澤が首相（首相在任は1991年11月5日〜93年8月9日）だった．ちゃんと確認して書かないとだめだね．ということで，わが国の政府代表は中村正三郎環境庁長官だった．

当時，わが国はバブル景気の終わり頃．まだ財政状況がよかったこともあってだろうと思うが，92年度からの5年間に9,000億ドルから1兆ドルを目途とした大幅なODAの拡充強化をおこなうと公約した．

地球サミットといえば，リオ宣言，アジェンダ21，気候変動枠組条約，生物多様性条約，そして森林原則声明といったあたりは知っておいてほしい．

リオ宣言（The Rio Declaration on Environment and Development）は，前文と 27 の行動原則から構成されており，全世界的なパートナーシップを構築し持続可能な開発を実現することを宣言している．興味があれば国連のサイトに掲げられているので読んでほしい．

アジェンダ 21（Agenda 21）は，21 世紀に向けて SD を実現するための具体的な行動計画で，4 部構成全 40 章からなり英文で 500 ページもある．アジェンダという言葉は，このアジェンダ 21 によって日本人の多くが初めて耳にしたのではないだろうか．agenda は，英和辞典をひくと，協議事項とか議事日程とか予定表とかいう意味で，語源はラテン語の「実行に移されるべきことがら」だそうだ．

気候変動枠組条約（The United Nations Framework Convention on Climate Change; UNFCCC）は第 8 章で解説するのでここでは省略．生物多様性条約（The United Nations Convention on Biological Diversity; CBD）も第 7 章で解説するのでここでは省略する．

森林原則声明（The Statement of Forest Principles; SFP）は 15 の項目からなっている．これは当初熱帯の森林の保全をはかることを主目的とする森林条約の成立が目指されたのだが，発展途上国が熱帯林の開発の制限につながることを懸念し条約化はできなかったというものだ．このあたりが環境問題の国際協調の難しいところだ．

環境保全という目標自体はどこの国の人でも否定はしない．だが，それが自らの経済的な制約につながるとなると反対する．総論賛成各論反対というのは国際会議にかかわらずよくあることだ．

(2) 環境基本法の制定

ここで少し国内の話に戻る．UNCED の翌年，1993 年環境基本法が制定され，公害対策基本法が廃止された．公害の定義など公害対策基本法に盛り込まれていたことがらはほとんど環境基本法に移行した．環境問題が公害問題という枠におさまらなくなったことがその背景にある．

公害対策基本法の目的は「事業者，国及び地方公共団体の公害の防止に関する責務を明らかにし……」（第1条）とある．これに対して環境基本法では「環境の保全について，基本理念を定め，並びに国，地方公共団体，事業者及び国民の責務を明らかにするとともに，環境の保全に関する施策の基本となる事項を定めることにより，環境の保全に関する施策を総合的かつ計画的に推進し，もって現在及び将来の国民の健康で文化的な生活の確保に寄与するとともに人類の福祉に貢献することを目的とする」（第1条）となっている．国民の責務なんていうのが環境基本法にはいっている．

これは公害問題が産業型環境破壊であるのに対し，温室効果ガスの問題や廃棄物の問題は，産業のみならず，われわれ一般市民のライフスタイルによる面も少なからずあるからだろう．公害問題は加害者＝企業，被害者＝市民という構図が比較的はっきりしているのに対して，現代の環境問題は一般市民が被害者であると同時に加害者でもあることが少なくない．だからこそ，国民にも責務があるというのが環境基本法の趣旨だろう．

国民の責務は第9条に規定されている．われわれ日本国民は「基本理念にのっとり，環境の保全上の支障を防止するため，その日常生活に伴う環境への負荷の低減に努めなければならない」（第1項）し，「基本理念にのっとり，環境の保全に自ら努めるとともに，国又は地方公共団体が実施する環境の保全に関する施策に協力する責務を有する」（第2項）のだ．罰則規定はないが，老いも若きも日本国民みんなが責務を有していることは知っておくべきだろう．

また，UNCED の開催などを踏まえ，第4条では，環境への負荷の少ない持続的発展が可能な社会の構築がうたわれ，第5条と第32〜35条では，国際的協調による地球環境保全の推進がうたわれている．

他には，先に述べた6月5日は環境の日（第10条），環境保全に関する基本計画である環境基本計画の策定（第15条），中央環境審議会（中環審などと略称されることが多い）の設置（第41条），グリーン購入（第24条）などが規定されている．

中環審は委員定数が 30 名以内で，委員は，学者，財界人，ジャーナリストなどから選ばれ，任期は 2 年だ．9 の部会がおかれ（2019 年 2 月現在），部会の下には専門委員会や小委員会が多数おかれている．

環境基本計画は，環境基本法第 15 条に基づいて，環境政策の総合的・長期的な施策の大筋を定めるもので，だいたい 5，6 年くらいで見直される．最初の第 1 次環境基本計画は 1994 年 12 月に閣議決定された．その後，第 2 次環境基本計画（2006 年 12 月），第 3 次環境基本計画（2006 年 12 月），第 4 次環境基本計画（2012 年 4 月）を経て，第 5 次環境基本計画が 2018 年 4 月に閣議決定された．現行の第 5 次環境基本計画では，6 つの「重点戦略」（経済，国土，地域，暮らし，技術，国際）が設定されている．

(3) 地球サミット以降

地球サミット的な国際会議は，地球サミットの 10 年後に，2002 年 8 月 24 日〜9 月 4 日の会期で開催されたヨハネスブルクサミット（World Summit on Sustainable Development）と，2012 年 6 月に開催されたリオ＋20（持続可能な開発会議，United Nations Conference on Sustainable Development: UNCSD (Rio＋20)）がある．念のためにいっておくが，後者の日本語表記は筆者によるものではなく日本政府の訳語だ．SD の公的な訳語は今のところ「持続可能な開発」ということなのだろう．

前者は地球サミット 20 周年と気候変動枠組条約に関わる京都議定書の発効を祝うはずだった．ところが，アメリカの離脱やロシアの批准の遅れにより，この段階では京都議定書が発効していなかったので，ヨハネスブルク宣言（The Johannesburg Declaration on Sustainable Development）の採択はあったものの，あまり実りのない会議だったという評価が一般的だ．

リオ＋20 は文字通り地球サミット後 20 年を記念しており，The Future We Want をテーマに 191 の国と地域が参加した．開催地はもちろんリオデジャネイロだ．わが国での報道をみていると，実に影の薄い国際会議だった．20 年前とは大違いだ．ユーロ危機を背景に，直前の 6 月 19 日までメキシコ

のロスカボスで開催された G20（主要 20 か国・地域首脳会議）の方がはるかに扱いが大きく，G20 で存在がかすんでしまった感のある国際会議だった．地球温暖化問題の進展もなく，これもまたあまり実りある会議ではなかったというのが一般的な評価だ．

2015 年 9 月にニューヨークの国連本部で開催された「国連持続可能な開発サミット United Nations Sustainable Development Summit 2015」において，「持続可能な開発のための 2030 アジェンダ The 2030 Agenda for Sustainable Development」が採択された．この 2030 アジェンダの中心となっているのが，「持続可能な開発目標 Sustainable Development Goals; SDGs」である．これは 2030 年までの SD の指針だ．貧困，飢餓，保健，教育，ジェンダー，水・衛生，エネルギー，経済成長と雇用，インフラ・産業化・イノベーション，不平等，持続可能な都市，持続可能な生産と消費，気候変動，海洋資源，陸上資源，平和，実施手段の 17 の目標 Goals が設定され，その目標のもとに計 169 のターゲット target が設定されている．カラフルな正方形が組み合わされたロゴを見たことのある諸君も多いだろう（本書にロゴを掲載しようと思ったけど，使用の手続きが面倒くさそうなのでやめた，各自ネットででも見てほしい）．

17 の目標のすべてが環境問題と直結するわけではないが，気候変動のように環境問題そのものもあるし，海洋・陸上資源，水・衛生，持続可能な生産と消費など環境問題と密接不可分な目標も設定されている．2030 年までは多くの政策が SDGs を基準として実施されることになる．

人とモノがたやすく国境を越えるグローバル時代にあって，当然のことながら，環境問題も国際化せざるを得ない．たとえば，PM2.5 の問題がある．

PM2.5 の PM は Particulate Matter（微小粒子状物質）のことで，大気中にある微細な粒子で，粒の径が $2.5\mu m$ 未満のものをいう．念のために付け加えると，ミリ（m）が 1/1000，マイクロ（μ）は 1/1,000,000 のこと．だから，$2.5\mu m$ は 0.0025mm ということだ．髪の毛の直径の 1/30 程度だそうだ．すごく小さいので吸い込むと肺の奥まで入りやすく，肺がんの原因になった

り，呼吸器系への悪影響が懸念されるといわれている．

わが国では大気汚染防止のため，SPM（Suspended Particulate Matter; 浮遊粒子状物質）についての環境基準を定めてきた．環境基準でいう SPM は粒径が 10μm 以下のものをいう．2009 年 9 月に設定された環境基準では，1 年平均値が 15μg/m³ 以下で，かつ 1 日平均値 35μg/m³ 以下となっている．

中国の大都市の大気汚染がかなりひどいらしい（同じように急速な経済成長を遂げたインドでもそうらしい）という話は以前からあったが，2012 年頃からは中国で発生した PM2.5 が北西の風にのってわが国で高い濃度で観測されるようになった．昔から中国の黄砂が日本に降るのは珍しくない．筆者は九州の宮崎に住んでいたことがあるが，宮崎では桜島の火山灰とか黄砂はそう珍しいことではなかった．黄砂は粒が大きいし，砂漠化の影響はともかくとして，まあ昔からの自然現象でもあるから仕方ないが，今回の PM2.5 は明らかに自然現象ではない．

2013 年 2 月 23 日，福岡市は 1 日の基準値である 35μg/m³ を超える可能性が高いという予報を初めて出し，呼吸器疾患がある人らに外出時のマスク着用を呼びかけた．

最近では海洋プラスチックごみの問題が大きくなっている．第 10 章でふれることにするが，これなどは単なるごみ問題というだけでなく，海洋の生態系に強い影響を与えているといわれる．

外来生物の問題もある．貿易の自由化を推し進めようというのが世界の大勢だ．農産物などの輸出入では防疫体制が重要な問題となるはずだが，強固な防疫体制が非関税障壁とされてしまうこともある．

国際的な環境政策の重要性は高まることがあっても低下することはあり得ない（こうなると，やっぱり英語と科学的センスは大事だ）．

第6章
環境の保護・保全と利用

1. 自然保護の思想と国立公園

(1) 近代的自然保護思想とイエローストーン国立公園

自然保護といえばまず思いつくのは自然保護地域の設定だろう．わが国では，昔から神社や寺院周辺の森林での狩猟や伐採が禁止されていた例は多々あるが，こうした宗教的な位置づけではなく，近代的な，いわば非宗教的な意味での自然保護地域としては国立公園の制度がある．

1872 年，アメリカでイエローストーン国立公園（Yellowstone National Park）が設定された．わが国やヨーロッパの国立公園もこの世界最初の国立公園をモデルとして設立された．

イエローストーン国立公園の設立にあたって大きな役割を果たした 3 人の人物がいる．まず，一人目がエマソン（Ralph Waldo Emerson, 1803-82）である．元々は牧師であったが，ヨーロッパに渡り，帰国後はボストン近郊のコンコードを拠点に著作活動をおこない，1836 年に "Nature"（『自然』）という本を出版した．彼は自然と神は一体のものであり，神の一部分である人は自然とともに生きるべきであると主張した．

これは自然は切り開き克服すべきものであるという一般的なキリスト教的自然観とはちょっと異なるようだ．人は輪廻転生のなかで様々な生物に生まれ変わるという仏教的な発想に立てば，人間もまた自然の一部であるという考え方に違和感はあまりないけれど，人間は神に似せられてつくられ，人間

のためにすべての自然は存在するというキリスト教的発想からすれば，エマソンの主張はかなり斬新なものであったといえよう．

エマソンの思想は超絶主義（transcendentalism）といわれるもので，自然と精神の調和や小共同体による社会改革をめざした．エマソンらの思想や行動は，当時のアメリカの人々にとっては奇異に受け取られる向きもあったようだ．

エマソンの影響を強く受けた一人にソロー（Henry David Thoreau, 1817-62）がいる．コンコードのウォールデン池の湖畔に丸太小屋を建て，その小屋で2年2か月自給自足の生活をおこない，その経験を1854年に出版された"Walden: or, the Life in the Wood"（『ウォールデン　森の生活』）に綴っている．もっとも，完全な自給自足をしたわけではなく，必要な物を買うためにときおり街に出てきていたらしい．この本はネイチャリストのバイブルみたいな本だ．この"Walden: or, the Life in the Wood"は何度も邦訳が出版されている．

そしてもう一人がミューア（John Muir, 1838-1914）だ．この人もまた若いときにエマソンの著作に大きな感銘を受けた人である．ミューアは，「今に通じる自然保護運動のあり方を世界に示し，その道筋をつけた人物でもあった．ミューアが自然保護の父，と呼ばれるゆえんである」（加藤 2000: 42）という人物で，イエローストーン国立公園の設立に大きな役割を果たした．彼の業績を記念し，アメリカには彼の名を冠したジョンミューアトレイルJohn Muir Trailという340kmにわたる自然歩道がある．

加藤則芳はこの3人について「エマソンがはじめて唱えた自然思想を，その弟子ソローが，コンコードの町外れのウォールデン池がある小さな森でシミュレーションし，その実験結果を踏まえたミューアが，シエラネバダの本物の大自然，つまりエマソンがいう「荒々しい自然」の中で，より具体的に実験して見せた，ということができるのだと思う」とまとめている（加藤 2000: 42-43）．

とはいえ，ミューアの思想とエマソンの思想は必ずしも同じではないよう

だ．奥田郁夫は「あえて類型化するとすれば，観念的な宗教家としてのエマ
ソンに対して，自然崇拝的なミューアといえるかもしれない」（奥田 2018:
26）．ついでながら，奥田郁夫さんは筆者が大学院生時代に最も世話になっ
た先輩だ．

　ミューアが実際にエマソンに会ったのはエマソンがかなり高齢になってか
らのことで，ソローには直接会ったことはなかった．直接会ったことはなか
ったが，ミューアは後年コンコードにあるエマソンとソローの墓に詣で，ツ
ォールデン池を眺め，「ソローがここで 2 年間を過ごしたのはもっともだ，
わたしならここで 200 年，いや 2000 年楽しく暮らせるに違いない」と言っ
たそうな（奥田 2018: 27）．

　ミューアらの活動が実り，1872 年，当時のアメリカの大統領ユリシー
ズ・グラント（Ulysses Simpson Grant, 1822-85）がイエローストーン国立公
園を設立する法案に署名し，世界初の国立公園が設立された．実はこの第
18 代アメリカ合衆国大統領グラントは，後述するが，わが日本国の国立公
園設立にも関わっている可能性のある人物だ．

　イエローストーン国立公園の面積は 8,987km² におよぶ．北海道本島の面
積が 77,984km² だから，北海道の面積の約 1 割に相当する広さだ．ちなみ
に四国の面積が 18,806km² だから，四国のほぼ半分ということになる．さ
らにいうと，札幌市の面積（1,121km²）の 8 倍で，東京 23 区（2,187km²）
の 4.2 倍で…きりがないからやめるが，要するにかなり広大だということだ．
ちなみに，2019 年 3 月現在，34 ある日本の国立公園のうち陸地面積が最も
広いのがわが北海道にある大雪山国立公園だが，それでもその面積は
2,267.64km² だから，イエローストーン国立公園は大雪山国立公園の 4 倍く
らいの広さがある．

　さらにいうと，イエローストーン国立公園をはじめとするアメリカの国立
公園は，生物・景観などをありのままを保存することを原則としているが，
わが国やヨーロッパの国立公園の範囲内には人の住むエリアも含まれており，
制限はあるものの，国立公園の全範囲がありのままの自然状態というわけで

はない.

(2) わが国の国立公園制度

1879（明治12）年6月，先述のグラントが国賓として訪日した．このとき
グラントはアメリカ合衆国前大統領としての来日だった．外国の元首または
元首経験者がわが国を訪れたのはこれが有史以来初めてのことだ（あくまで
確かな記録のなかではという意味で，もしかすると，7世紀頃，百済の元国
王なんていうのが日本に亡命しているかもしれない）．グラントは日本滞在
中に伊藤博文と共に日光を訪れ，その景観を称賛したという．

　日光は開国以来多くの西洋人が訪れており，すでに日本を代表する景勝地
として来日する外国人の間では有名だったようだ．グラント訪日の6年前
1873年には金谷善一朗が金谷カテッジインを日光で開業している．金谷カ
テッジインはわが国で最も古い西洋式のリゾートホテルだといわれている．
1873年といえば，いわゆる明治六年政変があり，西郷隆盛，板垣退助，後
藤象二郎，江藤新平，副島種臣，桐野利秋らが下野した年だ．

　村串仁三郎は「（グラントが）日光の住民にアメリカの国立公園について
教唆した可能性が高い」（村串2012: 5）と言っているが，十分あり得る話だ
ろう．

　村串仁三郎はわが国の国立公園がどのような経緯で成立し，その過程でど
のような議論がおこなわれたのかを綿密に考察している（村串2012）．この
本に依拠して，わが国の国立公園の成立をみていくことにしよう．

　1905，6年頃，鉄道官僚の井上淑夫がアメリカを視察し，イエロースト
ーン国立公園に着目し，日本にもこの制度をつくることを構想したという．村
串によると，National Parkに「国立公園」という訳語をあてたのはこの井
上だという（村串2012: 9）．

　井上は箱根を最初の国立公園の候補地として想定していたようだ．同書に
よると，景勝・自然の保全をはかろうという動きは，すでに1870年代末か
ら起こっており，日光以外では箱根や富士山などでも国立公園化の要請がお

第6章　環境の保護・保全と利用　　　　89

きている．20世紀になると，国立公園設立の運動は各地に広がる．北海道においても国立公園設置をもとめる声があがっている．

　1911年，富士山の国立公園化を提案する建議が提出され，衆議院の特別委員会で審議がおこなわれた．このとき，北海道選出の浅羽靖議員が大雪山を国立公園として保護すべきだという演説をおこなっている．この演説について，村串は「明治44年にこうした自然保護色の強い国立公園設立要求の演説が，国会の委員会でおこなわれたことは記憶されてよい」（村串2012: 18）と述べている．

　さて，読者諸兄はこの浅羽靖（1854-1914）という人物をご存じだろうか？少なくともわが北海学園の学生諸君は絶対に知っておかねばならない人物だ．なぜならわが北海学園の基礎を築いた人物だからである．学園の正門をはいった左側の松の木の下にひっそりと浅羽先生の胸像が大部分の学生・教職員に知られることなく立っている．

　せっかくなので，ここで浅羽苗邨（苗邨は浅羽靖の号，これは自宅と農場を営んだ苗穂村にちなんだもの）先生について簡単に紹介しておく．本書で取り上げられる人物のほとんどは「敬称略」だが，わが北海学園をつくりあげた方なので，浅羽靖先生だけは特別に「先生」をつけさせてもらう．

　俵浩三は「浅羽靖は東京に生まれ，大蔵省に就職した後…」と述べている（俵2008: 230）がこれはどうやら誤りだ．中嶋健一は，苗邨先生は大坂城定番与力岡次孝（通称，渡）の子として摂津国東成郡玉造村（現在の大阪市天王寺区玉造）に生まれたとしており，どうやらこちらの方が正しいようだ（中嶋1969）．江戸時代の幕臣の全てが将軍のお膝元である江戸に住んでいたわけではない．

　ついでながら，筆者は昔のいい方なら摂津国尼崎の生まれであるから，苗邨先生と小生はいわば同郷である．ちょっとうれしい．なお，靖は正しくは「しづか」と読むのだが，ご本人は自分の名前については至って無頓着な方で，自ら「セイ」と書いたこともあったそうだし，他人が誤って「やすし」と読んでも特に訂正もしなかったという．

1867（慶応 3）年，満 13 歳のとき，実父の同僚の浅羽家の養子となり，以降，浅羽を名乗る．明治維新の後，大蔵省に出仕し，1883（明治 16）年に函館に赴任し，その後，根室県，北海道庁に勤務した後，1886 年には札幌区長（今の市長に相当）に就任する．この頃から，設立まもない北海英語学校の運営に関わり，後に私財をなげうって北海学園の基礎を築いたのである．

北海英語学校は大津和多理らが札幌農学校への進学をめざす若者を教育する学校として 1885 年に設立した学校である．1887 年，苗邨先生は乞われて北海英語学校の校長となる．その後，北海英語学校は 1901 年に中学校令に基づく道庁認可の中等部を設立（認可日の 5 月 16 日をもってわが北海学園の創立記念日としている），これが 1905 年文部省認可の私立北海中学（現在の北海高校）となり，1950 年に短期大学が設立され，1952（昭和 27）年にはその短期大学を母体として北海道最初の 4 年制私立大学北海学園大学が設立される．筆者の勤務する経済学部は設立時から存在する．北海道大学に経済学部が設立されたのが 1953 年なので，わが北海学園大学経済学部は北海道最古の経済学部ということになる．さらに 2000（平成 12）年 4 月には筆者が着任し今日に至っている．

苗邨先生は馬や競馬を好み（このあたりも偉いところだ），学校に来るときも馬に乗ってきたという話が残っている．北海英語学校校長に就任した年には札幌市内の中島公園内に競馬場が建設されたが，これには苗邨先生も区長として深く関わっている．中島公園内の競馬場が 1907 年に現在地に移転・新築されたのが現在の日本中央競馬会札幌競馬場だ．

苗邨先生は当時としてはかなり大柄な人だったそうだ．何せ幕臣の出だから，武道の鍛錬にも子供の頃から大いに励んだようで，馬術もその一環として学んだのではなかろうか．

1904 年衆議院議員に当選し，1914 年に東京で没するまで衆議院議員であった．この衆議院議員時代に先述の演説をおこなったのである．

わが北海学園の創設に尽力されたこと，北海道に国立公園を設置しようとしたこと，札幌競馬場をつくり競馬の振興をはかったこと以外にも，牧場を

経営したり，拓殖銀行の創立に関わったり，交通機関の整備などに尽力したりと，北海道の発展に大きな功績を残したお方なのである．

　苗圃先生はまた北海道旅行倶楽部という団体を 1902 年に立ち上げている．俵浩三は，北海道旅行倶楽部の資料を検討し，「この活動内容からすれば北海道旅行倶楽部は，現在の自然保護団体，環境 NGO（非政府組織），環境 NPO（非営利組織），あるいはアウトドア団体の活動と共通し，その元祖のような存在だったと見てよい．いまから百年以上も前の北海道で，このようなクラブが生まれていたのは驚きである」（俵 2008: 229）といっている．この北海道旅行倶楽部の設立趣意書は今日に伝わるが，組織の実態や具体的な活動内容・実績は残念ながらわからない．

　苗圃先生の北海道旅行倶楽部の発想がどこから生まれたのか．その背景として，俵は，北海道の開拓が急速に進み，優れた原始林などが次々失われていたことに危機感をもっていたことをあげ，その対応策としてドイツの事例を参考にしたとしている（俵 2008: 229）．当時のドイツでは郷土保存（ハイマートシュッツ）運動がおこなわれており，「これはやがて，天然記念物保存の思想に発展」（俵 2008: 230）していったということだ．またこの頃のドイツでは「都市部の青年を中心として自然の山野を歩くワンダーフォーゲル（渡り鳥）運動が起こった」（同上）ということだ．各大学にある（あった？）ワンダーフォーゲル部というのはこれが起源なんですな．

　苗圃先生自身は洋行の経験はないのだが，海外情報の収集はかなりのものだったようだ．また先生が私財をなげうって収集した膨大な書籍は，北駕文庫としてわが北海学園に保管されている．苗圃先生の自然保護論は北海道旅行倶楽部に始まったわけではなく，自然を生かした札幌の中島公園や円山公園の設立にも関わっていた（中島公園や円山公園の成立過程は俵（2008）第 4 章に詳しい）．

　大雪山国立公園は 1934（昭和 9）年に実現するが，苗圃先生はその実現をみることなく，1914（大正 3）年 10 月 22 日，病気のため東京で逝去された．わが北海学園では，毎年苗圃先生のご命日には，学園関係の物故者を顕彰す

る浅羽祭がしめやかに挙行されている．学園理事長をはじめ，北海学園大学学長，北海高校校長，北海学園札幌高校校長，3校の学生・生徒代表，物故者の遺族，その他各学部長などが参列する．参列者にはおみやげにそこそこ立派なお菓子がもらえる．

わが国の国立公園制度の成立に話を戻す．明治期から国立公園設立の動きはあったものの，財政上の理由などから，国立公園法が制定されたのはそれからだいぶ後の1931（昭和6）年のことだった．

わが国の国立公園制度の成立にあたり活躍したのが田村剛（1890-1979）という人物だ．村串仁三郎は「まさに日本の国立公園の父と呼ばれるにふさわしい人物」といっている（村串2012: 18）が，田村の構想した国立公園は手つかずの自然を保護しようというものではなく，自然を国民衛生・健康のために利用しようというものだった．だから，国民が利用しやすいように，ある程度の開発は当然必要というスタンスであった．このあたり，イエローストーン国立公園の理念とはやや異なっている．実は，アメリカでも，自然の「保護」と「利用」の対立はミューアの時代から存在している．この点については後述する．

田村らの利用優先の考え方に対して，明治期に生まれた史蹟名勝天然記念物保全協会に集まった人たちのように，利用よりも保存を優先すべきだという考え方の人たちもいたようだ．実はこちらの方がイエローストーンの理念には近いようにも思われる．

国立公園はアメリカのNational Parkがモデルだが，こちらの方はイギリスやドイツに留学した学者の思想が反映されているようだ．

村串仁三郎は「（法案審議がおこなわれた衆議院特別委員会では）答弁者である政府の国立公園についての認識の不足と曖昧さを露呈させた」といっている（村串2012: 108）．これは，田村らに代表される観光開発論と，史蹟名勝天然記念物保全協会などの保護・保存重視論との対立に対して，当時の政府は答えを出し切れていなかったということだ．これは「現代にもつうじる国立公園の普遍的本質的大問題」（村串2012: 109）だ．

第6章　環境の保護・保全と利用　　　93

　田村らが主導する方向で国立公園法は制定された．自然の保護というより
も，観光も含めた自然の開発を目指すものといえなくもないので，原理主義
的にいえば自然保護の制度とはいいがたいかもしれないが，産業開発による
自然の破壊に対する防護的役割を果たしたことも事実である．

　一方，史蹟名勝天然記念物保全協会の側の政策は，実は国立公園法よりも
10 年以上早く 1919 年に史蹟名勝天然紀念物保存法として法制度化されてい
る．この制度は第二次大戦期の紆余曲折を経て，1950 年の法隆寺金堂壁画
の火災による焼失を契機として，文化財保護法が制定され今日に至る．みん
なも「天然記念物」という言葉を聞いたことがあるだろう．これはこの法律
や各都道府県が制定する条例に基づいて指定される．

　ざっといえば，国立公園制度はエリアの保護・保全で環境省の所管，文化
財保護法は事物や生物の保護で文科省の所管だ．

　1931 年には満州事変が起こり，わが国はこれ以降 1945 年の終戦まで，15
年にわたる戦争の時代にはいっていく．国家総動員体制での戦争遂行のため，
軍需を中心とした産業が優先される．そうした時代にあって，水力発電や灌
漑事業による自然や景観の破壊を，完全ではないにしても，この法律のおか
げである程度は食いとめることができたのだ．「たしかに日本の国立公園制
定過程には，国立公園思想，国立公園法，その管理機構に多くの問題点や弱
点が存在していたが，戦前に見るかぎり，多くの積極的な成果，肯定的に評
価すべき側面，さらに今日の国立公園制度や運動が学ぶべき多くの論点が存
在していることも事実である」（村串 2012: 139）と村串仁三郎は総括してい
る．

　第二次大戦の激化のなかで，自然保護が論じられる余裕は，経済的にも政
治的にも社会風潮的にもなくなっていた．平和な時代でないと環境保護は論
じられない．こうした意味でも戦争は重大な環境破壊活動だ．

　国立公園法が制定されたものの，実際の国立公園は，指定を求める要請が
多く（自然保護を本気で求めた人々が多かったわけではない）調整が難航し
たことなどからさらに遅れ，1934 年に，まず，瀬戸内海国立公園，雲仙国

立公園（現在は範囲が広がって，雲仙天草国立公園），そして霧島国立公園（現在は範囲が広がって，霧島錦江湾国立公園）の3つが最初に設定された．そして，その後，北海道内の阿寒，大雪山の2か所を含め，第二次大戦前には12か所の国立公園が指定された．なお，日本統治下にあった台湾でも，大日本帝国の国立公園として，大屯山，新高阿里山，次高タロコの3か所が指定されている．

1945年8月，大日本帝国政府は連合国が発したポツダム宣言を受諾し，第二次大戦が終了した（厳密にいうと，降伏文書への署名は9月だし，北方領土や中国東北部などのソ連軍侵攻があるから，8月に完全に終戦というわけではないが，世間一般にはそうなっている）．日本はアメリカ軍を主体とする連合国の統治下におかれ，様々な戦後改革がおこなわれた（このあたりは中学・高校で習ったはずだ）．国立公園発祥の地アメリカの統治であるから，こうした面での改革もおこなわれた．

だが，「GHQの支配のもとで，構造的な欠陥を克服するアメリカ型の制度に改革される可能性が少しばかり与えられていた」（村串 2011: 372）とはいうものの，実際には実現せず，戦前の国立公園政策がほぼ復活した．

1957年，新たに自然公園法が制定され，それにともなって国立公園法は廃止となった．このとき制定された自然公園法が現行法だ．自然公園法では，国立公園に加え，国定公園，都道府県立自然公園が規定された．

村串仁三郎は「戦後の国立公園行政は，国立公園を観光的に利用しようとする政策が強化され」，さらにこうした方向（村串によると「政策的後退」）は「高度成長期に顕著になってくる」と述べている（村串 2011: 384）．

自然公園法による「自然公園」とは，「優れた自然の風景地を保護するとともに，その利用の増進を図ることにより，国民の保健，休養及び教化に資するとともに，生物の多様性の確保に寄与することを目的」としたものだ（自然公園法第1条）．なお，「生物の多様性の確保」は1957年の制定時にははいっておらず，後に加えられたものだ．法制定当時にはそんな概念はまだない．「保護するとともに，その利用の増進を図る」ということで，保護と

第 6 章　環境の保護・保全と利用　　　　　95

表 6-1　自然公園

	国立公園	国定公園	都道府県立自然公園
定義	我が国の風景を代表するに足りる傑出した自然の風景地	国立公園に準ずる優れた自然の風景地	優れた自然の風景地
指定	環境大臣 （中央環境審議会の意見）	環境大臣 （都道府県の申し出）	都道府県
公園事業	国	都道府県	都道府県

利用が両論併記されている．

　国立公園と国定公園はどう違うのか．このあたりもわかりにくいところだ．まず，国立公園は「我が国の風景を代表するに足りる傑出した自然の風景地であつて，環境大臣が第五条第一項の規定により指定するもの」（自然公園法第 2 条）で，国定公園は「国立公園に準ずる優れた自然の風景地であつて，環境大臣が第五条第二項の規定により指定するもの」（同）となっている．これだけではよくわからん．「国立公園は，環境大臣が，関係都道府県及び中央環境審議会（以下「審議会」という．）の意見を聴き，区域を定めて指定する」が，「国定公園は，環境大臣が，関係都道府県の申出により，審議会の意見を聴き，区域を定めて指定する」（いずれも，自然公園法第 5 条）とある．また，同法第 9 条で「国立公園に関する公園事業は，環境大臣が，審議会の意見を聴いて決定する」，「国定公園に関する公園事業は，都道府県知事が決定する」とあるから，要するに，国立公園は国が制定や事業の中心，国定公園は都道府県が中心ということだ（表 6-1）．

　表 6-2 は 2019 年 3 月末現在の自然公園の概要を示したものだ．34 の国立公園，56 の国定公園，311 の都道府県立自然公園が設定されていて，自然公園に指定されているエリアの陸上面積の合計は 5,567,843ha．これは日本の総面積 37,797,389ha（国土地理院）の 14.7％ に相当する．国土の約 15％ が自然公園のエリアに含まれるということだ．これはけっこうな広さだ．

　もちろん，自然公園に指定されている以上，自然環境が守られることにな

表 6-2　自然公園の面積と所有区分

		国立公園	国定公園	都道府県立 自然公園	計
公園数		34	56	311	401
公園面積(ha)		2,189,804	1,409,727	1,967,323	5,566,854
国土面積に対する比率(%)		5.79	3.73	5.21	14.73
特別地域面積(ha)		1,599,812	1,307,601	713,756	3,621,169
うち特別保護地区面積：ha		287,938	65,021		352,959
所有区分(ha)	国有地	1,318,518	619,568	501,983	2,440,069
	公有地	281,430	195,443	217,106	693,979
	私有地	569,317	593,861	917,742	2,080,920
	所有区分不明	6,637	855	65,297	72,789

注：再検討の終了していない公園等では土地所有面積と公園面積合計が一致しない場
　　合がある.
出典：環境省資料.

っているには違いないが，そのレベルは一律ではない．自然公園のエリアは，
特別地域と普通地域に分けられ，特別地域のなかで特に必要があると判断さ
れたエリアを特別保護地区，特別保護地区以外の特別地域が保護のための規
制が厳しい順に，第1種特別地域，第2種特別地域，第3種特別地域と区分
されている．ただし，都道府県立自然公園に特別保護地区は設定されない．

　最も規制が厳しい特別保護地区は 352,972ha で自然公園全体の 6.3% に過
ぎない．逆に最も規制が緩い普通地域では，環境省令で定められた基準を超
える建物の建設や増築などに届出が必要なくらいで，そんなに厳しい規制は
ない．自然公園全体の 4 割程度は私有地だ．自由主義社会において，私的財
産の利用を制限することはなかなか難しいことだ．私有地の利用を制限する
にはそれ相当の根拠が必要だ．

　34 の国立公園のうち，「利尻礼文サロベツ」「知床」「阿寒」「釧路湿原」
「大雪山」「支笏洞爺」の 6 つが北海道内にある（2019 年 3 月末現在）．また，
56 の国定公園のうち，「暑寒別天売焼尻」「網走」「ニセコ積丹小樽海岸」
「日高山脈襟裳」「大沼」の 5 つが道内にある（同上）．このうち，大沼は第
二次大戦前から国立公園の候補にあげられていたが，観光地としての開発が
進んでいることなどの理由で見送られた経緯がある．また，日高山脈襟裳国

定公園を国立公園に変更しようという動きもある.

　国立公園や国定公園における自然保護に対し，国や都道府県の予算も人員も少なすぎるということはよく指摘される．たとえば，国立公園には自然保護官（レンジャー）が配置されているが，全国 34 の国立公園に対して，レンジャーは 300 人程度しかいない．ちなみにアメリカでは 1 万人以上のレンジャーがいるそうだ．

　また，レンジャーの全てが各国立公園の自然保護官事務所に配置されているわけではなく，東京の本省や地方環境事務所に勤務する人もいるから，1 つの国立公園に配置される自然保護官はせいぜい数名程度のようだ．この人たちが，各種許認可に関する仕事，公園計画づくりに関する業務，保護管理のための調査や巡視，利用のための施設整備と管理運営，さらには自然再生の推進といった業務をこなしている．なかなかの激務だ．さらにレンジャーの転勤は広域にわたる．あちらこちらで暮らしてみたい人には向いているかもしれないが，ご家族はさぞ大変だろうと思う．何をするにもヒトとカネが必要なのだということを肝に銘じてほしい．

(3)　保護 (preservation) と保全 (conservation)

　日常用語としては保護も保全も同義で使われるが，自然環境の保護・保全を論じる際には使い分けがなされることがある．広辞苑第七版によると，保護は「気をつけてまもること．かばうこと．」，保全は「保護して安全・完全にすること．」とあった．「保全」の方は単に守るだけでなく，完璧な状態を保つような感じだろうか．それにしても今ひとつよくわからん．そもそも，なんでこんなややこしい羽目に陥っているかというと，英語の preservation と conservation の違いを反映させるために使い分けるようになったようだ．こういうときは大きな英和辞典を引いてみる．筆者の研究室にある小学館ランダムハウス英和大辞典第 2 版によると，preservation は「保存，維持；保管，保護；予防，防腐；……」とあり，conservation は「(1)（自然環境などの）保全，保護，管理；（芸術作品の）保存：……」とあった．

これもよく違いがわからん．こうなると，英英辞典でどう使い分けるのかを探るしかない．だいぶ以前に誰かからもらったロングマン現代英英辞典をひくと，preserve の方は「to keep (someone) safe or alive: protect:」とあり，用例として，I pray that fate may preserve you from all harm. という文章があった．一方，conserve は，「1 to use (a supply) carefully without waste; preserve:」とあって用例として，We must conserve our forests if we are to make sure of a future supply of wood. という文章が載っていた．

とどのつまり，何だかよくはわからんが，preseve の方がその状態を維持することで，conserve の方は使うために守るというニュアンスがあるようだ．環境問題に即していうと，preservation は自然の状態そのものに価値を見いだして守るというイメージ，conservation という場合は人間にとってそこから派生する価値（景観とか文化的意義とか利用可能性とか）を守ることに主眼をおいて守るというイメージだろうか．この違いを表現するために，preservation には保護または保存，conservation には保全という言葉をあてることが多くなっている．

ざっといえば，「自然環境を守る」という行為そのものは同じでも，動機がやや異なるわけだ．自然環境そのもの，すなわち動物とか植物とかそれ自体の存在そのものに価値を認めて守るのが「保護（preservation）」で，美しい景観だからとか，現在および将来の世代が利用できるからといったところに力点をおいて守るのが「保全（conservation）」ということになる．

「そんな細かいことどうでもいいじゃないか」と思った学生諸君，「君たちは全く正しい」と言いたい（自分が学生なら間違いなくそう思う）が，これが自然環境の保全・保護を論じるときに，案外重要な意味をもっているのだ．ミューアの活動に大きな影響を受け，共に活動した人物にピンショ（Gifford Pinchot, 1865-1946）という人がいる．フランスで林学を学び，アメリカに帰国後森林管理行政に携わり，後に森林局のトップになった人物で，アメリカの森林政策の元祖的立場の人だ．

いくつかの経済学のテキストをみると，価値には利用価値（use value）と

非利用価値（nonuse value）があると書かれている．利用価値の方はわかりやすい．利用するために入手したい，だから売りに出ていればお金を出して購入する．植田和弘は，環境の非利用価値には2つのタイプがあるといっている．ひとつは，「顕在化されていない潜在的な便益としての環境の価値」で，これをオプション価値（option value）という．ついでにいうとoptional value は「任意の値」という意味だ．もうひとつは「利用することを超えた存在価値（existence value）」だ（植田 1996: 78）．existence valueを手元にある英英辞典でひいてみると，"For example, knowledge of the existence of rare and diverse species and unique natural environments may have value to environmentalists who do not actually see them." と書いてあった．学生諸君，敢えて訳は載せないので，自分で訳してみてくれたまえ．

ピンショはミューアを敬愛し，ミューアと一時期行動を共にし，アメリカの森林を守る活動をおこなった．しかし，彼はヘッチ・ヘッチーダム（Hetch Hetcy Dam）の建設問題を巡りミューアと決裂してしまう．

ピンショにとっての森林は，景観も含め，人間が利用することを前提として守るべきものだった．自然それ自体の絶対的な存在価値ではなく，利用価値やオプション価値を前提にすると，意思決定にあたって，より高い（と判断された）価値との比較がおこなわれることになる．

ダムの建設によって得られるサンフランシスコの水源確保という便益の価値は，ヘッチ・ヘッチー渓谷の有する価値を上回るという判断をピンショはおこなったことになる．もっとも，ダム建設に反対したミューアも代替案を提案しているので，その意味ではミューアも完全な「保護」主義者ではない．まあ，程度の差ということができるかもしれないが，conservation と preservation の微妙な違いは意識しておいた方がいい（なお，ミューアとピンショの関係については奥田前掲書などを参照してほしい）．

利用価値（use value）やオプション価値（option value）を目的に自然環境を守ろうとするのが保全（conservation）で，存在価値（existence value）を

認めて守ろうとするのが保護（preservation）ということになるとすれば，ミューアは保護（preservation）に力点があり，ピンショは保全（conservation）の立場をとったといえよう．ミューアは手つかずの自然そのものを守ろうとした．そこには自然を構成する諸要素そのものに無前提の価値をおく姿勢が濃厚だ．もちろん，ミューアも森林の利用を全く否定していたわけではない．そもそも自然を全く破壊することなく，現在の人間社会を維持することはほぼ不可能だ．自然生態系の一構成要素としてヒト（生物としての人間）が存在していた原始時代ならいざ知らず，現代社会において人間は自然を全く壊さず生きていくことは不可能だ．

国立公園や国定公園といえば，なんとなく自然や自然景観の保護が目的のように思われがちだが，戦前に田村剛らが主導して制定した国立公園法の流れをひいて，現行の自然公園法も，先述のように，「利用の増進」が目的のひとつになっていることには留意してほしい．その意味で，わが国の国立公園法も「保護」ではなく，「保全」ということになる．

加藤則芳は「アメリカでは，ある意味で国立公園は聖域である．可能な限り人為による影響を排除し，手厚く管理運営された聖域」（加藤 2000: 14）であるのに対し，「（日本の国立公園は）一般には観光地としてのイメージが強く，そこが国立公園であるということすら，観光客はおろか，地元民からさえ理解されていないところもある」（同上: 15）といっているが，先述した戦前からの経緯を考えると，これは当然のことかもしれない．わが国では，箱根や日光などは国立公園制定以前から観光地として親しまれてきた．活用するために自然を守るというのが田村らの基本的スタンスだとすれば，これはミューアよりもピンショに近い．

自然公園法第4条に「関係者の所有権，鉱業権その他の財産権を尊重するとともに，国土の開発その他の公益との調整に留意しなければならない」とあるように，自然保護がすべてに最優先とはなっていない．というより，そうならざるを得なかったという方が正確かもしれない．

近年，国立公園の観光的「利用」が政策的に強く主張されている．総理大

臣を議長とする「明日の日本を支える観光ビジョン構想会議」が2016年3月に公表した「明日の日本を支える観光ビジョン」（以下，「観光ビジョン」）には，「「文化財」を，「保存優先」から 観光客目線での「理解促進」，そして「活用」へ」とか，「「国立公園」を，世界水準の「ナショルパーク」へ」なんぞという文言が並んでいる．

　なかでも「世界水準の「ナショナルパーク」へ」というのは，はっきりいえば噴飯ものだ．そもそも「世界水準の「ナショナルパーク」」とは何なのかが問われる．自然や生物の保全に関わる国，政府機関，その他非政府機関の連合体である国際自然保護連合（International Union for Conservation of Nature; IUCN）は，保護地域（protected area）を6つのカテゴリーに分類している．最も厳格に保護すべき地域がIaで，以下Ib，II，III，IV，Vとなっており，カテゴリーII が National Park だ．実はわが国の国立公園でカテゴリーII に相当するのは数か所だけで，ほとんどはカテゴリーV（景観保護地域）にすぎないという．国際的な意味で「世界水準の「ナショナルパーク」へ」ということは，現状ではカテゴリーV の景観保護地域に過ぎないわが国の国立公園を，カテゴリーII にレベルアップすることになるのだろうが，「観光ビジョン」の言っていることは全く正反対なのだ．

　「観光ビジョン」には，「（国立公園を）2020年を目標に，全国5箇所の公園について，保護すべき区域と観光活用する区域を明確化し，充実した滞在アクティビティなど，民間の力も活かし，体験・活用型の空間へと生まれ変わらせます」と書かれている．観光ビジョン構想会議のいう「世界水準の「ナショナルパーク」」って一体何なのだろう．どうも「世界各地から観光客が来る」ことが観光ビジョン構想会議のいう"世界水準"ということのようだ．そもそも日本語の使い方がおかしい．「国立公園」ではなくわざわざ「ナショナルパーク」と英語を使うなら国際的に通用する意味で使うべきだろう．「ナショナルパーク」ではなく「国立公園」と書けば，「わが国の「国立公園」は国際的に使われる「National Park」とは別物です」といえるだろうに．それとも「ナショナルパーク」と「アミューズメントパーク」の区

別がついていないのだろうか．もしそうだとしたら，少なくとも，環境経済論の成績評価では完全に「不可」だ．

この「観光ビジョン」に基づき，環境省は 2018 年 9 月「国立公園満喫プロジェクト」を立ち上げた．このプロジェクトははっきりと「「観光ビジョン」に基づき」とうたっている．自然保護活動家のなかにはこの「国立公園満喫プロジェクト」に疑問を感じている人も少なくない．

（4） 自然保護運動

国立公園は政府による自然保護政策のひとつだが，自然保護では NGO やNPO などの市民活動が世界的に大きな役割を果たしてきた．そのすべてをここで取り上げることは，限られた紙幅と極めて限られた筆者の能力ではとても無理なので，その元祖ともいえるナショナルトラスト運動と南方熊楠による神社合祀政策に対する反対活動をとりあげることにする．

ナショナルトラスト（National Trust）運動は 1895 年にイギリスではじまった．市民が寄付したお金でその場所を買い取ったり，地権者に寄付してもらうことで，自然や景観を保護しようという活動がナショナルトラストだ．「ナショナルトラスト」という場合，イギリスで始まり，現在も活動を継続している団体を指す固有名詞のことと，イギリスで始まった活動に範をとってわが国を含む世界各地で行われている活動を指す一般名詞のこととがある．ここでは前者を The National Trusut と表記し，後者の一般名詞の場合はナショナルトラストとカタカナで表記することにする．

The National Trust は 1895 年に 3 人の市民が寄付を募って始めたのが始まりだ．The National Trust のウェブサイトを見ると，「780 miles of coastline, Over 248,000 hectares of land, Over 500 historic houses, castles, ancient monuments gardens and parks and nature reserves, Close to one million objects and works of art」を有していると書いてあった（2019 年 4 月閲覧）．The National Trust が始めたやり方は世界各国に広がり，それぞれの国でナショナルトラスト運動がおこなわれるようになった．

第 6 章　環境の保護・保全と利用　　　103

　わが国では 1968 年に作家の大佛次郎らが財団法人観光資源保護財団を設立し，翌年財団の愛称を日本ナショナルトラストとした．この団体は 1992 年に財団法人日本ナショナルトラストに改称した．鎌倉の町並みを乱開発から守る運動が設立の契機だったことから，この団体は町並みの保存などを主たる活動領域としている．

　その後，全国で多くのトラスト団体が設立され活動をおこなっている．ナショナルトラスト運動をおこなっている団体の連合組織である日本ナショナル・トラスト協会（1983 年に「ナショナル・トラストを進める全国の会」として発足，1992 年に法人化）には団体正会員 24，団体会員 9 の計 33 のトラスト団体が加盟している（2019 年 3 月現在）．加盟していない団体もあり，全国では 50 以上のトラスト団体が活動している．

　2007 年からは日本ナショナル・トラスト協会自体でも土地を取得するようになった．土地を購入するだけでなく土地を寄贈されることもあるという．なかには，かつて原野商法にひっかかって買ってしまった土地を寄贈したいというケースもあるそうだ．投資対象としては全く無価値な土地だったが，なんせ「原野」なので，湿原の保全などの観点からは貴重な土地だったりすることもあるようだ．協会では寄付にともなう税金の相談にものってくれるとのことだ．

　わが国の自然保護のトラスト運動は，1974 年に発足した和歌山県の天神崎や，77 年にはじまった北海道の「しれとこ 100 平方メートル運動」が比較的長い歴史があり有名だ．

　天神崎は和歌山県南部の田辺市にある．1974 年に別荘開発に反対する運動として始まった．トラスト運動の主体である「公益法人天神崎の自然を大切にする会」のウェブサイトに運動の経緯が記されている．この天神崎は後述の南方熊楠にも深い縁のあるところだ．

　わが北海道では，しれとこ 100 平方メートル運動の他に，阿寒の前田一歩園財団，小清水町の「オホーツクの村」（小清水自然と語る会），霧多布湿原ナショナルトラストなどいくつもの活動がおこなわれている．

ナショナル・トラストの対象となる地域は都市部から離れたところが多いが，NPO法人カラカネイトトンボを守る会は，札幌市北部に残された貴重な湿原である篠路福移湿原を活動対象としているユニークな団体だ．都市近郊は開発が進んで地価が高いことなど対象地の購入や保全には困難なことが多い．

世界自然遺産として世界的に有名になった知床は1964年に国立公園に指定された．加藤登紀子が歌って1971年に大ヒットした「知床旅情」（ただし，この歌は加藤の作品ではなく，森繁久彌が1960年頃つくったもの）の影響などもあり，知床観光が大きなブームとなった（知床だけでなく，当時の北海道には全国から若者がやたら来ていた）．折しもこの頃は「列島改造ブーム」で土地投機が盛んな時期でもあった．乱開発による荒廃を懸念した当時の斜里町長・藤谷豊がイギリスのナショナルトラストをモデルに開始したのが，しれとこ100平方メートル運動の始まりだ．

わが国におけるナショナルトラスト運動は第二次大戦後に始まるが，それ以前に自然保護運動がなかったかといえばそうではない．南方熊楠らによる神社合祀反対運動は，第二次大戦前におこなわれた激しい自然保護運動のひとつとして有名だ．

神社合祀反対運動のリーダーだった南方熊楠（1867-1941）という人物が実にもってすごい人物なのだ．

商家の息子として今の和歌山市で生まれた南方は，1883年に上京し，共立学校という学校に入学する．このときの英語の教師が後に首相・蔵相を歴任し，二・二六事件で暗殺された高橋是清だ．翌年9月東京大学予備門に入学した．当時は今と違い9月入学だった．このときの同期生に，夏目漱石，正岡子規，秋山真之らがいる．1886年2月に退学し，同年12月渡米．さらに，1892年9月には渡英して，大英博物館で研究活動にいそしむ．中国革命の指導者孫文らと密接な交流があったのはこの頃だ．1893年に科学雑誌 "Nature" に「東洋の星座」という論文が初掲載される．その後南方の論文は何本もNatureに掲載された．Natureへの論文掲載数は，南方が今でも

第6章　環境の保護・保全と利用　　　105

日本人トップだというのを何かで読んだ記憶がある（記憶にちょっと自信がないので，あちこちでいわないように）.

　1900年に帰国し，1909年から神社合祀反対の運動をおこなう．神社合祀というのは，簡単にいうと，当時の政府がやろうとしていた神社の合併政策だ．当時（今でもそうだが），わが国には至る所に神社があった．なかには，神社というより祠といった方がふさわしい小規模なものや，由緒もわからなくなっているような小さな神社が無数にあった．政府はこうした神社の統合を目論んだ．これが合祀政策．当時は国家神道の時代だから，政府が神社に関与するわけだ.

　合祀政策は宗教政策だけれど，神社はいずれも地元で周囲の環境ごと守られているのが一般的だ．零細な神社を統合によって廃止すれば聖域として守られてきた地域の開発がやりやすくなる．南方らはこの点を問題視した．彼は精力的に反対運動を展開し，1910年には18日間の勾留や，別件での罰金20円をくらったりしている.

　南方らの活動が功を奏し，神社合祀政策は頓挫し，熊野地方の自然が保存された．この地域ははるか後の2004年に世界遺産「紀伊山地の霊場と参詣道」に指定された．南方らの活動がなければ，この地域では開発がすすみ，世界遺産に指定されることはなかったかもしれない．もっとも，「紀伊山地の霊場と参詣道」は文化遺産であって自然遺産ではないが，すぐれた景観が世界遺産指定の理由ともなっているのだ．ちなみに，わが国の世界自然遺産は，屋久島，白神山地，知床，小笠原諸島の4か所だ（2019年3月末現在）.

　南方は先にあげた天神崎の近くの神島の保護活動もおこなった．自然保護活動を支える理論としてecologyという概念を用いている．南方はecologyを「植物棲態学エコロギイ」と紹介したのだが，わが国にエコロジーという言葉を紹介した最初の人物が南方らしい.

2. 都市環境

(1) アメニティ

　人が快適に生きるということは，単に飯が食えればそれでいいとか，肉体が健康であればそれでいいということではない．「すべて国民は，健康で文化的な最低限度の生活を営む権利を有する」のだ．義務教育を受けた読者諸兄なら，この文章が何かは知っているだろう．いうまでもなくこれは日本国憲法第25条だ．健康で文化的な最低限度の生活を営むことは国民の権利だ．

　何をもって最低限度とするかを一律に決めることは難しい．また，「健康で」というのは心身ともに快適にという意味だろうが，「文化的な」というのはどういう内容が文化的なのかを明確にすることはこれまた難しい．

　日本には日本の文化があり，インドにはインドの，フランスにはフランスの文化がある．何となくわかるが，改めて文化とは何かと尋ねられると答えに窮する．答えに窮したら辞書をひく．大辞泉には「①人間の生活様式の全体．人間がみずからの手で築き上げてきた有形・無形の成果の総体」とあった．つまり，文化というのは歴史的・社会的に形成されるものだということがわかる．また「文化的」は「②近代文化の要求にあうさま」とあり，用例として「健康で―な生活」とあった．ということは，わが日本国国民は，歴史的・社会的に形成された有形・無形の成果を前提とした近代において求められる生活様式での生活をおくることが権利として保障されているということだ．

　歴史的・社会的に形成されてきた有形・無形の成果を享受することは，文化的な生活をおくることの重要な条件だ．このことは，社会的存在としての人間の生活にとって，重要な意味をもっている．

　自然環境も健康で文化的な生活の基礎となっているが，歴史的・社会的に蓄積されてきたものも，また，豊かな人間生活を営む必要条件となる．ここでアメニティ（amenity）という概念が登場する．アメニティという言葉は，

おそらく筆者が子どもの頃には多くの日本人が知らなかった言葉だろうと思う．アメニティという言葉が最もよく使われているのはマンションの広告ではなかろうか．「アメニティライフを演出する云々」なんぞという惹句を目にしたことがあるのではなかろうか．一般にアメニティというときは，便利さとか快適さのことをいう．ホテルにおいてある歯ブラシとか櫛とかをアメニティグッズというが，これはそういう意味だ．だが，この言葉は本来単に便利とかいうだけの意味ではない．

イギリスに Civil Amenities Act という法律がある．これは 1967 年につくられた法律で，この法律で amenity は "the right thing in the right place" と定義されている．中学で習う単語ばかりだ．「正しい場所に正しいもの」となるが，これはあまりに稚拙な訳だ．「然るべきところに然るべきもの」というくらいがいいだろう．

人間が快適に過ごすために，然るべきところに然るべきものがあるのが条件となっている．朝起きて，洗面所で顔を洗おうと思う．洗面所にタオルや歯ブラシはないといけないものだ．「便利な」というよりも，タオルや歯ブラシは，洗面所に当然あるべきものがそこにあることで，気分良く顔を洗うことができる．これがアメニティグッズの本来の意味だろう．

別に，ここで歯ブラシの話をしたいわけではない．人間が文化的に生きるためには，これまで人間が形成してきたものが然るべき場所にちゃんと存在していないといけない．

一例をあげよう．札幌市中央区のど真ん中に時計台がある．正式名称は「旧札幌農学校演武場」という．元々は講堂として設計されたのだが，北海道開拓使の長官黒田清隆の発案で時計台を設置したものだ．この時計が未だにちゃんと動いている．整備にはなかなか大変な技能を要するそうだ．1906 年に当時の札幌区が買い取り現在地に移転したもので，観光名所としても有名だが，現在では周囲を高層ビルに囲まれている．経済的な土地の高度利用という観点からすれば，撤去して高層ビルを建てた方が経済合理的だろう．でも，おそらく，それは世間が許さない．なぜ許さないか．それは，札幌市

民にとって，時計台は昔からそこにあって，これからもそこにあり続けるべきものだからだ．これがアメニティとしての文化財だ．

　人間が暮らす町には，町の歴史がはぐくんできた建物や景観があり，それを当然のこととして人は過ごしてきた．景観には自然の造形物もあるが，町並みや建物といったものを，然るべき場所にある然るべきものとして，きちんと守っていこうという意識が生まれ，人々のあいだでその意識が共有されるようになってきた．歴史的建造物を市民が資金を供出して買い取り，アメニティとして保存しようという動きが1957年にイギリスではじまった．Civil Amenity Act の成立はその10年後だ．ナショナルトラスト運動の都市バージョンというところだろうか．The National Trust はこうした歴史・文化的遺産も対象としている．

(2)　景観とフットパス

　個別的な文化財を保護・保全しようという動きは昔からある．歴史的文化財はそれ自体固有の価値を持つことはいうまでもない．文化財と一口にいっても，絵，書，陶器，仏像，建物，etc．これらがわれわれの生活を精神的に豊かにしていることは疑いえない．

　だが，博物館に収蔵された仏像と，実際にお寺で拝観の対象となっている仏像は必ずしも同じではない．博物館に収蔵された仏像が，歴史的価値や美的価値をもつものであることはいうまでもないが，今，現在生きている人々の生活とのつながりでいえば，必ずしも直結したものではない．

　それに対して，篤いか薄いかはともかくとして，お寺で拝観の対象となっている仏像は信仰の対象である．博物館の仏像を拝む人はあまりいないが，歴史的遺物として，もしくは美術品として，仏像を見に来た人であっても，お寺のお堂に鎮座ましましていればたいがいの人はとりあえず拝むだろう．およそ信心とはほど遠い筆者でさえ，お賽銭を賽銭箱に放り込んで拝んでからしげしげ眺める．

　この違いは案外大きい．建物でもそうだ．本来建てられていた場所から，

公園などに移築・保存している建物と，現在もなお利用されている建物とは違う．何が違うか．それは，人間の生活と直接結びついているかどうかの違いだろう．

　人間の生活と直接結びついていることによって，仏像や建造物は社会環境の構成要素となっているのだ．逆にいうと，個々にみれば，何の変哲もなく，それ自体，国宝や重要文化財に指定されるほどの歴史的価値がつけられていない家屋でも，それらがひとつの町並みを形成していたら，それはそれでひとつの価値を形成するだろう．社会環境の構成要素としての景観がそこにはある．

　わが国でも 2004 年に景観法という法律が制定された．この法律には「良好な景観は，美しく風格のある国土の形成と潤いのある豊かな生活環境の創造に不可欠なものであることにかんがみ，国民共通の資産として，現在及び将来の国民がその恵沢を享受できるよう，その整備及び保全が図られなければならない」（第 2 条）とある．「美しい景観は生活環境の創造に不可欠」なのだ．

　景観を保全するためには，場合によっては，私有地の利用などの私権を制限せざるを得ない．私権の制限は実は重大な問題で，自由主義者にとっては最も忌むべきことでもある．

　大気汚染や騒音などは比較的早くから外部不経済として認められ，各種の規制が設けられ，健康被害などに対しては損害賠償の対象となってきた．景観の破壊もまた外部不経済（もしくは社会的費用）として認められるようになってきた．そう考えると，カップがいうように，新たな社会費用が社会の発展にともなって認識されるということだ（カップの社会的費用の考え方は補章でとりあげているので読んでほしい）．

　もっとも，私権の強さというのは自由主義を標榜する国でも案外ばらばらだ．そのひとつの例として，イギリスのフットパス（footpath）をとりあげたい．

　footpath は foot＋path だ．foot は足，path は道（小径という方がふさ

わしいかもしれない）．つまり，てくてく歩くための道のことだ．自動車が
ぶんぶん通るような道ではない．あくまで，てくてく歩くためだけの道だ．
小川巌によると，イギリスでは1932年にRights of wayを規定した法律が
出来ているのだそうだ（小川 2011: 36）なお，この本は一般の書店では入手
しにくいかもしれない．興味のある人は発行者のエコ・ネットワークに問い
合わせてほしい．

　昔から，イギリスには森林地帯・牧草地帯・田園地帯・町並みなどを楽し
みながら歩くという文化があり，そのことが市民の権利として認められてい
るのだそうだ．だから，フットパスとして認められた道は私有地である放牧
地の中を通っていたりする．放牧地なので牛や羊が逃げてしまわないように
牧柵がある．通行する人は自分で牧柵のゲートを開け閉めするのだそうだ．
フットパスの写真をみるとちゃんと整備された道ではない．

　どこかに行くことを目的とするのではなく，景色を楽しみながらてくてく
歩くことそのものが目的で，そのことが土地所有という私権を上回る市民の
権利として認められているというわけだ．

　ただ歩くという行為が市民の権利として認められ，そのための「道」も認
められている．つまり，イギリス（どうもイングランドが中心のようだが）
ではfootpathもまたamenityと認識されているということだろう．

　このことは，補章でとりあげている宇沢弘文の道路に対する考え方に通じ
るものがあるように思う．宇沢は道は単に車の通行のためにあるのではなく，
子どもの遊び場でもあり，都市住民のコミュニケーションの場でもある．と
ころが自動車の通行がそうした道の機能を奪っているとして，自動車の社会
的費用を導いた．それに対して，当時の運輸省は道は単に通行の施設でしか
ないとする．同様のことは，実は治水と河川の管理についてもいえる．補章
でもとりあげているが，筆者があるシンポジウムで同席させてもらったとき
にうかがったのだが，河川工学研究者でNPO法人新潟水辺の会の大熊孝代
表は，「川は単なる排水路ではなく，人の"からだ"と"こころ"をつくり，
地域文化を育んできた存在である」とおっしゃっていた．こう考えると，河

川環境を大きく損なう安易なダム建設は容認できないことにもなる.

何をもって amenity とするのかは,その国の国民自らが,歴史と伝統に立脚し,未来を展望して決めることなのだろう.

わが国でもフットパスをつくろうという動きが北海道をはじめ各地に起こり,2009 年には日本フットパス協会が設立された.現在のわが国では,フットパスを多くの人が認知しているとは言いがたいが,地域振興や町づくりの動きとあいまって,今後は注目されるようになるのではなかろうか.

(3) 都市問題

産業革命以降の都市への人口集中はいわゆる都市問題をひきおこした.カップ的にいうと過度の集中による社会的費用の発生である.

市場経済の発達は長い目でみると一部地域への人口集中をもたらした.人口が集中したところが都市となり,都市はその範囲を拡大していった.企業や人の集中は市場メカニズムによって起きる現象だが,それを各自の自由裁量にまかせておくと,都市機能が十分発揮できないような状況が発生する.いわゆる乱開発による外部不経済の発生だ.

ある程度の制御(それはときには個人の自由を制限することになる)をおこなう必要性は昔からわかっていたことだ.私権(特に,土地の所有権や利用権,職業の選択権,自由な移動権)が制限されている社会においては,都市を計画的につくることは,為政者にとっては比較的容易だ.例えばわが国には狭い道が入り組んでいる城下町が多数ある.城下町では,防御上の観点から,行き止まりになっている道や,意図的に屈折させ見通しを悪くしたところが多い.城の防御という軍事的観点からは合理的であっても,経済活動などの非軍事的観点からは非合理的なつくりになっている.支配者である城主が強い強制力を発揮できたから実現できたわけだ.

近代のわが国における国家政策としての都市計画は,1918(大正 7)年の都市計画法(旧都市計画法)の制定が基礎となっている.この時期のわが国は工業の発展期で都市への人口流入が著しい時期だ.つまり,乱開発(当時

はそういう言葉はなかっただろうが）による弊害が社会問題となっていた．

この法律の第1条は「本法ニ於テ都市計画ト称スルハ交通，衛生，保安，防空，経済等ニ関シ永久ニ公共ノ安寧ヲ維持シ又ハ福利ヲ増進スル為ノ重要施設ノ計画ニシテ市若ハ主務大臣ノ指定スル町村ノ区域内ニ於テ又ハ其ノ区域外ニ亘リ施行スベキモノヲ謂フ」となっている．これについては「施設計画が中心のようであり，必ずしもその概念が明確ではなかった」という評価もされている（都市計画法制研究会 2010: 7）．

第二次大戦期をはさみ，高度経済成長下で再び都市への集中が著しくなり，都市問題が再度大きな問題となってきたのに対応し，1968 年に新たに都市計画法（現行法）が制定された．以下「都市計画法」というときは現行法をいう．現行の都市計画法は「健康で文化的な都市生活及び機能的な都市活動を確保すべきこと並びにこのためには適正な制限のもとに土地の合理的な利用が図られるべきことを基本理念」（第2条）としている．「適正な制限」を明記している．「適正な制限」で「健康で文化的な都市生活及び機能的な都市活動の確保」をめざすわけだ．

都市計画では，用途に応じて土地を地域・地区に分類し，それぞれの地域・地区での土地利用を制限している．例えば，市街化調整区域というのがある．聞いたことがある人もいるだろう．これは都市計画法第7条で，「無秩序な市街化を防止し，計画的な市街化を図るため必要があるときは，都市計画に，市街化区域と市街化調整区域との区分（以下「区域区分」という．）を定めることができる」となっていることに基づいている．つまり，わざと市街化させないようにしているのだ．ということは，原則として（あくまで原則だが），市街化調整区域では基本的には宅地開発はできないのだ．そうなると，宅地開発を目論んで土地を高く売ることはできない．財産権の侵害といえば財産権の侵害なわけで，自由な市場取引の原則からは逸脱している．だが，このことで，乱開発を防ぎ，市街地周辺の良好な環境を保全することができているともいえるのだ．法とその運用についての実効性はともかくとして，制度の枠組みとしてはそういうことだ．

土地の利用方法というのは，ころころ変えることのできるものではない．一度ビルを建てた用地をすぐに農地にはできない．こう考えると，土地というものは，自由競争のメリットを発揮しにくい財だといっていい．環境というものは土地と密接不可分の「サービス」だ．だから，そもそも自由競争になじみにくい性質をもっているといえるだろう．

(4) 交通問題

過度の集中がもたらす大きな問題のひとつに交通混雑がある．日本のそこそこの規模の都市であれば，大なり小なり道路の混雑は日常茶飯事となっている．今を去ること半世紀近く昔，イギリスの経済学者ミシャン（E.J. Mishan, 1917-2014）は『経済成長の代価』で，「そのつどの個々的な弥縫策でその適応をしようとする現在の政策を続けるならば，結局は，自動車交通で都市をはりつけにするに等しいこととなろう」（ミシャン 1971: 125）と言っている．ロンドンの交通渋滞は半世紀近く前からかなり深刻だったようだ．

ミシャンは「まずわれわれは，増大する一方の道路交通量に順応する形でのエンジニア的計画案は，これをすべて捨てるという立場で考え始めなければならない」（同上: 122）とし，地下鉄を貨物輸送用に改修・拡張する，物流を単一の企業に集中させ，計画的な配送を実現するなど，いくつかの規制案を提示している（同上: 123）．

だが，こうした規制的方法は，「たしかに大きな変革を意味するものではあるが，技術的に実現可能であり，もっと文化水準の高い生活を打ち立てる上で，金や生命という尺度で測って，比較的費用のかからない方法でもある」（同上: 124）とミシャンは主張したが実現はしなかった．

20世紀も末になると，自動車交通量の増大は，交通渋滞による社会的費用の発生に加え，大気汚染や温室効果ガスの発生という問題も加わった．そこで出てきたのが，交通需要管理（Transportation Demand Management; TDM）という概念だ．電車やバスといった公共交通機関の利用促進，路面電車などの見直し，ノーカーデーの提唱，さらには道路情報の提供といった

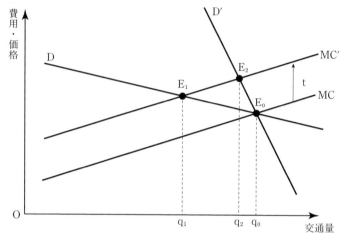

図6-1 ロードプライシングの効果

ことも TDM の一環だ．わが北海学園大学豊平キャンパスの真下には地下鉄の駅がある．その名も「学園前」という駅だ．北海道では「学園」といえば一般的にはわが北海学園を指す．だが，この駅名はネーミングを間違えている．学園「前」ではなく，学園「下」というべきだ．自動車交通の削減に大いに貢献する大学である．いろいろな手段が提唱される中で大きな効果が期待されるのがロードプライシング（Road Pricing）だ．

　理屈の上ではピグー税やボーモル＝オーツ税と全く同じだ（補章参照）．自動車利用者の限界費用に通行料金をプラスするのだ．これは民主党政権下でおこなわれた高速道路の無料化実験の逆だ．高速道路を無料化したら，高速道路利用者が明らかに増大した．ということは，逆に，無料の道路を有料化すれば交通量は減るだろう．

　図6-1をみてほしい．横軸が自動車交通量，縦軸が費用・価格だ．道路の需要曲線が D，自動車利用者の限界費用曲線が MC だ．このときの均衡点は E_0 なので交通量は q_0 だ．ここに，通行料金 t が自動車利用者の限界費用 MC に上乗せされると，限界費用曲線は MC′ にシフトする．すると均衡点は E_1 にシフトし，交通量は q_0 から q_1 に減少するだろう．

第6章 環境の保護・保全と利用 115

　だが，仮に需要曲線が D' だったとすると，需要量は q_2 にしかならず，有料化による道路交通量の削減効果はあまりないことになる．必需的な道路では効果はあまりない，もしくはかなり高い料金を設定しないと効果は薄いということになる．逆に，自動車に替わる代替的手段があれば，需要曲線は D のようなかたちになるだろう．この場合は効果は大きい．

　ミシャンが働いていたロンドン（『成長の代価』"GROWTH: THE PRICE WE PAY" を著したとき彼はロンドンスクールオブエコノミクス（LSE）の教員だった）で，2003 年 2 月から混雑課徴金（Congestion Charge）というロードプライシング制度が導入された．シンガポールなどでもやっているらしい．

　わが日本では東京都が 2000 年から検討を開始したがまだ実現していない．筆者が不勉強なのか，わが札幌市ではさっぱり話もきかない．むしろ都心部にさらなる自動車道路をつくろうとしている．北海道は総じて自動車社会なので，ロードプライシングの導入は同意を得るのが難しいだろうし，東京や大阪ほどの渋滞はないので，当面は導入されることはないだろう．

第**7**章
環境の評価

1. 費用便益分析（CBA）

　自然環境の保全・保護が重要だとはいえ，自然環境にまったく手をつけず
に人間社会を維持していくことはかなり難しい．文明社会が自然環境の改変
によって実現したことは事実だ．できるだけ自然環境は守りたいが改変もせ
ざるを得ない．主として経済的利益のために，自然の改変をおこなうことを
ここでは開発行為とよぶことにする．開発行為を実行すべきか，やめるべき
か，現代人はまことにもって悩ましい選択を迫られる．技術や科学が未発達
の時代なら，人間が自然環境を大きく変化させるような大規模な開発行為を
実行することは容易ではなかったが，今では高度に発達した科学技術をわれ
われは持っている．ちょっとした山を吹っ飛ばすくらいなら1日あればでき
る．いや1日もいらないだろう．

　何らかの便益（それは主として経済的な便益）を実現するためには，自然
環境をある程度犠牲にせざるを得ない．この場合，どこまでなら OK で，
どこからは NG なのかを判断する必要がある．民主主義社会では判断につ
いて何らかの説明が必要となる．非民主的社会ならあまり深く考えなくても
いい．為政者（独裁者であることもあろうし，独裁政党のリーダーであるこ
ともあろう）の価値判断ひとつだ．

　もっともわかりやすい行動基準は損得勘定だ．得になるなら OK，損にな
ることなら NG という基準だ．まことにもって単純明快．非経済的な部分

も含め損得でわれわれは行動するのがふつうだ（とはいえ，常に正しい損得勘定がなされているとは限らない）．

大規模な開発行為の実施基準としても用いられる損得勘定を費用便益分析（Cost Benefit Analysis; CBA）という．損の部分が費用，得の部分が便益だ．費用を C，便益を B とすると，

$$N(= B-C) > 0$$

もしくは

$$R(= B/C) > 1$$

が開発行為のゴーサインということだ．まことにもって単純明快でわかりやすい基準だ．だが，この判断基準を実際に使おうとすると，けっこうややこしい問題が発生する．

まず考えねばならないことは，将来発生する価値と現在の価値をどう比べるかということだ．ダムとか，新幹線とか，高速道路とかの大規模な開発行為の場合，便益はかなり将来に発生する．2016 年 3 月 26 日，ついに新幹線が津軽海峡を越えて，越えてというより下をくぐって，新函館北斗まで開業した．さらに札幌まで延伸することになっており，現在工事が進められている．新函館北斗〜札幌間は 2012 年に起工したが，札幌までの開業は 2031 年頃だそうだ．すでにジジイの筆者はその頃には 70 歳を超えている．飛行機嫌いの筆者にとって，新幹線はありがたいが，恩恵を受ける歳月は短そうだ．短いどころか，下手すれば完成時にこの世にいるかどうかさえ怪しい．

さて，ここで読者諸兄に質問だ．来年 10 万円もらうのと，今 10 万円もらうのとどちらが好きか？ この質問を筆者の講義を受講している学生にしてみたところ，圧倒的多数の学生が今の 10 万円の方に手をあげた．そりゃまあそうだろうと筆者も思う．でも，ごく少数だが，来年の 10 万円の方を選好する学生もいた．理由を聞いたら「今はさしてお金に困ってないし，今もらったら無駄遣いしてしまうだろう．それより，来年就活のときの資金として使いたい」ということだった．「偉いなあ」と思うが，これは明らかに間違っている．来年もらうより今もらって銀行に預金しておけばいい．そうす

れば，低金利時代とはいえ，ごくわずかながら利息もつく．

　このことは何を意味するか．大部分の学生諸君にとって（北海学園大学の学生以外の人でも同じだろう），同じ10万円でも今と来年では価値が違うということだ．ということは，来年の10万円と今の10万円を同等に評価してはならない．将来の価値を現在の価値に置き換える操作が必要となる．この操作を割引（discount）という．

　非常勤講師として行った大学で学生10人に，今10万円もらうのと来年20万円もらうのとどちらがいいか尋ねてみたところ，来年の20万円を選んだ学生が9人，今年の10万を選んだ学生が1人だった．来年の15万円と今の10万円ならば来年の15万円を選ぶという学生が6人に減った．そして来年13万円と今の10万円ならばと聞くと両者は同数だった．つまり，学生の平均的な選好を考えると，「来年の13万円の価値＝今の10万円の価値」ということになり割引率は年率23％ということになる．これはかなり高い割引率だ．割引率が高ければ高いほど将来への不安が大きい，もしくは現在への評価が高いということだ．

　この割引率はある大学の学生の平均に基づくものであって，この23％という割引率を一般的に利用するには無理がある．あまりにも根拠が弱い．では割引率はいくらにすれば社会的に妥当だろうか？　長期金利などを準用するという考え方もなりたつが，それとてもみんなが納得する十分根拠のある基準とはいいがたい．おそらく，誰もが文句のつけようのない基準はないのだが，ダムや道路の建設などの立案にあたっておこなわれるCBAでは4％という割引率が用いられている．なぜ4％かというと，国交省のマニュアルがそうなっているからだと行政担当者の多くは答えるだろう．では，なぜ国交省のマニュアルがそうなっているのかというと，明示的ではないものの，第二次大戦後の国債の実質的な約定金利が4％くらいだったからというのが根拠のひとつらしい．説得力があるような，ないような……．

　大規模な開発行為は何年（場合によっては何十年）にもわたって工事がおこなわれ，完成後は長期にわたって便益が発生する．n年後の便益Bの現

在価値 (Present Value) を PVB_n とすると,

$$PVB_n = \frac{B}{(1+r)^n}$$

となる．費用も同様に計算される．それぞれの年次の便益や費用の発生する算定期間分を足し合わせると，総費用と総便益の現在価値が算出される．

　ここで実例をひとつ紹介する．環境への影響が大きいということで，とかく批判の対象となるダム建設の事例だ．

　ダム建設は環境への影響が大きいことや，効果（便益）に対する疑問があることなどから，2009 年民主党政権が誕生すると，多くの事業計画に対して見直しがおこなわれた．ここでとりあげるサンルダムもいったん見直しの対象となったが，2012 年 11 月，国交省は建設事業の継続を決定し工事が再開され，2019 年 3 月に竣工式がおこなわれた．

　サンルダムは北海道の北部を流れる天塩川の支流の名寄川のそのまた支流のサンル川に建設された多目的ダムだ（図 7-1）．この川にはサクラマスという魚が産卵のために遡上する．サクラマスは富山名物の「鱒の寿司」にも使われる魚で，漁業資源として，また遊漁の対象として利用されている．サ

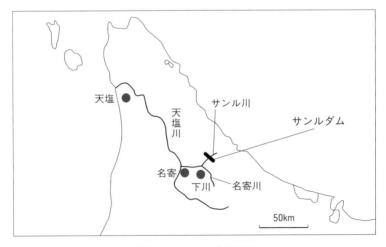

図 7-1　サンルダム地図

クラマスは川で産卵するが，すべてが海に降るわけではなく，一部は一生川で生息する．ずっと川で生息するサクラマスをヤマメという．図をみてもらえばわかるが，サンル川はかなり内陸にある．サクラマスがここまで上流に遡上するのはわが国では珍しいらしい．

また，この川にはカワシンジュガイという二枚貝が生息している．この貝は環境省のレッドリストでは絶滅危惧II種に，14の府県のレッドリストで絶滅危惧種または絶滅種に分類されている（2県が絶滅種，8県が絶滅危惧I種，3県が絶滅危惧II種，1県が準絶滅危惧種，2019年4月現在）．分布域は北海道と本州で，冷たい渓流を好み，幼生はヤマメやアマゴに寄生する．以前はあちこちでふつうに見られたが，河川改修やダム建設で急速に減少しており，絶滅が危惧されるようになっている大型の二枚貝だ．なんでもずいぶん長生きするそうで，100年くらい生きているのもいるとのことだ．以前，筆者が見学会に参加したとき，専門家に聞いたところによると，写真7-1くらいの大きさで40～50歳くらいだそうだ．

生物学者や自然保護団体の人たちが懸念しているのは，サクラマスそのものもさることながら，サンルダムによってサクラマスの遡上と降下が激減すると，カワシンジュガイもこの川で絶滅してしまうのではないかということだ．このあたりのことは後で論じることにするので頭の片隅においておいてほしい．

さて，北海道開発局が公表した資料によると，サンルダムの目的としては，洪水調節，新規利水，そして，流水の正常な機能の維持の3つがあげられている．また，ダム事業の総便益として掲げられているのは，①洪水調節に係わる

写真 7-1 カワシンジュガイ
（2014年4月筆者撮影）

便益が約 903 億円，②流水の正常な機能の維持に関する便益が約 452 億円，そして，③施設の残存価値が約 5 億円の計 1,361 億円となっている．なぜか，新規利水の便益はカウントされていない．人口減少地域だし，新たな水源が出来ても新規利水の便益は発生しないということだろう．

最も大きい便益の①についてみていこう．これは，治水施設の整備によって防止し得る被害額を便益としている．この被害額の算出方法も，面白いといっては何だが，なるほどそう考えるのねと思わせるやり方をとる．

洪水といっても規模は様々だ．数百年に 1 回あるかないかというような規模のものもあれば，数年に 1 回は必ずおこる規模のものもある．しょっちゅう発生する規模だと比較的小規模な対策で防止できるだろうが，小規模な対策だとたまにしか起こらない大洪水には対応しきれない．めったに起こらないような規模の大洪水に対応しておけば，しょっちゅう起こる規模の洪水も防げるが，その代わり費用は極めて大きくなる．念のために高い金をかけるか，それともめったに起こらないことが起こった場合は諦めるとして対策費用を節減するのかという選択をしないといけない．これって，損害保険や生命保険へ加入みたいなものだ．高い掛け金を払って安心するか，不安は残るが低い掛け金で済ますかというようなものだ．家計に響かないなら，高い掛け金を払っても大丈夫だろうが，他の支出を削ってまで高い掛け金を払うかどうかは考えどころだ．

この選択を誰がするのか．地元の村長さんとか市長さん？　それとも国土交通大臣？　実は洪水防止のためには基準があるのだ．それも田舎と都会では基準が異なるのだ．水害が起きた場合，人口が集中している大都市だと被害は大きくなる．同じ規模の洪水でも，人が住んでもいないし農地もないというようなところなら，少なくとも人に係わる被害は生じない．そこで，大都市を流れる川はめったに起きないような大洪水に備えて対策をし，そうでないところはめったにないような大洪水が起きたら諦めるということになっている．具体的にいうと，大阪を流れる淀川，関東平野を貫流する利根川などは，200 年に 1 回くらいの頻度でしか起こらない大規模洪水を前提に対策

をとる．札幌の近くを流れる石狩川とか札幌市内を流れる豊平川は 150 年に 1 回程度の洪水を前提に対策をする．それ以外の主だった川は 100 年に 1 回程度の洪水を前提とすればいいだろうとなっている．200 年に 1 回程度とか 100 年に 1 回程度の洪水に対応するというのを計画規模 1/200 とか 1/100 という．何となく差別的な感じもしないでもないが，家財の少ない家に多額の保険をかける必要はないといわれればまあそうだろう．

　サンルダムは天塩川水系につくられ，ダムの治水効果は天塩川流域に広く及ぶ（ということになっているが，あまり効果はないという説を唱える人もいる）．天塩川の計画規模は 1/100 だ．計画規模 1/100 というのは 100 年に 1 回程度の危険率ということだ．

　ところで，人間が 80 年生きるとして，この規模の洪水に遭遇せずに一生をおくる確率ってどれくらいだと思う？　大学入試に使えそうな問題だ．100 から 80 を引いて…なんてやってると正解にはたどり着けない．

　1 年ごとに考えるといい．1 年にこの規模の洪水に遭遇する確率が 0.01 だから，逆に遭遇しない確率は 1−0.01＝0.99．2 年続けて遭遇しない確率は，0.99×0.99，3 年続けて遭遇しない確率は，0.99×0.99×0.99，もうわかっただろう．80 年続けて遭遇しない確率は 0.99 の 80 乗で約 0.45 となる．約 45% の人は 100 年に 1 回の規模の洪水に遭遇しないということだ．逆にいうと人生 80 年とすれば約 55% の人はこの規模の洪水に遭遇するということになる．けっこう高い確率のようにも思えるが，遭遇したからといって被害に遭うとは限らない．被害に遭うのは，流域の限られた範囲に住んでいるとか，事業所をもっているとか，農地を持っているという人たちだ．

　そこで，被害額の算定は，まず，1/100 の洪水が起きた場合被害を受ける範囲を設定する．これは地形とかから判断する．次に，その範囲に存在する資産額を推定する．サンルダムの計画では，計画規模 1/100 の場合，資産額の合計は 4,485 億円程度となっている．そして，細かい計算は省略するが，この資産額を元にして，計画規模 1/100 で対策をとった場合，1 年あたりの平均被害軽減額の期待値が 51 億 14 百万円と算定される．これが 1 年間の洪

水調節機能の便益となる．

　ダムが何年使えるのかはわからない．本体自体は半永久的に利用できるという人もあるし，ある程度年数が経てば老朽化して使えなくなるだろうという見方もある．道路の場合は40年という基準があるそうだが，ダムの建設計画では一応50年ということで計算がおこなわれる．つまり，年間約51億円の便益が50年間発生し続けるという設定だ．

　サンルダムは2018年供用開始という計画で，見直しの検討がなされたのが2012年なので，この2012年を基準年としたCBAがなされた．供用開始は6年後の2018年だ．2018年に51億14百万円の便益があるとすると，その現在価値をPBV_6とすると，割引率4％で計算すると

$$\mathrm{PVB}_6 = \frac{5{,}114\,\text{百万円}}{(1+0.04)^6} = 4{,}042\,\text{百万円}$$

となる．7年後の便益も同じとすると，その現在価値PVB_7は

$$\mathrm{PVB}_7 = \frac{5{,}114\,\text{百万円}}{(1+0.04)^7} = 3{,}886\,\text{百万円}$$

となる．以下，同様にPVB_8からPVB_{55}までを順次計算すると，

$$\mathrm{PVB}_8 = 3{,}737\,\text{百万円}$$
$$\mathrm{PVB}_9 = 3{,}593\,\text{百万円}$$
$$\vdots \qquad\qquad \vdots$$
$$\mathrm{PVB}_{54} = 615\,\text{百万円}$$
$$\mathrm{PVB}_{55} = 591\,\text{百万円}$$

となる．そして，PVB_6からPVB_{55}までを足し合わせると，上記にあげた①洪水調節に係わる便益が約903億円という数字が出てくる．Excelなどの表計算ソフトがあれば簡単に計算できるし，等比数列の和の公式を使えば，手計算でもできるはずだ．②とか③も似たように計算される．

　費用の方も同様の計算がなされる．費用は完成までの工事費と完成後の維持管理費がその中身となっている．ちょっとやややこしいのは，サンルダムの場合，実は1988年からすでに建設がスタートしていたのを，事業の見直し

というので，いったんストップしたのだ．だから，すでに 1988 年以来 24 年間工事費用が支出されている．この場合，過年度に支出された金額も現在価値評価しないといけない．将来価値の現在評価は割引で数字は小さくなる．逆に過去の支出額を現在価値に直すと数字は大きくなる．例えば，1 年前の 100 万円を割引率 4% で現在価値になおすと，100 万円$/1.04^{-1}=104$ 万円となる．

これまでの支出額は実際に使用した額が既にあるのでそれらの現在価値を合計し，これから支出する額は予定額を現在価値に置き換えて合計する．サンルダムの計画では，2013 年度から完成年次の 2017 年度までの 5 年間，毎年 44 億 97 百万円ずつ支出することになっている．もちろん，これも現在価値に置き換えて合計する．その合計が建設費 633 億円である．

ここでちょっと注意しておくことがある．よく総事業費○○億円なんていうのが報道されるが，総事業費という場合は現在価値化をしていない金額だ．サンルダムの総事業費は約 525 億円だが，CBA を算定する場合には現在価値化して建設費は約 638 億円となる．ついでにいうと，実際の総事業費は約 591 億円で，計画時の約 525 億円を 12% 程度上回った．これもよくある話で，事業費は小さめに見積もって計画し，実際には計画をけっこう上回るということが多い．公共工事は「小さく産んで大きく育てる」なんぞと揶揄されるゆえんだ．当初の予定を 66 億円も上回っているが，大型公共工事でこの程度の予算オーバーは可愛いもののようだ．下手すりゃ 2 倍なんていうのもけっこうあるらしい．

これに完成後の維持管理費（サンルダムの場合は毎年 2.5 億円）を現在価値化して合計する（サンルダムの場合は約 44 億円となる）．

建設費が約 638 億円に維持費が約 44 億円なので，CBA の C の部分は約 677 億円となる．CBA の B の部分は先ほど述べたように①と②と③の合計で約 1,361 億円．B/C は 2.0 となり，費用に対して 2 倍の便益が発生するわけで，「これはお得な計画だ，ぜひサンルダムは建設すべきだ」という結論が導き出されたのであった．

2. CBA の問題点

　わが国でおこなわれている CBA には国土交通省が作成したマニュアルが
あって，このマニュアルにしたがって費用と便益が算定される．だから，何
らかの理由で公共工事をやってほしいと願う人，もしくは何らかの理由で工
事をさせたくない人が，恣意的に数字をいじくっているわけではない．そう
いう意味では算定は公正で嘘はない．

　が，しかし，算定に嘘はないものの，費用や便益をどのように考えるべき
かという根本的な面では，国交省のマニュアルなどに，「何ら疑問の余地も
ない」かというとそうではない．むしろ，「それはちょっとおかしいので
は？」というようなことがいくつもある．

　CBA の，C（費用）と B（便益）のそれぞれについて，問題点を指摘し
ていこう．

　では C の方から．C の内容はこれだけでいいの？　ということだ．費用の
内訳は建設費と維持費だ．外部不経済は費用に算入されない．ダムの場合だ
と生態系への影響ということが第一に考えられる．この点は次節で考えるこ
とにする．

　次に，建設費の内訳だ．公開されている計画案には，建設費（河川分），
維持費（河川分）となっている．この（　）の部分は，素直に読めば，河川
にかかわる部分だけですよという意味にとれる．工事車両が資材を運搬する
ためにはそれなりの道路が必要だ．もしあらたに道路をつくったり，もしく
は道路を改良する必要があるが，こうした費用は含まれていないということ
だ．

　実はこの手の話はダム以外にもある．高速道路をつくりインターチェンジ
を造る．ここまでは高速道路の建設費用に含まれる．でも，旧来の道路とイ
ンターチェンジを接続する道路の建設費は含まれていないとか，新幹線の駅
をつくるところまでは建設費にはいっているが，駅にアクセスするための道

路や駅周辺の施設整備費ははいっていないなどということがある．管轄が違うといった理由もあろうが，普通，お弁当を買ったら箸はついている．弁当代は箸代込みだろう（たいがいは爪楊枝やお手拭きもついている）．それが「お弁当代500円です」いわれて500円支払ったら，「箸代は別で100円かかります」といわれたら，「最初から箸代＋弁当代で600円だといえ」と大概の人は怒るだろう．間違いとはいえないし，嘘ともいえないが，CBAのCの部分には，こういうことが含まれることが多々ある．

ついでにいえば維持費が毎年同じというのもどうなんだろう．大概の場合，施設は老朽化するにしたがって維持・管理費は増えていくものだ．50年にわたって同じ維持費というのはちょっと納得しづらい．

何らかの方法でサクラマスなど自然環境への影響を費用化し，関連工事も費用としてカウントし，維持費も年々増えると見込めば，当然のことながらCBAのCは大きくなっていく．

ちなみに，サクラマスの「遡上」対策としては，延々7kmに及ぶ長大な魚道が建設された．山の中に延々7kmのコンクリート製の溝が延びている．もし予定通りサクラマスがこの魚道をどんどん遡上するとしたら，たとえ蓋がしてあったとしても，密漁し放題になったり，鳥や獣の餌になるように思う．また，仮に無事に遡上できたとしても，それだけではダメで，上流でふ化した稚魚が海まで降下しないといけないので，降下するときにうまく魚道の入り口にたどりつけるのかという疑問もある．魚道の入り口に入らず，稚魚の多くがダム湖にとどまってしまうのではないかという専門家も少なくない．ある魚類学者に聞いたところ，実際のところこれまで成功した魚道は皆無だというのが現実だそうだ．

便益Bの方についても疑問を呈する余地はかなりある．先に述べたように，サンルダムの目的（便益）は洪水調節と流水の正常な機能の維持だった．

まず，洪水調節の便益だ．洪水が起きると多大な損害がある．ダムをつくれば洪水はある程度防ぐことができる．だからダムをつくろうとしているのだ．もっとも，地形や気象条件次第では，ダムの存在が逆に水害を引き起こ

す可能性もあるようだが，ここではとりあえずダムで洪水被害を防ぐことができるとしよう．洪水を防ぐことによって被害から免れる財産などの価値の大きさが便益の大きさということになる．

だから，ダムがなければ洪水被害で損傷する財産の大きさを推計しないといけない．土地とか建物とか，水につかったらダメになる農作物の価格とか，該当する地域の家庭にある家庭用品の資産額などだ．これらを推計する．もちろん，本当に正確な数値を導き出すことは事実上ほぼ不可能だ．だから，ある程度，えいやっと決めてしまうのはしかたないところだろう．

さて，ここで読者諸兄に問いたい．少子高齢化が著しく進み，GDPの伸び率もほぼ停滞状況にあるわが国で，今後，国民1人あたりの資産が順調に増大するだろうか？　たぶんそれはないだろう．ところが，ダム建設のCBAでは1人あたりの資産が順調に増大することを前提としているのだ．そんなことはないと国交省はいうだろう．だが，実際はそうなっているのだ．その種明かし（というほどのことはないが）をしよう．

洪水被害の防止額は基準年のデータで算定し，それはずっと一定と仮定している．だが，ダムの建設によって救済される地域では人口減少が長らく続いており，さらに続くことが予想されているエリアが多い．サンルダムの場合も天塩川流域は人口減少が長期にわたって続いている．この場合，資産額がずっと一定であるためには，1人あたりの資産が増加していかなければならない．これはちょっと無理な仮定だと筆者は思う．1人あたりの資産額はせいぜい横ばいと考えるべきだろう．

サンルダムの場合，被害を防止できる資産の推定は2005年あたりのデータに基づいている．見直しが検討されたのは2012年．すでに7年の月日が流れている．関連する11の町村の人口をみると，2005年の国勢調査では82,689人だったのが，2010年の国勢調査では77,917人と約6%減っている．

となると，1人あたりの資産額が一定だと仮定すれば，事業見直しの基準年の資産額は，2005年のデータと比較すると，既に6%程度小さくなっているはずだ．そして今後さらに人口は減少し高齢化も進むだろう．となると，

ダムの供用開始予定の 2018 年度はさらに減っていると考えるべきだ．供用開始後も人口はたぶん減り続けるだろう．ダムが出来て水害の危険が減ったからといって，人口が増大し，産業の規模も拡大するとは思えない．となれば，守られるべき資産は全体としてみれば年々減少するはずだ．

試しに，ざっくりと，1 人あたりの資産額は一定を保つが，人口が年間 1% ずつ減少し続けると仮定して，国交省のマニュアルどおり割引率 4% で現在額を評価して，洪水被害防止の便益を産出してみた．すると，洪水防止の便益は 620 億円くらいになってしまう（興味があれば Excel を使って計算してみてほしい）．事業見直しの検討では約 903 億円の便益とされたのが，筆者のアバウトな再計算では約 620 億円だ．3 割以上小さい値だ．620 億円だと，建設費の現在評価額 633 億円よりも小さいのだ．他はいじらずに，これだけでも B/C は 2.0 から 1.6 まで低下する．「捕らぬ狸の皮算用」とか「アテとふんどしは向こうから外れる」という古来からの格言があるように，得られるはずの利益は控えめに考えた方がいいというのが一般的な処世術だ．筆者などは，「この馬とこの馬が来たら，これだけ儲かる～♪」と，毎日のように夢を描くが，その殆どは数分後には醒める儚い夢だ．念のためにいっておくが，ダムを筆者の馬券と同じようなものだと言っているわけでは決してない．

もうひとつの「流水の正常な機能の維持」という便益についての考え方にも筆者は疑問を持っている．そもそも「流水の正常な機能」という概念そのものがよくわからん．国交省のいう「流水の正常な機能」というのは季節を問わず，一定量の水が川を流れることなのだそうだ．それが「正常」ということなのだそうだ．

一定量の水が流れていないとサクラマスも遡上できないでしょ？ ということらしいのだが，この考え方はおかしいとある生物学者が言っていた．太古の昔から，北海道の河川は春の融雪期には大量の水が流れ，降水量の少ない夏は流量が減少し，秋になって降水量が増えると流量が増大するというサイクルが続いてきた．サクラマスはそのサイクルに対応して生息してきたと

いう．そりゃまあそうだ．ダムが出来るずっと前からサクラマスはいる．渇水期には川の淵で増水をじっと待ち，その間に遡上の体力を温存し，雨が降って増水したらえいやっと川を遡上するという．サクラマスの遡上は筆者も何度か見たことがあるが，水面からぴょんとけっこう飛び上がる．あれは体力もいるだろう．要するに，この生物学者によると，季節に応じて流量が増減することが自然界では「正常」なのだという．ダムによって季節を問わず一定量の水が流れるようになることは「正常」とはいえないということだ．そう考えると，国交省の言う「流水の正常な機能の維持」約452億円というのは便益でもなんでもないということになり，B/Cはさらに小さくなる．

ともあれ，あくまで簡単な試算に過ぎないが，CBAというのが，インチキとまではいわないまでも（筆者は，ひと様が一所懸命やった仕事をあしざまにののしるような品性下劣な人間ではなく，自他共に認める温厚篤実，人格高潔，清廉潔白，眉目秀麗な人間だ），便益や費用の捉え方次第でかなり幅を持つことは確かだ．会計学の世界ではそうならないよう，共通のルールである会計規則を使って費用や利益を計算する．経済学での費用や利益・便益というのは会計学の概念と異なることが多々ある．

政策に求められる条件は効率性と衡平性だ．

効率性は経済合理性ともいえる．CBAは経済合理性を判断する基準だ．だが，衡平性についてCBAは何も教えてくれない．ベネフィットの享受者とコストの負担者が同一であればあまり問題はないが，ベネフィットの享受者とコストの負担者が別だと難しい．一般的に「僕がベネフィットを受け取るからコストは君が負担しなさい」とはならんだろう．

地方でおこなわれる公共事業投資に対する批判のひとつに，都市住民の税金を地方住民のために使うのは怪しからんというのがある．これについては，例えば森林の保護などであれば，都市住民が必要とする水源の涵養や都市住民に対するレクリエーション的価値，さらには主として都市で排出される二酸化炭素の吸収機能といった便益が都市住民にもあるといえる．ダムの場合も水源確保ということならそれもいえるだろうが，治水となると「国土保

全」ということで，都市住民も過疎地の住民も等しく国民だから，とか，地方住民にも安全な生活を送る権利があるとかいうしかない．もちろん，これらが誤った論理だと筆者は思わないが，都市住民にとって直接的な便益ではないことは確かだ．

それと，衡平性にはもうひとつ世代間の衡平という問題がある．便益が長期にわたって発生するということは，便益の享受者は将来世代．工事費を支出するのは現存世代だ．ということは，一見すると，将来世代のために現世代が支出するというようにみえるが，実はまったくそうではない．読者諸兄も先刻ご承知のように，わが国の財政は赤字続きで，国債というかたちの借金で今をまかなっている．国によるダム建設は建設国債で支出がまかなわれる．

ごく簡単に喩えると，子どものためにということで，子どもが返済義務を負うローン付きの豪邸を残してやるようなものかもしれない．ローン残高付きの豪邸（ローンの支払いは拒否もできないし，遺産を処分してローン残高を支払うこともできない）を遺産として残してくれる親と，たいして立派ではない家を残すが，その代わり借金も残さない親と，どちらが子どもとしてはありがたいだろうかというようなもののように筆者は思う．若い学生諸君，自分の親はどちらであってほしい？

3.　非市場財の価値

前節ではCBAの問題点をいくつかあげたが，そのなかで，生態系への悪影響を費用として算入していないということを指摘した．サンルダムの場合だとサクラマスとカワシンジュガイなどへの影響だ．もっとも，こうした問題を費用としてカウントしないことについては，やむを得ない面がないといえなくもない．

理由はふたつ．ひとつは，ダムの建設がサクラマスやカワシンジュガイにどう影響するかがよくわからないということ．もうひとつは，仮に，影響す

るとしても，その影響をどうやって金銭で評価するかという問題だ．

　前者については，これは自然科学的調査と知見に基づいて判断するしかない．問題がないという判断であればそれでいいのだが，影響がある，もしくは強い影響が考えられるとなった場合，それを無視，あるいは軽視して，（人間社会の）便益を追求しうるのかどうかという判断をしないといけない．

　まったく異なるものを比較するためには，価値判断のための基準をつくらなければならない．一番わかりやすく，なおかつ計量可能で，さらに普遍的な基準となると，これはおそらく金銭評価しかないだろう．何でもかんでも銭勘定というのは，少なくとも筆者個人の美的センスからすると，あまり麗しいものではない（そう感じない人も多々いるし，筆者個人の美的センスが一般的・普遍的かというと，そんなに特異ではないと思うが，あまり一般的ではないようにも思う）が，ここはまあやむを得ないところだろう．

　買い手は自分がほしいと思う財やサービスだからこそお金を出す．それは買い手が自分の価値判断で評価した価値を反映している．では価格が価値そのものかというと，実はそうとは言い切れない．簡単な事例を用いて考えてみよう．1個100円でリンゴを売っているとする（喩えが小学校っぽいがまあいい）．10人が1個ずつ買って全部で10個売れたとする．売れたリンゴの価値は全部で100円×10個＝1,000円だったのかというと，ここらはちょっと考えどころだ．というのは，100円でリンゴを買った人のなかには，200円出してもいいと思っていた人もいるだろうし，150円出してもいいと思っていた人もいるだろう．200円出してもいいと思っていたが，実際には100円で買えた人は，100円分得した気分がするだろうし，150円出してもいいと思っていた人は100円で買うことができて50円得した気分になるだろう．この得した気分の額を合計したものを消費者余剰という．

　みんなの支払ってもいいと思っていた金額（支払意思額 willingness to pay; WTP）から実際に支払われた額を差し引いたものが消費者余剰（consumer surplus）だ．消費者余剰という概念はミクロ経済学で必ず出てくる概念だから，経済学部の学生ならば，たいがい1年生のときに習っているはず

だ．たぶん，取引価格から水平にひいた直線と需要曲線ではさまれる三角形の面積が，消費者余剰の大きさだなどと書いてあったと思う（ちゃんと復習しておくように）．経済学の理論に強い関心のない読者はそんなもんだととりあえず思っていただければそれでいい．

さて，市場で取引される財には必ず価格が存在する．価格があるから市場で取引できるともいえる．当たり前のことだが，値段が決まらなければ売り買いできない．だから，市場で取引された財・サービスの価格というのは客観的な評価基準として採用できる．

では市場で取引されないものには価値がないのかというと，それはもちろんそうではない．ジョン・ラスキン（John Ruskin, 1819-1900）という人がいた．この人は美術評論家として名高い人で，当時あまり評価の高くなかったターナーの風景画を高く評価した人だ．筆者は美術には全く疎いので，ちょっと自信はないが確かそうだ．間違ってたらごめん．

ラスキンのおこなった講演をまとめた『芸術経済論』という著作（第二次大戦前の岩波文庫に邦訳版がある）はかつて日本で多くの人に影響を与えた．このラスキンは，財には固有価値（intrinsic value）というものがあると言っている（ラスキンの思想などについては，池上（1991）などが読みやすい）．固有価値とはその財のもつ有用な属性の値打ちのことだ．食べものなら，味とか栄養とかがそれにあたるだろう．美というのは絵画や彫刻のもつ基本的な固有価値だが，美術品だけに美があるわけではない．自然の風景，動物の姿といったものにも，また，小鳥のさえずりや川のせせらぎといった音にも，美を感じることがあるはずだ．もちろん小鳥のさえずりや自然の風景は市場財ではない．もっとも，ラスキンのいう固有価値というのはそれを享受できる能力もしくは感性が必要だ．美を享受する能力や感性はその人の生まれ育った社会的環境によるところが大きい．

非利用価値を基本的な属性とする財は，市場で取引されないから価格が形成されない．利用価値をもつものでも市場で取引のない財やサービスはある．いわゆる公共的なサービスにはこうしたものが多い．有料道路以外の道路は

ただで通行できるし，橋も一部を除けばただで渡ることができる．

こうしたものの価値も消費者余剰の概念を使えば計測できる．そもそも，消費者余剰というアイディアを出したデュピュイ（Jules Dupuit, 1804-66）という人はフランスの土木技師で，橋の通行料をどうやって決めるかということから，このアイディアを生み出したという．

結局のところ，消費者余剰なり，支払意思額（WTP）なりを，何らかの方法で計測できれば，とりあえず価値の金銭評価はできそうだということだ．

4. 非市場財の評価手法

環境の価値をどうやって測定するか．くどいようだが，市場財なら市場で観察された価格とそれらから推定した需要曲線がわかれば，消費者余剰はわかるが，非市場財には観察できる価格がない．だからどうやっても多少の無理は必要となる．無理は承知でこれまでいろいろな手が考案されてきた．ここでは環境の価値を計測するためによく用いられる5つの手法を紹介する．

◇代替法（alternative method）

この手法は環境を構成する要素，たとえば生物なり地質などが果たしている機能を他の手段に置き換えるとすればいくらかかるかということで評価するやり方だ．例えば，干潟はそこに生息する貝類などの生物の働きで水を浄化する機能を持っている．干潟を埋め立てて潰してしまうと，干潟が果たしている水質浄化機能が失われる．干潟が果たしている水質浄化機能を同じ能力をもつ水質浄化設備を新たに建設するとしたらいくらかかるかを計算し，算出された建設費用や稼働コストをもって干潟の価値とみなすというものだ．

この考え方を使えば，先に取り上げたサンル川のカワシンジュガイの価値も評価できる．なんせ，このカワシンジュガイ，古来から食用資源として利用されたことがほとんどなく，名前に「シンジュ」と付いてはいるものの，淡水真珠をつくってくれるわけでもない．それゆえ，確かに絶滅が危惧され

る希少種ではあるものの，現段階では経済財としての価値はほとんど見出せない．筆者個人はこのあたりに妙に親近感を感じてしまうのだが．

ただ，成長すると結構大きな貝なので，水質の浄化能力はそこそこ高そうだ．その能力を評価すればそれなりの金額が出そうな気もする．とはいえ，いかんせん，東京湾や伊勢湾といった大都市周辺の干潟とは異なり，そもそもが水のきれいな渓流に生息する貝なのでその浄化能力が大きな役割を果たしているとは言い難い．

代替法は，どの機能をどのような手段で代替させるかによって，同じものを評価するにしても大きな差が生じる．カワシンジュガイそのものの存在に絶対的な価値を置くとして，仮にダム建設によってカワシンジュガイの生息環境が失われるとするなら，カワシンジュガイを人工的に繁殖・育成するためにどのくらいのコストがかかるか，言い換えれば，カワシンジュガイを育むという自然環境の機能を人工物で代替する場合のコストをもってシンジュガイの価値とみる評価のしかたもありうる．そうなると，カワシンジュガイの，というより貝類の完全な人工増殖って存外難しいとも聞くので，カワシンジュガイの価値は莫大な額になる可能性もある．

◇ヘドニック価格法（Hedonic Price Method; HPM）

この手法は，アメリカで農産物価格を分析するのに考案されたという話を聞いたことがある．農産物，例えば桃があるとしよう（筆者は果物では桃が最も好きだ）．スーパーやデパートでいろいろな桃を売っているが，その価格は千差万別だ．全く同じものだと同じ価格のはずだ．何かが違うから取引価格も異なるのだ．

HPM の基本にある考え方は，その財がもっている様々な属性に対する価値評価の合計が価格となるというものだ．

商品はいくつもの属性（桃にこだわると，大きさ，形，味，色合い，摘果時期など）の束だと考える．数式で書けば，

$$p = f(x_1, \ x_2, \ \cdots, \ x_i)$$

p：財の価格

x_1：属性 1

x_2：属性 2

x_i：属性 i

ということだ．統計的な手法を用いて，この関数 f（ヘドニック価格関数という）を特定し，

$$\mathrm{MV}_i = \frac{\partial p}{\partial x_i}$$

を算出すると，この MV_i がその財の属性 i の限界価値ということになるわけだ．

　市場で取引される財の属性のひとつに「環境」がある場合 HPM が利用できる．具体的にいうと，土地などの不動産価格と賃金（労働の価格）の 2 つが代表的なものだ．

　良好な環境の不動産の価格は，劣悪な環境の不動産より高いだろうし，同じような労働強度でも，労働環境が悪いところでは，そうでないところより，高い労賃が支払われるだろう．

　だが，現実問題としてみると，ひとことで環境といっても，それを定量的に表す指標はあまりない．土地の場合でみると，豊かな自然に恵まれているところは，往々にして利便性が悪かったりする．他の属性が等しくて，なおかつ環境的属性だけが異なるというサンプルは得にくい．それに，わが国の場合，都市計画法などでの利用制限があったりして，非経済的要因も，土地価格を大きく左右したりする．あれやこれやの要因をいれる，つまり属性変数を増やせば増やすほど，統計的に有意な結論が出にくくなる．日本全体を対象とすればサンプル数は多くなるだろうが，変数の数が多くなれば，それぞれの属性変数の値を調査するのはめちゃくちゃたいへんだ．調査の範囲を限れば，属性値は調査できるだろうが今度はサンプル数が少なくなりすぎる．

　労賃の場合も同様のことがいえる．そのため，HPM は万能な方法とはとてもいえない．それに，例えば，自分が住宅用に土地を取得しようと思った

ら，その土地に極めて稀少な，いわゆる絶滅危惧種の生物が生息していたとしよう．土地をならして家を建てたらその生物はいなくなる．そうなれば，世界中の自然保護団体などからの抗議は必至だ．ふつうそんな土地を敢えて買うだろうか．たぶん買わない．そうなると，この土地は貴重な自然が存在していたがゆえに，価格が暴落してしまうこととなる．こうなると環境の価値はマイナスということになってしまう．

◇トラベルコスト法（Travel Cost Method; TCM）

　トラベルコスト法（以下，TCM）は，文字通りトラベルのコストで価値を評価する方法だ（言っておくが，「トラベルコスト法について解説せよ」という試験問題に対して，こう解答したら多分 0 点だ）．公園や観光資源の価値を評価するのによく使われる．

　例えばきれいな湖があり，多くの人たちがこの湖を訪れているとする．湖そのものは無料で利用できる．この湖を訪れた人たちにアンケートをおこない，どれくらいの費用をかけてここに来たかを調べてそれを集計したものをこの湖の価値として評価する．これが TCM だ．

　もし，例えば，この湖の周囲が乱開発され，景観が悪くなったり，水質が悪化して魚がいなくなったりすると，この湖に来る人はおそらく減るだろう．環境が悪化した後に同じ調査をすれば，訪れた人がこの湖に来るためにかけた旅行費用の合計は明らかに小さくなっているはずだ．その差が環境悪化による損失，すなわち（失われた）環境の価値と評価する．

　もちろん，これとは逆に，環境を改善することで，来訪者が増えれば，それは環境改善の効果として考えることもできる．

　だが，この TCM にも欠点はある．来訪者をひきつけるものなら価値は測定できるが，そうでないものは TCM では評価し得ない．一例をあげよう．北海道の北部に礼文島という島がある．ここにはレブンアツモリソウという植物が自生している．この島の固有種で，実は筆者も写真でしか見たことがないのだが，白い可愛らしい花をつけるランの仲間だ．かつては島内で多く

見られたそうだが，盗掘などにより今ではかなり少なくなっていて，環境省のレッドリストで絶滅危惧IB類（近い将来における野生での絶滅の危険性が高いもの）に分類されている．この花を見るために遠くから礼文島を訪れる人が多くいる．「遠くから多くの人が来る」ということはTCMでは高い評価を得ることになる．

　環境省のレッドリストで，レブンアツモリソウより絶滅危惧の度合いが高い絶滅危惧IA類（ごく近い将来における絶滅の危険性が極めて高い種）に分類されているヨコハマナガゴミムシという昆虫がいる．この虫は日本の固有種で，生物多様性情報システムの絶滅危惧種検索で検索したら，「横浜市北東部を流れる鶴見川中流域の河川敷に固有のナガゴミムシ．狭義の日本産ナガゴミムシ類のうちではほかに例のない平地性の種で，生息地が極限されている点でも著しい」とあった．この虫は *Pterostichus yokohamae* という学名なのだが，学名に日本の地名が付けられている虫というのもあまり類例がないという文章を以前何かで読んだ記憶がある．つまり，学名的にも希少な種なのだが，横浜市の鶴見川って，全国で毎年おこなわれる河川の水質調査で，ほぼ毎年ワースト5にランクインする都会の汚い川だ．世の中には虫マニアは数多くいるし，甲虫のマニアは多いようだから，この虫を遠くから見に来る人もないではないだろうが，おそらく，レブンアツモリソウに比べると，トラベルコストは著しく低いと思われる．

　絶滅の危険度＝稀少性からいえば，ヨコハマナガゴミムシはレブンアツモリソウより上だ（こういう場合，上といっていいのかよくわからんが）．稀少性＝環境の価値というわけでもないだろうが，人を引き付けるかどうかという前提がある以上TCMも万能ではない．

　ついでながら，ヨコハマナガゴミムシの生息地に都市高速道路の建設が計画されたことからこの虫が一部で有名になった（筆者もそれでこの虫の存在を知った）．ヨコハマナガゴミムシの生息環境を保全するために，建設計画の変更などが議論されている．

　TCMはあくまで実際にそこに足を運んだ人の価値表明だ．そこに足を運

第7章　環境の評価　　139

ばない人のなかにも，そこの価値を高く評価している人もいるだろう．そう考えると，TCM での評価結果は，「少なくともこれぐらいの価値はありますよ」といっているともいえる．

◇仮想評価法（Contingent Valuation Method; CVM）

　HPM や TCM は，不動産市場や旅行市場という市場で観察されるデータから，特定の属性の価値を推計しようというもので，代用市場法とか顕示選好法（Revealed Preferences; RP）と括られる．まったく関連する市場が存在しないような場合は，HPM や TCM ではどうしようもない．

　市場データから間接的に環境の価値を推計するのではなく，アンケートで対象となる人々に直接価値を尋ねてみようという手法を表明選好法（Stated Preferences; SP）という．CVM は表明選好法のひとつだ．

　「あなたなら，いくらなら払う気がありますか?」と調査対象となった人に支払意思額を尋ねるのだ．これはまことにもってまっすぐな方法だ．価値は人が決めるもの．それなら人に直接尋ねるのが一番だ．

　CVM による環境の価値評価はよくみかけるが，ここでは，拙著『環境経済論』でも引用した栗山浩一の研究結果を再度利用させてもらう．栗山浩一はわが国では最も早くから CVM を使った研究を発表してきた人の一人だ．ここで引用する研究結果は，栗山が北大農学部に在職中だった 1997 年に，函館市に河口のある松倉川のダム建設問題をめぐっておこなったものだ．

　松倉川上流に多目的ダムの建設が北海道によって計画され，1993 年にその実施計画調査が開始された．1993 年といえば，筆者が函館市にある北海道大学水産学部に着任した年だから，松倉川ダム建設問題のとき筆者は地元の函館市民だった．当時函館市民はこのダムの是非をめぐって上へ下への大騒動だったという記憶は，実は，全くない．松倉川を知っているかと，わが北海学園大学の学生たちに尋ねたら，函館出身の学生でさえ知らなかった．それくらい地味で目立たない川だ．そんな地味で目立たない川のダムがなぜ問題になったかというと，わが国の川は，北海道に限らずおそらくどこもそ

うなのだが，流域にダムが1つもない川ってかなり珍しいのだそうだ．松倉川はその珍しい川の1つなのだ．

栗山らは，NHK札幌放送局の協力で，札幌と函館の市民にアンケート調査をおこなった．その結果，1世帯あたりのWTPは8,756〜13,016円という結果が得られた．その詳しい内容は栗山（1998）などを読んでほしい．CVMによる環境評価はいろいろなところの環境評価で用いられている．読者諸兄もCVMでネット検索をしてみるといい．数多くの調査事例が紹介されているだろう．

ここでは2014年に環境省がおこなったツシマヤマネコの保存についてのCVMの結果を紹介する．1,040サンプルを回収し，801サンプルを有効サンプルとして算出した結果，ツシマヤマネコの保護増殖事業に対する1世帯あたりの年間支払意思額は，中央値1,015円，平均値2,790円だった．これに，2010年国勢調査によるわが国の世帯数51,950,504世帯をかけた日本全国での年間支払意思額の総額は，中央値で52,729,761,560円，平均値で144,941,906,160円となる．この金額を大きいとみるか小さいとみるかは人それぞれだろうが，「年間1,400億円のツシマヤマネコの保護増殖事業を10年間（この調査では支払期間を10年としている）実施するから，国民のみなさん寄付してね」と環境省が寄付を募るとすれば本当に集まるだろうか？

直接的に価値を表明するわけだから，原理的にいえば，この方法がもっとも素直な方法だと思われるが，この方法にはいくつかの問題がある．

まず，アンケートの質問内容だ．これはCVMに限らず，アンケート調査一般にいえることだが，アンケートの質問が回答を誘導することがある．アンケートに回答する人が，問われる問題について十分な知識を持っているかどうかは重要だ．筆者は行政が実施した市民アンケートを何度も見ているが，行政が求める答えを誘導するように設計されているとしか思えないものもちらほらある．回答する人が対象となっている問題について十分な知識を持っていないことが多い．ヨコハマナガゴミムシなんて，この本で初めて知ったという読者は多いのではなかろうか．予備知識が少なければ少ないほど，ア

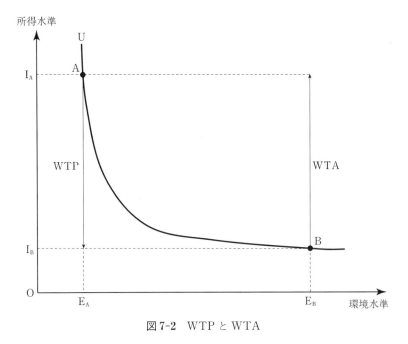

図 7-2　WTP と WTA

ンケートで回答を誘導することはたやすい．

　人間の選好体系が必ずしも整合的ではないという問題もある．図7-2をみてほしい．縦軸は所得の水準，横軸はその人が直面している環境の水準をとったものだ．曲線 U は所得と環境の無差別曲線だ．無差別曲線 U 上の点はいずれも同じ効用水準だ．

　今，点 A の状態にあるとしよう．所得水準は高いが環境水準は低い．もっと環境水準を B の水準まで向上させたい．そのためにはいくらかお金を払わねばならない（＝所得が減少する）．だからといって効用を下げたくはない．点 A と同じ効用水準をキープしつつ，環境水準を B に向上させるためには，$I_A - I_B$ までお金を払うだろう．これが WTP だ．逆に，今 B の状態だとしよう．環境には恵まれているが，所得は少ない状態だ．環境悪化と引き替えにいくらもらえば納得するかというと，やはり $I_A - I_B$ だ．いくら受け取れば環境悪化を我慢できるかというのを WTA（受け取り意思額

Willingness to Accept）という．この図でわかるように，整合的な選好体系があれば，WTP の大きさと WTA の大きさは一致するはずだ．

つまり，アンケートで「環境を守るためにあなたはいくらまで支払いますか」と尋ねるか，「いくらもらえば環境を犠牲にしてもかまいませんか」と尋ねるかの差だ．図のとおり（つまり整合的な選好体系を持っている）だと答えの金額は同じになるはずだ．ところが，実際にはそうならないのが一般的で，WTA の方が WTP より大きくなるそうだ（植田 1996: 89）．喩え「仮に」という話でも，人は支払うというのは嫌いなようだ．

こう考えると，CVM という手法も「誰がどうみても絶対だ」というにはちょっと辛い．もっとも，こうした種々の問題点を解決するために，世界の学者が日々研究を続けているから，精度は高くなっていくのだろうとは思う．とはいえ，存在価値とかとなれば金銭評価はさらに難しいだろう．

◇コンジョイント分析（conjoint analysis）

表明選好法のひとつであるこの手法も近年よくみかける手法だ．元々は心理学で開発され，心理学や市場調査でよく使われるようになった手法だそうだ（大野（2000），栗山ら（2013）などを参照のこと）．わが国において環境評価の分野でコンジョイント分析が用いられるようになったのは 1990 年代後半以降のようだ．

CVM は対象となる事物や生物を全体として評価する手法だが，このコンジョイント分析は，その事物や生物が複数の環境サービスを有し，それぞれの環境サービスを評価したいときに用いられる手法だ．

アンケートで用いられる質問の形式から，コンジョイント分析は評定型コンジョイント（rating-based conjoint; RBC）と選択型コンジョイント（choice-based conjoint; CBC）に大別される（大野 2000: 107）．環境評価でよく見かけるのは後者なので．ここでは後者を紹介する．

アンケートの回答者にはプロファイルとよばれるいくつかの選択肢が提示され，選択されたプロファイルを集計し，個々の環境サービスに対する価値

第7章　環境の評価　　　　143

を推定する．といっても，抽象的でわかりにくいだろうから実際の研究例を示そう．

　田中勝也と長廣修平は滋賀県の森林を事例として森林の生態系サービスの評価をおこなっている（田中・長廣 2019）．詳しくは当該論文をしっかり読んでほしいが，ここではコンジョイント分析の概要に関するところだけを簡単に紹介する．

　森林には，生物多様性保全機能，土砂災害防止機能，水源涵養機能の3つの機能がある．この3つの機能に対する評価と支払意思額の4つをアンケートで尋ねる．抽象的に生物多様性機能といわれても回答しにくい．そこで，生物多様性機能をイヌワシの生息数に代表させ，土砂災害防止機能は土砂災害の発生件数，水源涵養機能は森林の水源涵養能力で示している．

　3つの機能と支払意思額を属性といい，それぞれの属性に属性水準という何段かの値を設定する．この研究では，イヌワシの生息数（＝生物多様性保全機能）に対しては，5つがい，10つがい，12つがい，15つがい，20つがいの5つの水準が示されている．ちなみに10つがいというのが現状だそうで，5つがいを選択する人はイヌワシが減ってもいいと考えていることになる．他の属性も5つずつの水準が設定されている．

　それぞれの属性から1つずつ選ばれたワンセットはプロファイルとよばれる．4つの属性に5つの選択肢があるから，プロファイルは全部を網羅すると5×5×5×5で625通りとなる．625枚のカードから選んでもらうというのはたいへんなので，16のプロファイルを選択し，16のプロファイルからランダムに選んだ2つと現状維持のプロファイルの3つから構成されるものを1セットとする．プロファイルの組合せもいくつもつくり，回答者には1つのセットから1つのプロファイルを選んでもらう．

　そこから得られたデータを統計的に分析し，それぞれの環境サービスの機能と支払意思額を推計する．なお，アンケートの回答者は地元滋賀県と琵琶湖から流出する河川の流域である大阪府・京都府の住民だ．

　その結果，3府県全体のイヌワシの限界支払意思額（1つがい増加させる

のに支払ってもいいと思う金額）は60.3円だったという．実はこの論文の目的は単に支払意思額を推計することだけではなく，主観評価（自分ならどうするか）と推論評価（一般的な人ならどうすると考えるか）の違いを明らかにすることも目的で，推論評価の推計もおこなわれている．推論評価ではイヌワシの限界支払意思額は22.2円だったそうだ．つまり，「私なら60.3円払うけど，近所の連中なら22.2円くらしか払わんだろうね」ということだ．これは「社会心理学の分野では独善効果（holier than thou effect; 回答者が他者よりも道徳的であると考える現象）として認識されている」のだそうだ（田中・長廣 2019）．筆者自身もそうかもしれないが，われわれの稼業にはこういう人が多そうな気がする．なんかイヤだね．

　以上，環境評価でよく使われている非市場財の評価手法をざっくりと解説した．用いる手法によっても，また，算出方式の前提条件をちょっと変えるだけでも，大きく異なった結果が出る．この節は長くなってしまったけど，縷々説明したことから筆者が強調したいのはこのことだ．とはいえ，ある程度のところは「えいやっ」と割り切らないと便益や費用が算定できないのも確かだ．結論だけを単純に信じ切ってはいけない．

第8章
生物の保護と利用

1. 生物多様性

(1) 生物多様性条約

　今日では生物多様性（biodiversity）という言葉を聞いたことのない学生諸君はまずいないだろう．だが今を去る 40 年前，筆者が学生だった時代にはあまり一般的な言葉ではなかったように思う．「生物学の分野では，生物多様性に関する研究や議論は一九六〇年代から行われている」（中静透「生物多様性とはなんだろう？」（日高 2005: 5）ということなので，もしかすると生物系の勉強をしていた学生は知っていたかもしれない（そういえば，筆者も広い意味では生物系の学科に所属していたはずだが，なんせ勉強しない学生だったもので…）．そして，「生態学の範囲をこえて，環境問題として生物多様性が問題になるのは，一九八〇年代になってからである」（同上）そうだ．さらに，一般に知られるようになったのは，たぶん，1992 年の地球サミットのときに結ばれた生物多様性条約（Convention on Biological Diversity; CBD）からのように思われる．

　これはあくまで筆者の私見だが，自然はなぜ大切かというとき，人は必ずしも明確な答えをもっていなかったように思う．「自然は，人間をはじめとして生きとし生けるものの母胎であり，厳粛で微妙な法則を有しつつ調和を保つものである．／人間は，日光，大気，水，大地，動植物などとともに自然を構成し，自然から恩恵とともに試練をも受け，それらを生かすことによ

って，文明を築きあげてきた．／しかるに，われわれは，いつの日からか，文明の向上を追うあまり，自然のとうとさを忘れ，自然のしくみの微妙さを軽んじ，自然は無尽蔵であるという錯覚から資源を浪費し，自然の調和をそこなってきた．／この傾向は近年とくに著しく，大気の汚染，水の汚濁，みどりの消滅など，自然界における生物生存の諸条件は，いたるところで均衡が破られ，自然環境は急速に悪化するにいたった．／この状態がすみやかに改善されなければ，人間の精神は奥深いところまでむしばまれ，生命の存続さえ危ぶまれるにいたり，われわれの未来は重大な危機に直面するおそれがある．しかも，自然はひとたび破壊されると，復元には長い年月がかかり，あるいは全く復元できない場合さえある．／今こそ，自然の厳粛さに目覚め，自然を征服するとか，自然は人間に従属するなどという思いあがりを捨て，自然をとうとび，自然の調和をそこなうことなく，節度ある利用につとめ，自然環境の保全に国民の総力を結集すべきである」．

　これは 1974 年に制定された自然保護憲章の前文だ．内容的には賛成するが，格調高い分今ひとつ情緒的で論理的ではないようにも思われるのだ．

　自然保護憲章の前文と矛盾しているわけでも相違しているわけでもないが，生物多様性条約は，生物の多様性（意味ないしは定義は後述する）が人間にとって価値を有するからこそ守らねばならないとしている．

　生物多様性とは単に生物の種類が多いことをいうのではない．この点は重要だ．いろんな種の生物がいればいいというのなら，動物園などで飼育していてもいいわけだ．そうではなく，同じ種のなかでも様々な遺伝的特質を持った個体が存在するし，生物はそれぞれの種が複雑に相互依存関係を結んで生息している．広い意味ではヒトもそうだ．生物の相互依存関係を成立させているシステム，すなわち生態系も様々だ．したがって，生物多様性条約などでは，生物多様性とは，種の多様性，遺伝的多様性，そして生態系の多様性という 3 つのレベルでの多様性であるとされている．

　生物多様性が，様々な生態系サービスを生み出しており，それは人類の存続にとって重要な役割を果たしている，すなわち価値を有している．だから

こそ保全しないといけないという論理になっている．格調高い自然保護憲章前文に比べると，即物的というか，実利的というか…．まあ，即物的・実利的であるからこそ，即物的・実利的な人間にとっては腑に落ちやすい．

ところで，種の多様性とはいうものの，そもそも種とは何だろうか．ここでちょっと生物学の勉強だ．生物の分類方法を体系化したのはスウェーデンの植物学者リンネ（Carl von Linné, 1707-78）だ．種（species）というのは生物の分類レベルのひとつだ．いくつかの似た種をまとめたのが属（genus）．いくつかの属をまとめたのが科（family）．科をまとめたのが目（order）．目の上が綱（class）で，綱の上が門（division）．門の上が界（kingdom），さらにその上がドメイン（domain）となるのだが．筆者が学生の頃にはドメインなんていうのはなく界が最上位だった．属が分類の基本的階級で，いわゆる学名は属名と種名を併記する．まあ姓と名みたいなものだ．よく知られているように現生人類の学名は *Homo sapiens* だ．ヒト属のサピエンス種という意味だ．ちなみにネアンデルタール人は *Homo neanderthalensis* で同じヒト属の別系統の生物だ．

かつては，個体間で交配して子孫を残すことが可能な範囲が種ということがいわれたが，異なった種でも交雑して子孫を残すこともあることがわかり，さらにそもそも無性生殖をおこなう生物もいるから，種についてのこの定義は現在は適用困難だ．では現在における種の定義とは何かというとこれがめちゃくちゃややこしいらしい．種の定義は実に24通り以上もが提起されているそうだ（森 2018: 40）．

『生物多様性国家戦略2010』では，生物多様性を「例えば，「つながり」と個性と言い換えることができます．「つながり」というのは，食物連鎖とか生態系のつながりなど，生きもの同士のつながりや世代を超えたいのちのつながりです．また，日本と世界，地域と地域，水の循環などを通した大きなつながりもあります．「個性」については，同じ種であっても，個体それぞれが少しずつ違うことや，それぞれの地域に特有の自然があり，それが地域の文化と結びついて地域に固有の風土を形成していることでもあります」

と解説している（環境省 2010: 21）．なかなかうまい説明だと思う．

生物多様性条約（CBD）は，1987年の国連環境計画管理理事会の決定によって設立された専門家会合での検討，1990年11月から7回にわたっておこなわれた政府間条約交渉会議を経て，1992年5月22日，ナイロビ（ケニア）で開催された合意テキスト採択会議において採択され，同年6月のUNCEDで署名がおこなわれた．署名開放期間内にわが日本国を含む168か国が署名した．合意テキスト採択会議で条文が採択された5月22日は国際生物多様性の日なのだそうだ．わが国は翌93年5月に18番目の締約国となり，この年の12月に条約は発効した．なお，アメリカは署名はしたものの締約はしていない（2019年7月段階）．

CBDの第6条では，生物多様性の保全や持続可能な利用に関して，国家戦略（計画）などを作成することが記載されている．これに対応して，わが国では第1次生物多様性国家戦略が1995年に策定された．この国家戦略は他の分野でしばしば策定される基本計画と同様に，概ね5年ごとくらいで見直しがおこなわれることになっており，2002年に第2次，2007年に第3次が策定された．そして2008年6月生物多様性基本法が制定され，この法律の第11条でも生物多様性国家戦略を策定することが規定された．これに基づいて，第4次の生物多様性国家戦略が2010年に策定され，2012年9月には新たに『生物多様性国家戦略2012-2020』が閣議決定された．この新たな国家戦略は，「COP10の成果や東日本大震災の経験などを踏まえ，愛知目標の達成に向けたわが国のロードマップであり，自然共生社会の実現に向けた具体的な戦略として」策定したと記されている．

(2) 名古屋議定書と愛知目標

2010年10月，名古屋市でCBDの第10回締約国会議（COP10）が開催され，名古屋議定書と愛知目標が採択された．名古屋議定書の正式な名称は，「生物の多様性に関する条約の遺伝資源の取得の機会及びその利用から生ずる利益の公正かつ衡平な配分に関する名古屋議定書（Nagoya protocol on

Access to Genetic Resources and the Fair and Equitable Sharing of Benefits Arising from their Utilization to the Convention on Biological Diversity)」というものだ．記憶力が年々衰えている筆者はたぶん一生覚えないと思う．

ごく簡単にいうと，CBD では，いわゆる ABS に関する基本的なルールが定められている．ABS というのは，Access and Benefit Sharing の頭文字をとったもので，遺伝資源の取得の機会（Access），遺伝資源の利用から生ずる便益（Benefit），そしてその便益の公正かつ衡平な配分（Sharing）のことだ．ある国の研究機関や企業が他の国（提供国）に存在する遺伝資源を持ち出して利用しようとする場合，CBD では事前に原産国に必要な情報を通知し合意を得ることが定められている．これを PIC（Prior Informed Consent）という．さらに，提供国と合意を得ることが義務づけられている．この合意条件を MAT（Mutually Agreed Terms）という．名古屋議定書ではこのルールの適正な実施を確保する措置が規定された．

名古屋議定書の採択と並び，COP10 の重要なもう 1 つの成果が愛知目標 The Strategic Plan of the Convention on Biological Diversity（Aichi Biodiversity Target）だ．

2002 年にオランダのハーグで開催された CBD の第 6 回締約国会議（COP6）では「締約国は現在の生物多様性の損失速度を 2010 年までに顕著に減少させる」という目標が採択されたのだが，結果的にこの目標は達成されなかった．このことを踏まえ，2011 年以降の新たな戦略計画として COP10 で採択されたのが愛知目標だ．

愛知目標では，2050 年を達成時期とする長期目標（Vision）のもとに，2011-2020 年を期間とした短期目標（Mission）が定められている．長期目標のスローガン（といっていいのだろうか）は "Living in harmony with nature"（外務省訳は「自然と共生する世界」）だ．

短期目標は，A から E の 5 つに分類された戦略目標（Strategic Goal）に具体的な目標（Target）が数個ずつ，全部で 20 の目標が設定されている．例えば，Strategic Goal A は "Address the underlying causes of biodiver-

sity loss by mainstreaming biodiversity across government and society"
で，具体的な目標としては，

Target 1

By 2020, at the latest, people are aware of the values of biodiversity and the steps they can take to conserve and use it sustainably.

Target 2

By 2020, at the latest, biodiversity values have been integrated into national and local development and poverty reduction strategies and planning processes and are being incorporated into national accounting, as appropriate, and reporting systems.

Target 3

By 2020, at the latest, incentives, including subsidies, harmful to biodiversity are eliminated, phased out or reformed in order to minimize or avoid negative impacts, and positive incentives for the conservation and sustainable use of biodiversity are developed and applied, consistent and in harmony with the Convention and other relevant international obligations, taking into account national socio economic conditions.

Target 4

By 2020, at the latest, Governments, business and stakeholders at all levels have taken steps to achieve or have implemented plans for sustainable production and consumption and have kept the impacts of use of natural resources well within safe ecological limits.

という具合だ．わざと英文で引用してみたので，英語の勉強ということで各自訳してみてほしい．面倒くさい人はネットで検索すればすぐに日本語訳が見つかる（面倒くさがると学力は身につかないが）．

以下，戦略目標 B として目標 5~10 が，C に 11~13 が，D に 14~16，そして E に 17~20 の，計 20 の目標が設定されている．各国政府は戦略目標

に対して，国別目標を設定し，それぞれについて何がどの程度できているか，すなわち CBD の実施状況をまとめた報告書を条約事務局に提出する．

それぞれの戦略目標にはその内容を細分化した国別目標があり，その国別目標を実現するための主要行動目標があって，その主要行動目標が 1〜20 の目標に対応する．戦略目標 X（x は A〜E）に国別目標 X-1，X-2，……があり，国別目標 X-1 に対しては主要行動目標 X-1-1，X-1-2，……があり，主要行動目標が 1〜20 の愛知目標のどれかに対応する．

実際，わが国はどの程度目標を達成しているのか，ここは気になるところだ．毎年環境省が公表している生物多様性白書（生物多様性白書とはいうものの，以前は別々の冊子で公表された時期もあったが，近年は『環境白書・循環型社会白書・生物多様性白書』として，ワンセットとなって環境省のウェブサイトに掲載されたり，書籍として刊行されているので．以下単に環境白書ということにする）からこの点をみていこう．

令和元年版白書には，数値目標からみた基本戦略の達成状況として，3 ページ以上にわたる表が掲載されている．これを事細かに見ていくのは無理なので，いくつかピックアップする．

戦略目標 A に対応する国別目標 A-1 は「遅くとも 2020 年までに，各主体が生物多様性の重要性を認識し，それぞれの行動に反映する「生物多様性の社会における主流化が達成され，生物多様性の損失の根本原因が軽減されている」というものだが，この目標に対して，「A-1-1：生物多様性の広報・教育・普及啓発等を充実・強化」から「A-1-5：持続可能な事業活動のための方針の設定・公表とその実施の奨励」までの 5 つの主要行動目標が掲げられ，これらの行動によって愛知目標の 1 から 4 までを実現させることになっている．

2012 年には 55.7％ だった「生物多様性」の言葉の認知度は 2 年後の 2014 年には 46.4％ と 10 ポイント近く低下し，「生物多様性国家戦略」の認知度も，34.4％ から 24.8％ に低下している．残念ながら，上述の A-1-1 はあまり実績をあげていないようだ．

全体的な国民の認知度は高まっていないとはいえ，進展速度が速いか遅いかについては判断の分かれるところだろうが，様々な取り組みがそれなりに成果をあげていることがこの表からうかがわれる．

「少しずつではあるが世界的な生物多様性保全への取組は着実に前進している」(蒲谷景・馬奈木俊介「生態系サービスの持続的利用」(馬奈木・地球環境戦略研究機関 2011: 18))というのがごく一般的な評価なのだろう．

(3) 生態系サービス

生物多様性の保全は人間が生態系からサービスを得ることで成り立っているから必要なのだというのが CBD の基本的な前提だ．では生態系サービス (ecosystem service) とは何か．

ここで話は少しさかのぼる．2001 年から 2005 年にかけ，国連環境計画 UNEP を事務局として，世界各国の専門家の協力により，ミレニアム生態系評価 (Millennium Ecosystem Assessment; MA) がおこなわれた．この調査報告の日本語版の序文には「自然生態系にかかわる世界共通の原典となっています」(横浜国立大学 2007) とある．事実，このレポートはわが国の生物多様性に関わる政策の基本的資料として実によく使われている．

図 8-1 は生態系サービスと人間の福利 (well-being) の関係を図示したもので，実に多くで引用されている．なお，ここでは MA の報告書のひとつ "Ecosystems and Human Well-being" に載っていた図を使った (Millenium Ecosystem Assessment 2005: vi)．

図の最も左が基盤サービス (supporting) とよばれるもので，栄養塩の循環だの，土壌の形成だの，一次生産(光合成などによって無機物から有機物を生産する生物の働き)などだ．この基盤サービスがあってこそ，様々な生物が地球上に存在しうる．その様々な生物や生物の働きを人間が利用する．

まず一番わかりやすいのは生物などをモノとして利用することで，これは供給サービス (provisioning) とよばれる．食料として，木材や繊維として，燃料としてなど様々なかたちで人間は生物を利用している．考えてみると，

第 8 章 生物の保護と利用

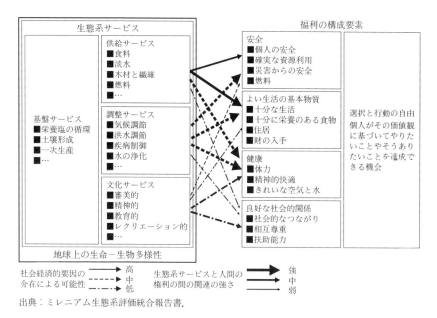

図 8-1　生態系サービスと福利の関係

はるか大昔から現在に至るまで，人間は動植物以外のものを食料とはしていない．

　豊かな生活を送るためには，当然のことながら，質・量ともに十分な供給サービスがなければならないが，十分な供給がなされるか否かは社会経済的要因が強く影響する．この図では社会経済的要因の影響が強いと思われる関係を実線の矢印で示している（元の図は色の違いで表現されているが，なんせこの本はモノクロなので）．その程度の強さは矢印の太さで表現している．

　調整サービス（regulating）とは，気候調節や水の浄化など，人間が安定的に生存するための条件を提供するサービスだ．たとえば，森林が荒廃すれば洪水が起きやすくなったりして，安全な生活が脅かされることになる．

　文化的サービス（cultural）は人間の精神に関わるサービスだ．食料を得るための釣りは供給サービスということになるが，釣りという行為そのものを楽しみとして行うなら，それはレクリエーションで文化的サービスとなる．

図の右半分は人間が幸せにいきるための要素が示され，それらの要素と生態系サービスがどう関係し合っているのかを示している．

(4)　生態系サービスへの支払

PES という言葉も近年よく耳にするようになった．Payment for Ecosystem Service の略号で，読んで字のごとく生態系サービスへの支払という意味だ．簡単にいうと，PES というのは生態系の損失という社会的費用を不払いとせず，ちゃんと支払いましょうということだ．

ここで先の図8-1 をみてほしい．最もわかりやすいのは供給サービスだろう．まず食料を例に考えてみよう．農水省によると，カロリーベースでみた 2017 年のわが国の食料自給率は 38% だ．本書執筆段階で 60 歳の筆者が小学校に入学した 1965 年は 73% だった．わが家は決して金持ちでもなかったが，そう貧しくもなかった（と思う）．日常的に食していたもののほとんどは国内産で，食品の種類も今よりもずっと少なかった．幼少期の筆者が最もごちそうだと認識していたのはなぜかエビフライだった．エビフライがごちそうだったのはおそらくわが家だけではないだろう．

かわいい少年だった（と自分では思う）筆者がかわいくないおっさんになったとき，エビフライはすでにそんなにごちそうではなくなっていた．なぜなら，ブラックタイガーシュリンプなどの養殖もののエビが東南アジアから安価に大量に輸入されるようになっていたからだ．

東南アジアなどにおけるエビ養殖による環境破壊は 30 年以上前から指摘されている．当時，わが国の旺盛なエビ需要が，東南アジアで環境破壊や在来的な村落システムを破壊してしまっていることを村井吉敬は克明に描いた（村井 1988）．

円高のおかげもあるとはいえ，エビを日本人が安く買えた裏には，マングローブ林の破壊があった．ついでにいうと，マングローブという名の植物があるわけではなく，マングローブというは熱帯の海岸に近いところで海水が浸入するような場所に生育する植物の総称だ．マングローブ林は様々な魚類

の産卵場所となっており，豊かな生物相の基盤となっている．そのマングローブ林を切り開くことは，豊かな生物相の破壊であり，そうした生物相に依拠して形成されていた在来型の社会をも破壊した．

　もし，仮に，マングローブ林を保全もしくは再生するコストをエビの生産コストに上乗せすれば，エビの価格はとんでもなく高いものになるだろう．いいかえれば，生態系を保全するコストを負担しなかったから輸入養殖エビは安かったのだ．

　不払いの社会的費用である生態系破壊による損失をちゃんとコストとして支払い，生態系を維持・保全しようという考え方がPESだ．柴田晋吾は「PESは，生態系サービスの有している伝統的な公共財的価値や非市場価値について支払い（あるいは市場取引）を行うことによってそれらの価値を守ろうとする取り組みである」と言っている（柴田 2019: 8）．

　「支払う」といっても，誰がどうやって支払うのか．PESにはいろいろなタイプがある．柴田はEngel and Wunscher 2015に基づき，PESには受益者支払型，政府支払型，ハイブリッド型の3タイプに分けることができるとしている（柴田 2019: 9）．

　受益者支払型の事例として柴田はVittelなどの例をあげている．Vittelはフランスの水企業で，わが国のスーパーなどでもVittelのミネラルウォーターはよくみかける．ただし，古くさくてケチな筆者は「水」をわざわざ買おうとは思わないので買ったことはない．Vittelは水質保持のための持続可能な農業の実施について農民に補償をしているのだそうだ（柴田 2019: 24）．

　政府支払型の事例ではアメリカの保全休耕プログラム（Conservation Reserve Program; CRP）があげられている（柴田 2019: 130-32）．これは，1970年代に問題となったアメリカの農地の土壌荒廃への対策として1985年にスタートしたものだそうだ．荒廃によって失われる土壌は20〜60億トンにのぼったそうだ．

　ついでにいうと，1970年代以降，アメリカはわが国に対して農産物の輸

入自由化を迫り続けている．アメリカの大規模農業による安い農産物の輸入は国益にかなうと主張する人はわが国にも少なくないが，こうした人の多くはアメリカの大規模農業による自然破壊については何もいわない．

このプログラムは荒廃した農地などを草地や林地などに変換させようというもので，当初は土壌を回復させて土地生産性を回復させるのが目的だったのが，今では水質改善，野生生物の生息地の創設，炭素吸収など広範なサービスも対象となっているそうだ．こうした目的を達成しうる農業をおこなう農民を入札で選定し，保全活動に対して支払がなされる仕組みだ．

ハイブリッド型は，「市民社会組織，国際機関，政府などの第三者が一定の役割を果たしているものであり，多くのPESプログラムがこのタイプに含まれる」（柴田 2019: 11）という．イギリスにおける洪水リスク減少のための水源保全活動やケニアの森林保全プログラムなど多くの例が本書でも取り上げられている．

わが国では生態系サービスに対して支払うという明確なPES政策は今のところとられていないが，生態系サービス（わが国では農業や林業の多面的機能というように「機能」ということばがこれまでは多く使われてきた）に対する支払に近いものとして，森林環境税がある．

2003年に高知県が導入したのを皮切りに，2017年度末までに37府県1市（市は横浜市）で導入されている．森林環境税と総称したが，「いわての森林づくり県民税」（岩手県），「ぐんま緑の県民税」（群馬県），「水源環境保全税」（神奈川県），「豊かな森を育てる府民税」（京都府），「宮崎県森林環境税」（宮崎県）など実際の税の名称は様々だ．都と道はいずれも導入していない．ちなみに「道」は検討はしているようだ．概ね個人県民税納付者1人あたり500円，法人県民税納付者は県民税納付額の5%程度というところが多い．

現在の森林は，材木価格の長期低迷などもあって，間伐も十分に行われず，森林は荒廃した状態となっている．森林が荒廃するといわゆる「緑のダム」としての効果が低下するのは確かなようだ（森林の「ダム効果」については，

蔵治・保屋野（2004）などが参考になる）．そこで，水源涵養，洪水抑制，レクリエーションetcといった森林のもつ生態系サービスの受益者である地域住民にも幾分か負担してもらうというのが趣旨だ．とはいえ，現在行政が支出している森林管理費用の多くを住民に負担してもらうという程の大きな額ではなく，啓発的な意図がたぶんに込められているのが実状のようだ．

2019年税制改正で，政府も森林環境税（仮称）を創設し，2024年度から1人年額1,000円を住民税に上乗せして徴収することが決まった．この税による税収は，市町村がおこなう間伐や人材育成・担い手の確保，木材利用の促進や普及啓発等の森林整備とか，都道府県がおこなう市町村による森林整備に対する支援などにあてられることになっている．森林管理における市町村の役割が今後きわめて大きくなるようだ．

国による森林環境税（仮称）の創設により，これまで自治体が独自に課してきた森林環境税は見直されることになるだろう．

PESはこれまでタダで享受できた生態系サービスが，これからはただでは享受できなくなるということだ．言い換えると，これまでただで利用することによって生じた社会的損害を回復するためのコストを負担せざるを得なくなったということだ．生態系サービスの劣化・損傷に対する支払が当然となれば（持続可能な社会の創造には望ましいことだろう），前章でとりあげたCBAで算出されるB/Cはかなり低下せざるを得ないだろう．

2. 資源としての生物

(1) 資源管理の理論

今のところ人間社会は生物資源抜きには成り立たない．はるか遠い将来はわからないが，人間は生物を資源として利用することで文明をつくってきた．当初は自然界に存在する動植物を採取し，その後は必要な動植物を人間の管理下におくことで，需要にみあう安定的な供給をはかろうとしてきた．それが農耕であり家畜飼養だった．栄養摂取というだけでなく，「楽しみ」とい

うかたちでの生物資源の利用もおこなうようになっている．鑑賞対象としての植物栽培やペット（近年ではコンパニオンアニマルという）の飼育もある．長い年月のあいだに，自然に繁殖する，言い換えれば，人間が増殖過程に積極的に関与することのない生物資源に依拠する割合はどんどん低下していった．

　自然任せの繁殖・増殖に依拠する生物資源のうち，もっとも大規模に今日まで利用されてきたのは水産資源だろう．容易に得られる動物タンパクとして水産動植物は全地球的に（藻類などの植物の利用は世界的にみると限られているようだが）長らく利用されてきたし，今後も長らく利用され続けるだろう．特にわが国は水産資源への依存度の高い国だ．

　主として食料資源として利用されている水産動植物は，海や湖や川の中で自然に繁殖・成長するので，繁殖・成長させるためのコストが不要だ．動物タンパクの生産という観点から見ると，家畜飼養に比べて漁獲は手っ取り早い営みだといえる．

　漁獲技術が未発達な段階だと，人間が多少魚をとっても魚がいなくなることはなかった．しかしながら，様々な技術の開発により，今では自然の繁殖力を超えて漁獲をおこなうことができるようになってしまった．自然の繁殖力を超える漁獲をおこなうことで，漁業資源を減らしてしまうことを乱獲（over fishing）という．水産資源学的には「漁獲の強さを強めれば強めるほどSYが減少する．この状態を乱獲と呼ぶ」と定義される（田中 1985: 42）．なお，上記の定義で使われているSYとは持続可能漁獲量（Sustainable Yield）のことだ．これについては後で説明する．

　乱獲を防ぐことの重要性は大昔から人間は知っていた．第2章でとりあげた天武天皇の詔勅にも乱獲防止があげられている．また，わが北海道の先住民族であるアイヌの人々は川に遡上するサケをカムイチップ（神の魚）とよび，貴重な食料資源として活用したが，神からの贈り物だから無駄遣いをしてはいけないということで，元々は自分たちの生活に必要な分しか漁獲しなかったという．自足の範囲を超えて漁獲するようになったのは市場経済に組

み込まれて以降のことだ.

一時期, 漁協系統組織がキャンペーンでよく使っていたキャッチフレーズに「海は貯金箱」というのがあった. これはうまい表現だ. 厳密にいうと, 貯金箱というより「銀行預金」(「漁協貯金」でもいいが) の方がより正確だ. 銀行にお金を預けておくと利息が発生する. 金利が1%, 元金が10億円とすれば, 毎年1,000万円の利息が生まれる. ということは, 毎年1,000万円ずつ使っても元金は減らないということだ. ごろごろしていても毎年1,000万円入ってくる. 筆者あこがれの金利生活だ. そうなったら, 厄介な講義やゼミなんかやらなくても生きていける. 貧乏人の小せがれに生まれたことが悔やまれてならない. 貧乏人の小せがれに生まれたことが筆者の人生における最初の失敗だ.

毎年増える分だけ獲っていれば未来永劫に資源を利用できる. 何とありがたいことだろうか. ただ, 銀行預金と生物資源のストックが異なるのは, 利息は元金が大きければ大きいほど大きくなる. 利率が一定なら, 元金の大きさに比例して利息は増える.

だが生物資源はそうはいかない. 魚で一番多く卵を生むのはマンボウだという (逆に最も少ないのはサケ類だそうだ). マンボウは数億個の卵を生むそうだ. これが全部順調に孵化して成長したら, 海はマンボウだらけになってしまうが, そんなことはあり得ない. 野生生物の生息数は環境条件に強く規定される. ある程度繁殖すると生息可能な個体数は頭打ちになる. これを環境容量という. 何かのはずみで環境容量を超えて繁殖してしまうとストックは自然に減少する.

銀行預金の利息と異なり, 資源のストック (元金に相当する) の大きさで利率が変化する. 環境容量に近くなると利率はかなり低下するということだ. 図で表すと図8-2のようになる. 縦軸に魚類の増殖率, 横軸に魚群の大きさ (資源ストックの大きさ) をとってある. 魚群の増殖率は魚群の大きさ x の関数 $F(x)$ となる. $F(x)$ は, 魚群が小さいときは大きく, ある一定の大きさを超えると減少し, 魚群の大きさ x が環境容量 K を超えるとマイナスと

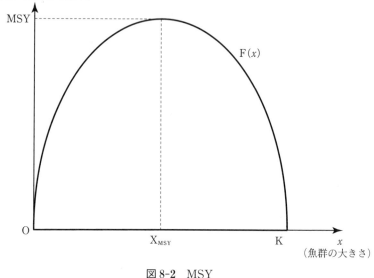

図 8-2　MSY

なり，x は環境収容あたりで平衡状態となる．

　増殖率に等しいだけ漁獲していれば資源ストックの大きさは一定に維持できる．つまり先ほど述べたSY（持続生産量）は増殖率 $F(x)$ ということになる．SYはストックの大きさによって変化するから一意的には決まらない．$F(x)$ 曲線上の点はいずれもSYだ．このSYのなかの最大値をMSY（Maximum Sustainable Yield; 最大持続生産量）と呼ぶ．ストックの繁殖率が一番高くなるサイズに魚群を維持すればいいわけだ．この図では

$$\frac{dx}{dt} = rx\left(1-\frac{x}{K}\right) = F(x) \tag{8.1}$$

x：t期における魚群の大きさ

$\frac{dx}{dt}$：魚群の成長率

$F(x)$：魚群の自然増殖率

r：実質増殖率（＝出生率－死亡率＞0）

K：環境容量

としている.

　これはもっとも簡単な形のモデルで，式をよくみると，増殖率（dx/dt）は x の２次関数となっている．２次関数の最大最小は中学校で習う．このモデルでは魚群の大きさを環境容量の 1/2 にすると MSY を実現できる．まったく手つかずの漁業資源（処女資源という）はおそらく K の状態にある．このときはがんがん獲りまくってストックを減らし，K/2 の水準になったらその増殖率に見合う漁獲を続けるといいということだ.

　逆に，既に枯渇しかかっている資源の場合は，しばらく漁獲圧力を加えず，自然に増殖させ，資源ストックの大きさが K/2 まで回復させて漁獲すればもっとも賢いということになる.

　もっとも，実際の魚群の増殖率は式(8.1)のように単純ではないだろうから，K/2 が常に最適点となるわけではない．それでも，いろいろな調査結果を分析し，(8.1)に相当する関数式をつくることができれば MSY は算出できるはずだ.

　これが資源学的な MSY 理論だが，漁労活動は市場経済のなかでおこなわれる．そうなると MSY がベストとはいえなくなる．というのは，漁獲物の価格（魚価），漁労コストといった経済的な要素が漁業者の行動を規定するからだ．最も経済的に高い成果を得ることのできる漁獲量を MEY（Maximum Economic Yield; 最大経済生産）という．MSY と MEY が一致する保証はない．というより，一般には一致しない．魚価が極めて高く，コストが極めて小さければ，わずかの漁獲量でも漁業は成立する．そうなると，SY 以上の漁獲がおこなわれ乱獲に陥る．そうなると，魚群ストックは図の原点の方に近づいていく．自然増殖率を超える漁獲がおこなわれ，さらに資源ストックは小さくなり，資源が小さくなればなるほど資源枯渇に近づく．資源が減少すれば漁労の限界費用は大きくなる．限界費用が魚価を上回れば漁業はそこでストップだが，資源の枯渇にあわせて魚価が著しく高騰すれば漁業はさらにおこなわれ，どんどん資源は枯渇に向かう.

　国連海洋法条約の締結以来，わが国も TAC（Total Avairable Catch; 許容

漁獲量）制度が導入された．これは漁獲可能量を科学的に推計し，それに基づいて漁獲をコントロールしようという手法だ．わが国はこれまで伝統的に漁獲量よりも漁獲期間，漁獲方法（漁労手段や漁船数），漁業制度（漁業権など）を用いた資源管理をやってきた．天武天皇の詔勅もそうだ．MSY や TAC は知らなくても，昔の人は経験的に資源管理をやっていたのだ．

ここ数年，クロマグロ（いわゆる本まぐろ）の資源減少が国際的に問題となり，トロが食えなくなるとマスコミが騒いでいる．クロマグロは養殖がおこなわれるようになって，稚魚の漁獲が進んだことも資源枯渇の原因だという．養殖マグロにはトロが多い．だからトロの供給量が多くなり，トロの価格が下がる．すると，高級すし店でしか食えなかったトロを貧乏人も食えるようになり，トロ，トロと騒ぐようになった面もたぶんにあるように筆者は思う．筆者はあまりトロにこだわらないので，個人的にはクロマグロの漁獲規制や稚魚採捕の規制はちょっと厳しくした方がいいのではないかと思う．

が，しかし，この数年，ウナギの規制が問題となってきたのには実に心が痛む．2013 年 2 月，環境省はニホンウナギを絶滅危惧種に指定した．宮崎在住時代，宮崎県養鰻振興事業の学識経験委員をやったこともあり（あまり知らない人が多いが宮崎県はわが国有数のウナギ生産県だ），筆者は，高価な食べ物といえば，ウナギかビーフステーキがまず頭に浮かぶ古いタイプの人間なので，ウナギに対する思い入れは強い．ウナギの資源減少には河川に遡上するウナギが減った，つまり遡上できる河川環境が破壊されていることも大きいとされる．フランスあたりでは砂防ダムなどにイールラダー（eal ladder，フランス語で何というのかは知らない）というウナギが遡上しやすい仕組みを導入しているというが，わが国には殆ど導入されていない．

そもそも，これも一般にはあまり知られていないが，いろいろな魚類養殖がおこなわれているが，家畜動物のように繁殖から成育まで一貫して人間がおこなっている（魚類の場合，これを完全養殖という）魚類は殆どない．キンギョやコイは古くからおこなわれているが，海面魚類ではマダイくらいのものではなかろうか．野生の稚魚を捕まえてきて育てるのが魚類養殖だ．人

間が飼育しやすいような品種改良もされていない．だから，スーパーに並ぶ，ウナギでもハマチでもいわば「天然」の魚なのだ（ただし，「養殖魚」を「天然」として売ったら違法だ）．ウナギの稚魚はシラスウナギとよばれ，黒潮に乗ってわが国の沿岸にたどり着き，河川を遡って成長する．このシラスウナギは地域によっては違法な採捕がおこなわれ，かつては暴力団の資金源となっていたこともある．

　筆者は学生と一緒にサケ定置網漁業が町の中心的な産業のひとつになっている標津町にでかけ，実際にサケの漁獲や加工の見学や体験をさせてもらっていたことがある．ふ化放流したサケが自然の恵みで大きく成長し帰ってくる．肥育する手間もいらないし，遠くまで獲りに行く必要もない．サケの価格さえ維持できればこんな結構な営みはないのではないかと思う．適切な資源管理さえおこなわれれば，漁業は人類を救うと筆者は本気で思っている．

　栽培漁業の優等生だったサケのふ化・放流だが，これも現在は以前とは異なったかたちでおこなわれるようになっている．ふ化放流がおこなわれていなかった時代には，夏の終わり頃から河川への遡上が始まり，冬に入ってから遡上するものまで，けっこう長期間にわたってサケが遡上した．

　人間の都合からいえば，サケの価格がもっとも高い時期に多く漁獲したい．そこで早期群とよばれる早い時期に採捕される親魚から採った卵を集中的にふ化・放流させた．その結果，サケの遡上時期が早い時期に集中するようになった．これは実は危険な行為だ．というのは，多様性が失われ同じような資質をもったサケしかいなくなると，海洋や河川の環境が大きく変化したとき，サケが絶滅してしまう可能性がある．

　そこで昨今では，中期群や晩期群とよばれる遅く遡上するサケからも採卵するようになっているし，全く人の手をかけず自然産卵からふ化したサケ（ワイルドサーモンという）を保全しようという動きもある．

(2)　コモンズの悲劇
　生物資源問題を語るとき，よく引き合いに出されるのが「コモンズの悲

劇」だ. 聞いたことのある読者諸兄も多いのではなかろうか. これはアメリカの生物学者ハーディン (Garrett Hardin, 1915-2003) が, 1968年科学雑誌『サイエンス』に発表した論文 "The tragedy of the commons" によるものだ.

この論文でハーディンが使った喩え話は有名だ. 簡単にいうと, 「羊を共有地 (ハーディンのいうコモンズ) に放牧している人たちがいる. 羊の飼養者は羊を増やせば増やすほど儲けが大きい. だから羊を増やそうする. ところが, みんながみんな羊を増やしたら, あっというまに羊が草を食い尽くして, 共倒れになってしまう」という話だ.

ハーディンの「コモンズの悲劇」とか, ボールディング (Kenneth Ewart Boulding, 1910-1993) が 1966 年に "The Economics of the Comming Spaceship Earth" のなかで使った「カウボーイの経済 (cowboy economics)」はいずれも資源の有限性を警告した有名なフレーズで, これらの延長線に第5章でとりあげた『成長の限界』があるといってもいいかもしれない.

「コモンズの悲劇」は, ゲームの理論でおなじみの囚人のジレンマで説明されることも多い.

アワビの漁場があるとする. この漁場をミツグくんとケイイチロウくんという2人の漁師が利用しようとしている. 潜水具を使えば効率的にアワビを獲ることができるが, その分資源に対する漁獲圧力は強い. 潜水具を使わなければ大きいアワビだけしかとれないが, 小さなアワビは残るので永続的に獲ることができる. 潜水具を使うか, 使わないかはお互いの自由だ. さらに, ミツグくんとケイイチロウくんは同じ漁獲能力を有し, 互いにライバル心を持っていて情報交換もしないとする.

ミツグくん, ケイイチロウくん, それぞれの戦略 (選択肢) は「潜水具を使う」,「潜水具を使わない」の2つだ. したがって, 起こりうる状況は, [ミツグくん潜水具非使用, ケイイチロウくん潜水具非使用], [ミツグくん潜水具使用, ケイイチロウくん潜水具非使用], [ミツグくん潜水具非使用, ケイイチロウくん潜水具使用], [ミツグくん潜水具使用, ケイイチロウくん

第 8 章　生物の保護と利用　　　　　　　　　　　　　　　　　165

		ケイイチロウくんの戦略	
		潜水具を使わない	潜水具を使う
ミツグくんの戦略	潜水具を使わない	(50, 50)	(20, 70)
	潜水具を使う	(70, 20)	(30, 30)

※　(x, y) は（ミツグくんの利得，ケイイチロウくんの利得）
　　を表す．

図 8-3　「コモンズの悲劇」

潜水具使用］の 4 通りとなる．

　［ミツグくん潜水具非使用，ケイイチロウくん潜水具非使用］だと，各自
50 万円の儲けがある．2 人うち 1 人が潜水具を使ったら，潜水具を使ってい
る方は 70 万円，使っている方は 20 万円しか獲れない．両方使用したら乱獲
になって 2 人とも 30 万円しか獲れない．これを図示したのが図 8-3 だ．こ
ういう表を利得行列（payoff matrix）という．

　結果はどうなるか，潜水具を使わない方が資源的にみて好ましいことは 2
人ともよくわかっている．だが，自分は使わなくても，相手が使ったら自分
の取り分が奪われてしまって損をする．ミツグくん，ケイイチロウくん共に
それは絶対イヤだ．で，結果的に，2 人とも潜水具を使うことになり，最も
好ましくない結果になってしまう．非協力ゲームの均衡解というやつだ．

　さて，この結末を避けるためにはどうすればいいか．2 つの考え方がある．
漁場を 2 つに分割し，それぞれがそれぞれの漁場だけでアワビを獲るという
方法だ．もう 1 つは潜水具は使わないという協定を 2 人が結ぶことだ．前者
は「コモンズ」をやめ，私有化するというやり方で，後者は自由競争をやめ
るということだ．

　さて読者諸兄はどちらがいいと考えるか？　筆者の答えは後で述べること
にする．

(3)　環境保全とコモンズ

アメリカ人ハーディンの議論の立て方は間違っているという人たちがいる．たとえば，多辺田政弘は「先住民を追いやり，新移住者（植民者）の土地となった「新大陸」アメリカで育ったハーディンは，私権が設定されていない「共有資源（コモンズ）」は，その利用者たちが勝手に私益を追求するため過剰利用により資源枯渇を招き，全員の悲劇的な事態に帰着してしまうと考えた」とし，ハーディンのいう「コモンズの悲劇」というのは実はコモンズの欠如の悲劇だといっている（室田・多辺田・槌田 1995: 125）．

この多辺田の指摘は極めて重要だ．マスコミやネットなどでもコモンズをハーディンと同じように理解して論じているケースが多々みられる．無主物先占の原則といって，誰のものでもないものは最初に占有した人のものという規定がある．これはわが国では民法第239条第1項に規定されているのだが，日本以外でも基本的には一般的に認められているルールだ．

だが，無主物というのは共有物や総有物というのとは全く違う．ハーディンはコモンズという概念を無主物として論じている．だがこれは全くの誤りだ．筆者だけが言っているのではない．間宮陽介も，河川や海洋へのゴミ廃棄がコモンズの悲劇に類する現象ではあるとしつつ，ハーディンのコモンズ概念は「語の濫用である」とはっきり言っている（間宮陽介「コモンズと資源・環境問題」（佐和・植田 2002: 187-88）．

そもそも commons というのはみんなで食べる食事のことからきているらしい．食事会で，われ先に他の人を押しのけてがつがつ食らうような奴は今度から呼んでもらえないだろう．節度ある大人の社会ではお互いが配慮しあいながら食べるものだ．最後に残ったものは「遠慮の塊」といわれ，「残ってるのワシ食うけどええか？」と遠慮がちに言って食うべきものだ．

まさにこれがコモンズなのだ．近代法によって成文化したルールではなく，長い歴史の間に伝統的に培われたルールをもって利用される資源がコモンズなのだ．

わが国の沿岸漁業には漁業権制度というものがある．自由主義大好き人間

たちから最近狙い撃ちされており，この伝統ある漁業権制度も風前の灯火となっている．これまでの漁業権は明治期につくられた漁業法で成文化された権利だ．明治期にわが国では民法とか刑法とかの近代法がつくられる．ドイツとかフランスの法律をお手本につくった．ところが，漁業権に類するものって，お手本がヨーロッパにはあまりなかったらしい．だから，明治漁業法では，「古くからの慣行（旧慣）があるときはそっちを優先しなさい」という文言がちょこちょこ入っていた．つまり，昔ながらのルールがあれば，そっちでやってねということだ．これは珍しいやり方といえる．

　古くからの慣行というのは，たいがいの場合，地先の資源はそのムラのものというものだ．ムラのものというのは，先祖代々そのムラの人だけが利用できる．ここで重要なことはムラの人というのは今その場で生きているムラの人だけではないということだ．

　先祖代々受け継いできたものは子々孫々まで伝えていくという，世代を超えて適用されるルールがそこにある．近代的な所有というのは，原則として「その人個人のもの」ということで，その処分や利用はその人自身が決めることだ．コモンズはそうではない．世代を超えて伝えられる財産なのだ．そこには，世代を超えて，そのコミュニティだけに通用するルールがある．これは近代的な意味での法律ではない．

　哲学者加藤尚武は「進歩という理念は，決定構造論の問題としては，通時的決定が共時的決定に転換した近代に，その共時性を補う通時性として導入されたものである」（加藤 1991: 34）といっている．われわれが生きている現代社会は基本的には個人に基礎をおく民主主義社会だ．

　今，時を共にしている人たちの意思によって方向が決まるというのが共時性の社会だ．その意味で民主主義というのは共時的な理念だ．だが，人間，今が良ければどうでもいいという訳にはいかない．加藤のいうのは，そこで「進歩」という理念が通時的な目標として導入されたということだろう．

　こう考えると，環境保全と近代民主主義は必ずしも相性がいいとはいえない面がありそうだ．今，木を伐採して売ったら儲かる．自分の木だから自分

が売り払っても何も問題はない．これが近代社会の共時的考え方だ．前近代社会はそうではない．「ワシは確かに儲かるかもしれんがご先祖さまから受け継いだものをワシの代でなくすわけにはいかない．少なくとも減らさずに孫やひ孫ややしゃごやその先までも受け継がせにゃならん．でなければ，ワシャご先祖さまに顔向けできん」，これが封建社会の通時的な考え方だ．

環境の保全は通時的な考え方の方が相性はよさそうだ．だが，封建的な社会というのが個人を抑圧する社会だったことも確かだ．今さら昔に戻るというわけにはいかない．

となると，われわれは，新たに通時的な共通の理念をもつしかない．コモンズの再評価がおこなわれているゆえんだ．コモンズの再生は町づくりや村づくりでよくいわれるが，当然のことといっていいだろう．

ということで，先の設問に対する筆者の解答は，ミツグくんとケイイチロウくんの2人が潜水具を使わないという協定を結ぶべきだと思う．なぜなら，漁場の分割・私有化が永続的な資源利用を保証はしないからだ．ということだ．ミツグくんにせよ，ケイイチロウくんにせよ，未来永劫アワビをとり続けるだろうか．もっといい稼ぎ場所があればそっちに行くだろう．そのとき，行きがけの駄賃でアワビを取り尽くしても，私有財産をどうしようと個人の勝手だ．そうなったら，未来の子どもたちはアワビにありつけない．

ただし，協定を結ぶという方についても無条件に賛成というわけではない．協定の中身が問題だ．今日生きている自分たちだけではなく，子々孫々まで利用できるようなルールが必要だ．そして，そのルールは子々孫々まで遵守しなくてはならないだろう．このようなルールとセットになった資源がコモンズなのだ．

環境の保全・再生には共時的原理を越える理念が必要だ．それは，近代社会の「共時性を補う通時性理念である」進歩という理念に，残す・伝えるということを含めなければならず，その理念を共有することだろう．経済学的な言い方をすれば，短期的な利潤最大化ではなく，超長期的な利潤最大化を目的関数とするということだ．

3. 野生生物との共存

(1) 野生鳥獣害

猪，鹿とくれば次は何？　猪，鹿と来れば，当然，次は「蝶」といきたいところだが，ここでの正解は猿だ．さらに，クマ，カラス，ハクビシンなども正解とする．猪，鹿，猿というのは，近年大きな問題となってきた鳥獣害の原因となっている野生生物だ．

野生動物についての法規制は，これまで，どちらかといえば，保護に重点がおかれてきた．自然保護の立場からいえば，不十分な面も多々あったろうが，利用と保護のせめぎ合いのなかで，保護のために利用を制限するというスタンスが基本だった．

何度も出てくるが天武天皇の詔勅以来，殺生禁断に関する法令はたびたび出されている．なかでも徳川綱吉による「生類憐れみの令」（実は「生類憐れみの令」という法令はなく，一連の禁令を総称して後にそう呼ぶようになった）なんていうのを習ったと思う．近代の法制度では，1873（明治6）年に鳥獣猟規則というのが制定されている．「我が国における鳥獣法制は，その時代時代により変化する多様な要請を受けて，公共の安寧秩序の維持に重点を置いたものから，鳥獣の保護管理に重点を置いたものへと移行し，制度の見直しが行われてきた」という（鳥獣保護管理研究会 2008: 1）．

だが，近年になって別の側面が問題化してきた．それが鳥獣害だ．表 8-1 は農水省が全国の都道府県からの報告を集計して公表した 2017 年度の農作物被害額だ．鳥獣による農作物被害額は約 164 億円にのぼる．被害額の内訳をみると，鳥類による被害が約 2 割で 32 億円，獣類が 8 割の 132 億円だ．獣類被害を動物別にみると，最も多いのがシカで，55 億円，その次がイノシシの 48 億円，さらにサルが 9 億円と続く．シカ，イノシシ，サルなどは在来動物だが，ハクビシン（4 億円），アライグマ（3 億円），ヌートリア（5,800 万円）といった外来動物による被害も目につく．

表 8-1　野生鳥獣による農作物被害状況（2017 年度）

		被害面積(ha)	被害量(t)	被害金額(万円)	被害金額(%)
鳥類	カラス	2,985	17,408	147,007	8.97
	カモ	321	1,707	44,824	2.74
	ヒヨドリ	853	2,493	40,568	2.48
	スズメ	1,080	1,066	30,732	1.88
	ムクドリ	939	816	21,542	1.31
	ハト	320	1,307	10,152	0.62
	サギ	147	214	2,504	0.15
	キジ	27	97	1,376	0.08
	その他鳥類	221	3,722	21,327	1.30
	鳥類計	6,892	28,831	320,031	19.53
獣類	シカ	35,365	372,907	552,719	33.73
	イノシシ	6,652	31,689	478,167	29.18
	サル	1,173	5,157	90,286	5.51
	ハクビシン	573	1,542	41,721	2.55
	クマ	803	22,109	38,896	2.37
	アライグマ	336	3,131	32,720	2.00
	カモシカ	161	1,960	15,754	0.96
	タヌキ	229	813	14,674	0.90
	ネズミ	369	449	12,417	0.76
	ウサギ	146	1,296	6,200	0.38
	ヌートリア	69	330	5,794	0.35
	モグラ	30	65	1,482	0.09
	キョン	1	6	248	0.02
	タイワンリス	2	10	227	0.01
	マングース	1	8	60	0.00
	その他獣類	366	3,916	27,259	1.66
	獣類計	46,275	445,388	1,318,623	80.47
合　　計		53,167	474,219	1,638,654	100.00

注：1)　都道府県からの報告による．
　　2)　四捨五入の関係で合計が一致しない場合がある．
出典：農水省資料から作成．

　図 8-4 は 1999 年度から 2017 年度までの農作物の鳥獣害被害額の推移だ．
ピーク時の 2010 年度には 240 億円近くあった被害額は，徐々に減少しつつ
あるものの，近年でも 160 億円という依然高い水準にある．

　被害は農作物だけではない．森林では野生鳥獣による 2017 年度の被害面
積が約 6,400ha におよび，そのうちシカによる被害が 4 分の 3 をしめるとい

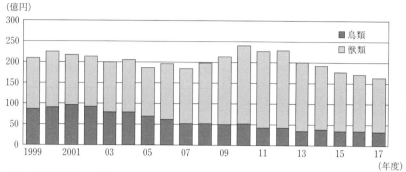

出典：農水省資料から作成．

図 8-4　鳥獣害被害額の推移（1999-2017 年度）

う（林野庁 2019: 88）．また，漁業においては，トド，大型クラゲ，ザラボヤといった有害生物による漁業被害，内水面（湖や河川のこと）では，オオクチバスなどの外来魚やカワウによる食害が問題となっている．

　農林水産業だけではない．自動車の交通事故や鉄道事故，住宅の損傷などの被害も少なからずある．野生鳥獣というと農村とか山のイメージが強いが，東京都区部でもハクビシンによる住居被害（天井裏などの糞尿被害など），足音や鳴き声による騒音などが問題となっている．

　北海道の場合は何といってもシカだ．そこで，北海道のシカ（俗にエゾシカとよばれているが，大きさが全く違うので素人目には信じがたいが，種のレベルでは本州のシカと同じニホンジカだ）についてみると，農業と林業を合計すると 39 億円（2017 年度，北海道農政部資料）となっている．

　筆者は日高の牧場によく出かけるが，様似町で懇意にしているサラブレッドの牧場で話をきいたところ，シカの被害があまりに大きく，「おれはシカの餌をつくってるのではない．馬鹿馬鹿しいから牧草地に肥料をまくのをやめたっ！」とご主人が怒っていた．なんでも，以前は牧柵のなかに進入したシカを見た馬が驚いて暴れたりしたらしいが，最近ではすっかり馬もシカに慣れてしまい，仲良く並んで草を食べているそうだ．馬と鹿が並んで…まさに文字通り「馬鹿馬鹿」しい光景ではある．

農林業以外にも被害は発生している．例えば野生動物が線路内に侵入したことによる鉄道（鉄道マニア，俗にいう「鉄ちゃん」向けにいうと「鉄軌道」）運行への妨げがある．列車が運転休止，または旅客列車が30分以上（貨物列車などは1時間以上）遅延を生じることを輸送障害というが，2017年度に発生した輸送障害は5,394件で，そのうち動物が原因となったものが616件あり（鉄道局2018），年々増加傾向にあるようだ．

　JR北海道ではシカとの衝突が輸送障害の大きな問題となっている．JR北海道発足の1987年度には衝突が23件で輸送障害が1件に過ぎなかったのが年を追う毎に増加する．1995年度に衝突502件（輸送障害3件），2005年度には衝突1,206件（輸送障害11件），そして2012年度には衝突が2,376件（輸送障害68件）に達する．その後は衝突件数は減少するものの輸送障害は増え続け，2017年度には衝突件数は1,747件だが輸送障害はついに100件を突破し116件となっている（JR北海道2018）．

　自動車の事故も深刻だ．北海道ではシカによる交通事故が年を追う毎に増加し，2018年にはついに2004年以降で最多の2,834件を記録した．「2004年以降で」とあるが，それ以前はもっと少なかっただろうから，事実上史上最多といっていいだろう．発生時間帯のピークは18〜20時で881件，発生時期は10月11月が合計1,235件で全体の43.6％をしめる（北海道警察2019）．

　人間同士の自動車事故の場合，自損事故でない限り，自分の車の損傷に対しては相手側が加入している損害保険から補償がなされる．だが損害保険に加入しているシカはおそらくいない（そもそもシカは自動車を運転しないので自動車賠償責任保険，いわゆる自賠責に加入する義務がない）．ということは，シカとぶつかって車が大破（実際大破することが多い）したら，自動車を運転している人が全額損害を負わねばならない．筆者の知人にも，シカとぶつかってえらい目にあったという人が何人かいる．

　実害はないものの，近年では札幌の市街地でのシカの出没例もそう珍しくなくなってきた．大泰司・平田（2011）にはマンションに迷い込んだシカの

第 8 章 生物の保護と利用 173

写真が掲載されている（同上: 11）．立派な角の生えた雄シカがマンションの
廊下にたたずんでいる．写真としては面白い写真だが，自宅マンションのド
アを開けたとき，そこにシカが立っていたらさぞびっくりするだろう．スス
キノの繁華街をシカが走り抜けたという話も何度か聞いた．

　そのうち，札幌も奈良の街みたいにシカがうろうろするようになるのだろ
うか．うちのマンションのゴミ捨て場をシカが漁るようになったらイヤだな
あと思う．奈良の街は数百年以上シカと共存してきたが，札幌では，少なく
とも街が形成されてからは，シカと人間が共存してきた歴史がないので共存
のノウハウがない．加えていうと，北海道のシカは単なるシカだが，奈良の
シカは春日大社のご祭神武甕槌命（タケミカヅチノミコト）が遙か東の茨城
県にある鹿島神宮から奈良まで乗って来たという神鹿だ．

　冗談みたいな話だが，必ずしも冗談とはいいきれない．梶光一は 2004 年
の段階で，「あと 5 年たったら，アーバンフォックス（都会ギツネ）ならぬ
アーバンディア（都会ジカ）が出現する」と予測していたそうだ（大泰司・
平田 2011: 10）．ちなみにロンドンにはアーバンフォックスとよばれる都会
に棲み着いたキツネがいるそうだ．

(2)　鳥獣害拡大の要因と対応

　鳥獣害増大と深刻化の要因は，気象の変化，野生鳥獣の生息環境の変化，
過疎化の進行，狩猟圧の低下などが考えられる．

　野生鳥獣の生息環境の変化で大きいのは自然林の復活だ．高度経済成長期
以降，安価な輸入木材との価格競争に対抗できず，わが国の林業が衰退して
いったことはすでに述べたとおりだ．林業の衰退で，木材として需要の大き
い針葉樹の植林がなされなくなり，その結果広葉樹の自然林が復活してきた．
針葉樹に比べると，広葉樹は餌となる実や葉が豊富だからシカやイノシシの
食料状態は向上する．

　過疎化の進行は山間地域や中山間地域で著しい．筆者の好きなテレビ番組
のひとつに「ポツンと一軒家」というのがある．山の中にポツンとある一軒

家を訪ねるというものだが，その訪問先の多くは，かつては近隣に何軒も家があったが，今は1軒だけになってしまったというケースだ．

　人が多くいるところにはイノシシもクマもシカもそう頻繁には現れない．ところが，過疎が進行し，耕作地と耕作放棄地がモザイク状に形成されると，人と野生動物との境目がなくなり，人の居住範囲と鳥獣の生息域が錯綜することになる．こうした状況を祖田修は以下のように表現している．ちょいと長いが以下に引用する．

　動物たちは，山の上から人間界を眺めながら，里はいま活力を失い，ひょっとすると，自分たちの生活圏にできるかもしれないことを見抜いているのである．若者は去り，子供たちの元気な声はめっきり少なくなり，ゆったりと足を運ぶお年寄りたちは，動物が畑で悪さをしても追いかける元気はない．

　いま，農山村を車で走ってみるとよくわかる．かつては熟した柿を争って採り，あるいは家族でつるし柿をつくっていたころの面影はない．柿はたわわに実ったそのままに採る人もなく，遠くから見ればまるで満開の花の木のようだ．その赤は，人影の少ない農家の白壁に映えて，遠くからも目立つ．

　グミや野イチゴの実も，イチジクや栗も，美味しい米も新鮮な野菜も，また鶏やコイなども，里に出れば容易に手に入ることを，動物たちは知ったのである（祖田 2016: 44-45）．

　ついでながら，著者の祖田先生（筆者の博士論文の審査員の一人だったので，おべんちゃらして「先生」をつけてみた）は大学を退職し，京都府で晴耕雨読の生活を始めたところ，畑は荒らされるわ，池のコイは喰われるわと散々な目にあったのが，同書執筆の動機のひとつだったようだ．

　温暖化による気候変動も影響しているようだ．北海道のシカについていうと，温暖化の進展で積雪量が少なくなり，これまで越えることの出来なかった山脈を越えてしまい，エゾシカの生息数が増大したことが大きいようだ．つまり環境容量が大きくなってしまったわけだ．北海道におけるシカの増加は実はそんなに古いことではない．「増加の兆候は1980年代後半からみられた」（大泰司・本間 1998: 2）という．つまり，1980年代になるまでは増えそ

第 8 章　生物の保護と利用　　　　175

うな様子はなかったということだ.

　鳥獣害拡大の要因として狩猟者の減少による狩猟圧の低下もいわれる. 環境省の鳥獣関連統計によると, 1970 年代終わり頃には 50 万人以上いた狩猟免許交付者数は年々減少し, 2006 年度には 18 万人程度にまで減少した. 単に減少しただけでなく高齢化も著しく進んだ. 2006 年度の狩猟免許交付者の 51.8% が 60 歳以上となっている（環境省鳥獣関連統計による）.

　2007 年, 議員立法により「鳥獣による農林水産業等に係る被害の防止のための特別措置に関する法律（鳥獣被害防止特措法）」が制定された. これによって, 国としても鳥獣被害対策に本格的に取り組むこととなった.

　この法律は「農山漁村地域において鳥獣による農林水産業等に係る被害が深刻な状況にあり, これに対処することが緊急の課題となっていることにかんがみ, 農林水産大臣による基本指針の策定, 市町村による被害防止計画の作成及びこれに基づく特別の措置等について定めることにより, 鳥獣による農林水産業等に係る被害の防止のための施策を総合的かつ効果的に推進し, もって農林水産業の発展及び農山漁村地域の振興に寄与することを目的とする」（第 1 条）というものだ.

　農水大臣が基本指針を作成し, 市町村が被害防止計画を作り, 国がその被害防止計画の実行に対して補助をおこなうというしくみだ. これがうまくいったかというと, なかなか難しかったようだ. 2012 年 10 月の総務省の勧告では, 鳥獣被害防止対策の前提となる生息調査が不十分, 被害状況の調査も不十分, 被害防止計画の捕獲計画数等について, 県全体の捕獲目標数と整合していないものや妥当性に欠けるものがある, と厳しい評価が下されている.

　実効性を高めるため, 2012 年, 2014 年, 2016 年と 3 回の法改正がおこなわれ, 鳥獣被害対策に関わる人は銃刀法による猟銃免許更新の際の技能講習を免除したり, 捕獲された鳥獣の食肉利用を推進するため, 食肉処理施設の整備充実や流通の円滑化等をはかる措置などが講じられている.

　捕獲した鳥獣の有効利用もはかられている（「鳥獣」とはいうものの, 鳥については聞かないし, 獣の方もシカとイノシシがほとんどだろう）.

そもそもシカもイノシシも食料資源として大いに利用できるものだし，かつては今より多く利用されてきた．例えば，北海道の開拓期，シカは北海道の産品として重要な位置をしめており，明治初期には「年間6万頭から13万頭が捕獲され，毛皮と角が輸出されていた」（梶・宮木・宇野 2006: 6）という．だが，乱獲の懸念がこの段階ですでに発生し，1875年には早くも当時の開拓使がシカ猟の規制をはじめている（俵 2008: 70）．俵によると，この規制はあまり効力がなく，密猟も横行していたようだ．この頃には輸出向けの鹿肉缶詰の工場なども出来ている．そして，1879年の大雪でシカは「絶滅寸前の壊滅的被害を受けてしまった」（同上）という．それ以降，シカはむしろ保護の対象となり，長らく雌シカの捕獲は禁じられていた．雌シカが駆除の対象となったのは1978年だそうだ（梶・宮木・宇野 2006: 8）．

2017年度に食肉処理施設で解体された鳥獣は，イノシシが28,038頭，シカが64,406頭，クマ172頭，アナグマ281頭，鳥類3,950羽となっている（野生鳥獣資源利用実態調査）．食肉処理施設を経由しないものも少なからずあるのでこれが全てではないが，イノシシもシカも捕獲頭数（狩猟と有害鳥獣駆除など）は約60万頭（2018年度，環境省資料）なので，食肉消費による資源ストックの減少にはほど遠い．現段階での食肉利用は，駆除コストを多少でも軽減させようという経済的意義，無駄に生き物の命を奪うべきではないという倫理的意義，鳥獣害問題を広く知ってもらうという啓発的意義が主な意義だろう．

農水省もジビエ（gibier，フランス語で食材として捕獲された野生鳥獣の意味だそうだ）料理の普及を図っている．筆者の個人的感想だがイノシシ肉もシカ肉もおいしい．シカ肉は臭いという人もいるが，これは処理が不十分なことによる．血抜き処理などが完璧になされていれば全く臭みはない（臭みは全くないが逆に特徴もないとさえ思える）．

シカ肉は低脂肪・高タンパクでダイエット食としても優れている（大泰司・本間 1998: 92-93）というし，様々な調理法がある．調理・加工については松井他（2012）なども参考になる．見ているだけで食べたくなる．つい

でにいうと，シカは革（セーム革）も利用価値は高いのだが，今のところコスト的な問題が大きいという．

　サルやカラスとなると，これはもう資源としての利用はあまり考えられない．どうすれば効果的に害を防止できるかということしかないのかもしれない．サルについては犬を利用するという方法も提案されている（吉田 2012）．イノシシやシカを防ぐため牛の放牧というのも効果的だそうだ（福井県立大学 2008 他）．

　鳥獣被害を防ぐために他の鳥獣との間で形成される食物連鎖を利用するという手法は割と昔からある．ハブ退治に導入されたマングースの例はその代表的なものだが，マングースはハブ退治に効果があまりなかっただけでなく，野生化したマングースが家畜やヤンバルクイナなどの在来希少生物を襲うといった問題が発生し，逆にマングース自体が有害鳥獣駆除の対象となっている．

　シカについても，オオカミの利用を提案しているひとたちがいる．日光などにおけるシカの食害を防ぐため，中国に生息する野生オオカミの導入が具体的に提案されている（吉家 2007）．一見，突飛な発想のようだが，実はイエローストーン国立公園では 1995 年から野生オオカミの再導入がなされ，オオカミを頂点とする食物連鎖ピラミッドの再構築によるシカの管理がはかられている．

　イエローストーンへのオオカミ再導入の経緯や現状については，ダグラス・スミスら「イエローストーン国立公園へのオオカミ再導入」（マッカローら 2006）にまとめられている．これによると，オオカミウォッチングのおかげで，これまで訪問者が少ない時期だった冬が，いまや訪問者のピークになっているという．また，同書所収の亀山明子「北海道におけるエゾオオカミ絶滅の歴史と知床国立公園におけるオオカミ再導入の可能性」では，エゾオオカミの絶滅の経緯，再導入にあたっての可能性・障壁などが論じられている．今のところ実現は難しそうだが，もしかすると将来実現するかもしれない．食物連鎖を復元するというのも「アリ」だと思う．ただ，マングー

スの大失敗を繰り返さないように，生態系の再構築による生物管理は極めて慎重な対応が必要だ．

鳥獣被害をもたらす動物が保護獣となっている場合は，さらに問題が厄介になる．北海道ではトドやアザラシの問題がある．えりも岬はゼニガタアザラシの観察スポットだ．ゴマフアザラシやゼニガタアザラシは，正直いって，かわいいと筆者は思う．特に子供のアザラシは実に愛らしい．加えて，あの体型は筆者にとっては他人とは思えないものを感じる．が，しかし，こ奴らは秋サケの定置網に入ったサケを食い散らかす困りものでもあるのだ．

北海道のえりも漁協の秋サケ定置網では毎年2,100〜3,100万円の食害があるという（廣吉・和田・佐々木2010: 48）．ゼニガタアザラシはかつて毛皮や食肉目的で乱獲され，生息数が大きく減少したものの，保護がおこなわれ生息数は回復し，今では絶滅危惧種から準絶滅危惧種になっている．こうした生物は，シカやイノシシと異なり，増えすぎたのでどんどん駆除すればいいというわけにはいかない．定置網にはいって死んでしまうアザラシもいて，これはこれで問題となっている（和田2004: 126-32）．

えりもでは漁業者を中心とした地域住民と環境省のレンジャーらが密接な連携をとり，個体数管理に成功した．漁業者もトッカリ（アザラシのこと，アイヌ語源だろう）との共存を考えている．

(3)　外来生物問題

外来生物というのも近年頻繁に聞かれることばになった．そもそも外来生物とはどういう意味かというと，意図的・非意図的を問わず，人間によって，生物自身の持つ移動能力を超えたところに持ち込まれた生物のことで，動物も植物も含む．この基本的な定義に従うとわれわれの身の回りの動植物はほとんどが外来生物になってしまうかもしれない．というのは，12万年以上昔，ホモ・サピエンスがアフリカ大陸を出て，南アジアからヨーロッパとオーストラリアに到達したのが4万年ほど前だという．「人類には食料だけでなく，身体を包む衣服，庭を飾る花々，建築や製造の材料が不可欠だったし，

狩猟や有害生物を退治する手段，さらには生活の伴侶やペットも必要だった．それらをまかなうために，人類は新しい土地にさまざまな種を導入した」（ピアス 2016: 50）からだ．

われわれ日本人が主食とするコメも元々日本列島にはなかった植物だ．この理屈でいうと，農作物のほとんどが外来植物なのではないかと思う．在来の農作物はカキくらいのような気がする．カキは在来種だと聞いたことがある．

だから，一般に外来種というときは，そんな大昔に入って来て定着した生物ではなく，概ね明治初期くらいから日本に入って来て，日本に定着した野生の動植物をいうようだ．

さらに，加えて，わが北海道には国内外来種というのが存在する．というのは，日本列島の本州以南と北海道が海によって分断されたのは約2万年前とされ，当時北海道は大陸と地続きで，本州以南はすでに島となっていたらしい．北海道が島になったのはだいぶ後のことなので，結果的に北海道と本州以南では生物相がかなり異なることとなった．本州以南に生息する日本固有の哺乳動物は北海道には生息しないとされる（増田 2017: 35）．

北海道と本州を隔てる生物地理境界線が有名なブラキストン線だ．ブラキストン線は，イギリス人トーマス・ライト・ブラキストン（Thomas Wright Blakiston, 1832-91）が発見したものだ．ブラキストンが収集した鳥の剥製標本は今もなお北海道大学植物園に保管されている．筆者も一度見せてもらったことがある．150年くらい昔に生きていたカラスだと思うと何やら不思議な気がしたものだ．

国家としてはひとつだが，生物相からみると，北海道と本州以南は別の世界なのだ．そこで，明治期以降に本州以南から持ち込まれ，北海道で野生化したものを国内外来種とよぶ．この国内外来種が北海道の元々の生態系に悪影響を与えている例がけっこう多いのだ．

外国から持ち込まれた生物の多くは日本列島の自然条件に適応できず繁殖することはなかったのだが，なかには妙に日本列島に馴染んでしまい，在来

生物を追いやって繁殖するものがいるのだ．そのなかには人間に直接危害を加えるものもある．

　そもそもなぜ外来生物が問題にされるのか？　このことに明確に答えることは実は難しい．日本列島に持ち込まれたのが明治期以前か以降かなどという区分は，そもそも科学的には何の意味ももたない便宜的な指標であり，数千年以上前に日本列島に持ち込まれた種（なんとスズメやモンシロチョウも古い外来種なのだそうだ（五箇 2017: 143））も，長い時間が経てば日本の生態系に組み込まれ在来種となる．

　産業や生活に悪影響を与える外来生物を駆除することは，多くの人々にとって納得のいくものだろうが，そうではない外来生物については，在来の生態系を破壊・攪乱し，生態系の多様性を損なうという理由づけに，すんなり納得できる人は多くないかもしれない．

　グローバル化のなかで，かつてないスピードでモノと人が移動し，それにあわせて生物も移動している．それが野生化した場合，生態系に対してどのような影響があるかはわからない．五箇公一は「生態系や生物多様性のメカニズムや機能についても，我々が得ている知識はまだほんのわずかで，我々は「生物界」についてほとんど無知に近い状態にあるからです．結局，なにが起こるかわからないという予測不可能性こそが大きなリスクと捉えて，我々の生物多様性に対する知識が少しでも進むまでは，現状維持を図ることが最善策と考えられます」（五箇 2017: 149）と述べているが，まずはこの考え方が最も妥当なように筆者も思う．

　とはいえ，健康被害をはじめ，農林水産業などにすでに明確な悪影響を及ぼしている外来生物についてはいち早く根絶を図らねばならない．そうした観点からつくられた法律が 2005 年に施行された外来生物法（特定外来生物による生態系等に係る被害の防止に関する法律）だ．

　この法律は「特定外来生物の飼養，栽培，保管又は運搬（以下「飼養等」という．），輸入その他の取扱いを規制するとともに，国等による特定外来生物の防除等の措置を講ずることにより，特定外来生物による生態系等に係る

被害を防止し，もって生物の多様性の確保，人の生命及び身体の保護並びに農林水産業の健全な発展に寄与することを通じて，国民生活の安定向上に資することを目的とする」（第1条）というものだ．

特定外来生物に指定された生物は年を追う毎に増加し，2018年4月段階では，ヌートリア，アライグマ，カニクイアライグマ，フイリマングース，ジャワマングース，シママングースなど哺乳類が25種，鳥類がカナダガンなど7種，爬虫類がカミツキガメ，グリーンアノールなど21種，両生類がオオヒキガエルやウシガエルなど15種，魚類はオオクチバス，ブルーギルなど26種，セイヨウマルハナバチやヒアリなどの昆虫21種，ウチダザリガニなどの甲殻類クモ・サソリ類7種，軟体動物等5種，植物がオオハンゴンソウなど16種の計148種の生物が特定外来生物となっている．

特定外来生物に指定された生物については，飼養・栽培・保管・運搬は原則禁止．輸入は，許可を受けた場合を除き禁止，野外への放出等も原則禁止となっている．「入れない」，「捨てない」，「拡げない」が外来種被害予防三原則なのだが，これが一般に受け入れられていない面がある．

特定外来生物に指定されているものには，産業用やペット用に輸入され，それが野生化したものが少なくない．

その代表的な動物がアライグマだ．アライグマ・ラスカルのアニメの影響で大量に輸入され，それが野生化し，今では在来生態系を撹乱し，農作物などに大きな被害を与えていることは既に触れたとおりだ．

研究用に飼育した経験のある動物学者に聞いた話だが，子供のアライグマは人にとてもよくなついて可愛いのだが，成長すると突然凶暴になり人にかみついたりするようになるのだそうだ．その結果，飼い主が持て余して放してしまったケースが多いのではないかという．外来生物の駆除にあたっては動物「愛護」を唱える人たちの反発もけっこうあるようだ．

北海道では2004年に最初の外来種・国内外来種のリスト（北海道ブルーリスト2004）が作成され，2010年にはその改訂版ブルーリスト（2010）が作成・公表され，2019年に順次改訂作業がおこなわれている．

北海道ブルーリスト（2010）には実に860種の生物が選定され，それらがAからKのカテゴリーに区分されている．カテゴリーの区分は，①本道に導入されているか，②本道に定着できるか（越冬の可能性），③本道に定着しているか，④本道への影響は？　という4つの視点に基づくもので，すでに本道に導入されており，定着できて（または定着のおそれがあり），すでに定着しており，本道での影響が報告されているというものがカテゴリーAとされている．

カテゴリーAは，さらにA1（緊急に防除対策が必要な外来種），A2（本道の生態系等へ大きな影響を及ぼしており，防除対策の必要性について検討する外来種），A3（本道に定着しており，生態系等への影響が報告または懸念されている外来種）の3段階に細分化されている．

860種のうち，A1に位置づけられた生物は全部で6種（アライグマ，ミンク，ブラウントラウト，ブルーギル，セイヨウオオマルハナバチ，ウチダザリガニ）だった．アライグマがペット目的，ブルーギル，ブラウントラウト，ウチダザリガニは食用目的，ミンクは毛皮目的，セイヨウオオマルハナバチはハウス栽培トマトの受粉用に持ち込まれたものだ．

セイヨウオオマルハナバチはヨーロッパ原産の昆虫で，これが導入されるまでは，トマトのハウス栽培では花粉を人手で受粉させるか，ホルモン剤を散布するという方法がとられていた．それがセイヨウオオマルハナバチの導入で省力化・低コスト化が実現した．「まさにトマト生産の救世主」（五箇2017: 29）なのだそうだ．

北海道庁は2007年からボランティアのオオマルハナバチバスターズを募り，オオマルハナバチの捕獲作業をおこなっている．オオマルハナバチに限らず，外来生物の捕獲や除去では市民のボランティア活動が大きな役割を果たしている．というより，限られた予算と人員ではボランティアに頼らざるを得ないという面もあるように思われる．

筆者が所属する北海道自然保護協会でも，札幌円山公園で，ゴボウ（食用にしているゴボウと同じ種だが栽培種と違って根はとっても固い．これを食

第 8 章 生物の保護と利用　　　　　　　　　　183

図 8-5　イワミツバ(右)とゴボウ (2018 年 8 月札幌円山公園で筆者撮影)

用にした昔の人には敬服する) やイワミツバ (図 8-5) などの外来植物の除去作業をおこなっている．2019 年ですでに 4 年目となった活動なのだが，当初はゴボウだらけだったエリアも今では在来植物が繁っている．

　活動の開始にあたっては，実験区と対照区をつくり，除去作業の影響をちゃんと調べてからおこなった．自然に手を入れるときは細心の注意が必要なのだ．本当は毎月 2 回ちゃんと参加したいのだが，筆者は年に数回ちょこっと参加するだけだ．植物に詳しい人にいろいろ教えてもらいながらの作業はけっこう楽しい．植物の名前は何度聞いても覚えられないのだが，さすがにゴボウとイワミツバだけはようやく覚えた．イワミツバではなく，在来のミツバも円山公園には生えていることも知った．ミツバというのは，お吸い物などにいれるあのミツバだ．ミツバなどはスーパーで購入するものだと思っていたが，案外ふつうに生えているものだ．ただ，念のために言っておくが，円山公園内の動植物は採集禁止である．筆者もそれはちゃんと守っている．

　外来生物の捕獲や除去のボランティア活動というのは，市民が身近な自然を知るという役割をも果たしている．機会をみつけてぜひ参加してほしいと思う．

第9章
地球温暖化問題

1. 地球温暖化

(1) 温室効果

　地球の表面温度は 15℃ くらいだそうだ．地球は太陽からの放射エネルギーを受け，逆に地球からも放射エネルギーを放出する．受け取るエネルギーとはき出すエネルギーが均衡してれば温度は一定に保たれる．

　もし，大気がなければ，太陽の放射エネルギーを受け取っているときは強烈に温度が上がり，放射エネルギーを受け取っていないときはほとんどすべてを放射してしまうから，めちゃくちゃ温度が下がる．だから，月の表面はとても暑くて寒いらしい．

　ところが何らかの理由で受け取ったエネルギーよりも放出するエネルギーが小さくなると，熱がこもって地球の表面温度が上昇することになる．いわゆる温暖化だ．では温暖化が起こるのはなぜか．熱を抱え込み易い気体の大気中での濃度が高まるとそうなる．これが温室効果（greenhouse effect）だ．

　温室効果という現象は 1827 年にフランスの科学者フーリエ（Jean Baptiste Joseph Fourier, 1768-1830）が提唱したのだそうだ．フーリエって，数学のフーリエ級数とかフーリエ変換のフーリエかと思ったらそうだった．昔の学者って，いろんな分野で名を残してるんだねえ．

　そして，19 世紀の末になると，今度はスウェーデンの科学者アレニウス（Svante August Arrhenius, 1859-1927）が産業革命によって大量に排出された

二酸化炭素（CO_2）による温暖化の可能性を唱えた．このアレニウスという人は電解質の理論で1903年にノーベル化学賞を受賞した人だ．イオンの研究と温暖化がどう結びつくのか筆者にはわからんが，まあそういう人だ．

だから，地球温暖化というのは，理論的には100年以上前から可能性は指摘されていたということなんだが，この問題が世間を賑わせるようになったのは，フーリエやアレニウスからはるか後のことだ．

筆者の高校・大学時代なんぞは，温暖化どころか，地球は寒冷化しつつあるといわれていたものだ．地球は小氷期に向かうので寒冷化しつつあるという説明をよく聞いた．図9-1は何かでみたことがある人も多いだろう．確かに，長期のトレンドをみると，気温は上昇しているようにみえるが，1970年代は寒い時期がある．筆者の高校・大学時代だ．もっと昔をみるとさらに平年より気温が低い（つまり寒い）年が多い．

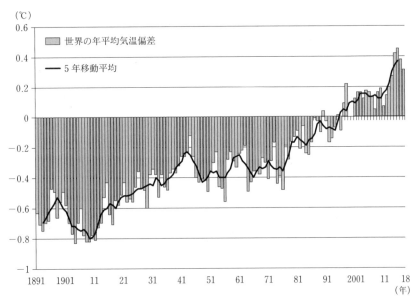

出典：気象庁ウェブサイト掲載のデータから作成．
　　　(https://www.data.jma.go.jp/cpdinfo/temp/list/an_wld.html)

図 9-1　世界の年平均気温偏差の推移

ところで，世界の平均気温ってどうやって決めてるのだろうか？ 筆者は長らく知らなんだ．世界各地の観測データを平均するんだろうくらいに思っていたら，同じことを考える人がたくさんいるんだろう．気象庁のウェブサイトにちゃんと書いてあった．詳しくは同サイトをみてほしいが，ざっというと，1,000〜1,300くらいの地点の観測データを使い，緯度経度各5度のメッシュごとの月平均気温の偏差（平均気温から1971-2000年の30年平均値を差し引いたもの）を算出し，緯度による面積の違いを考慮した重みをつけた値を，世界全体について平均するらしい．しかし，今から100年前のデータもそんなにきちんとあるんだろうか．

　ま，それはともかく，長い目で見れば，地球は暖かくなったり寒くなったりを繰り返している．寒くなると海面が下がり陸地がつながる．暖かくなると海面が上昇し陸地が水没する．筆者は気象の専門家でも考古学の専門家でもないが，暖かかったり，寒かったりしただろうことはわかる．筆者は青森県の三内丸山遺跡を見に行ったことがある．三内丸山遺跡は「紀元前3900年から紀元前2000年頃まで1,900年も人間生活が営まれた遺跡」（湯本2012: 121）だそうだ．遺跡の見学が主目的ではなく，遺跡の比較的近くにある青森競輪場に行ったついでだったと思う．けっこう山のほうだ．この遺跡からは海の魚の骨がたくさん出土している．あの場所から今の海岸は遠い．直線距離でも7〜8kmはあるのではないだろうか．いくら昔の人は足が達者だったとしても，行って帰るだけでゆうに数時間はかかる．それに，当時は竪穴式の住居だ．今と同じ気候だったら，冬なんぞ，朝起きたら家が雪に埋もれて，外に出ることができなくなる．こう考えると，三内丸山遺跡の時代は暖かかったのだと素人でもわかる．

　昨今の地球温暖化はウソだと言い続けている人も少なくない．温室効果ガスで最も話題になっているのが二酸化炭素だということは読者諸兄もよくご存じだろう（ちなみに，後に取り上げる京都議定書では，二酸化炭素（CO_2），メタン（CH_4），亜酸化窒素（一酸化二窒素 N_2O），フロン類（ハイドロフルオロカーボン類（HFCs），パーフルオロカーボン類（PFCs），

六フッ化硫黄（SF$_6$）の 6 種を規制すべき温室効果ガス（greenhouse gas; GHG）としている．同じ量のガスの温室効果をみると，メタンなどの方が二酸化炭素より温室効果は高いらしいが，二酸化炭素は他に比べ圧倒的に量が多い．IPCC（これも後で解説する）の第 4 次報告書（AR 4）では，二酸化炭素が温室効果の 50% 以上に寄与し，さらに化石燃料由来の CO$_2$ が温室効果ガス排出量の 56.6% をしめているという．

だが，二酸化炭素が原因で温度が上昇しているのか，それとも別の要因で温度が上昇し，結果として二酸化炭素が増えているのか．それともその両方なのか．一般的には，産業革命以降の化石エネルギーの消費によって二酸化炭素の濃度が高くなったとされている．でも逆のことも考えられる．冷たい液体には気体がよく溶けるが，暖かい液体には気体は溶けにくい．だから，炭酸飲料は温度が上がるとしゅわしゅわ泡を出すし，水が沸騰してぽこぽこ泡がでるのもそのためだと小学校で習った．とすると，二酸化炭素濃度の上昇は地球が暖かくなったから海に溶けていた二酸化炭素が溶けきれなくなり，気化したためだともいえる．

化石燃料主犯説と自然変動説のどちらが正しいのか，筆者にわかろうはずもない．多数決で決めるなら，化石燃料主犯説だろうが，科学的真理は往々にして少数派の見解にあったりもする．

ただ，どちらの説が誰にとって好ましいか好ましくないかという判断なら素人でもできる．化石燃料の消費によって利得を得ている人たち（まさに現代文明社会そのものだが）にとっては，化石燃料主犯説は自分たちには不都合な説だし，化石燃料からの脱却でビジネスチャンスを得ようとしている人たちにとっては，化石燃料主犯説は好都合な説だ．地球温暖化の問題は単なる科学的な問題ではなく，今後の社会をどう構築していくかという社会選択の問題でもあるのだ．

(2) IPCC レポートから UNFCCC（気候変動枠組条約）へ

地球温暖化を語るとき必ず出てくるのが IPCC だ．IPCC は Intergovernmental Panel on Climate Change の頭文字，日本語では「気候変動に関する政府間パネル」という．わが国では地球温暖化という言葉が一般的だが，英文では Climate Change（気候変動）ということばがよく使われている．

IPCC とは，1988 年に，気候変動についての評価をおこなうために UNEP（国連環境計画）と WMO（World Meteorological Organization，世界気象機関）によって設立された国際的な機関だ．ちなみに WMO も国連の機関のひとつだ．世界中の様々な分野（自然科学だけでなく社会科学も含まれている）の専門家の協力で，気候変動の実態や影響の予測などに関する知見を集約し，気候変動に関する科学的な評価をおこなうことが目的だ．

IPCC の最初の報告書である第 1 次影響評価報告書（First Assessment Report; FAR）は 1990 年に公表された．FAR は 1992 年に開かれた地球サミットに影響を与え，それが国連気候変動枠組条約 UNFCCC として結実した．

第 2 次影響評価報告書（Second Assessment Report; SAR）は 1995 年に公表された．SAR は，大気中の温室効果ガス濃度を安定化し，地球温暖化の進行を止めるためには，温室効果ガスの排出量を将来的には 1990 年の排出量を下回るように減らさねばならないという提言をおこなっている．

2001 年に公表された第 3 次影響評価報告書（Third Assessment Report; Climate Change; TAR）になると，地球温暖化に関して，「地表平均温度が 1990〜2100 年の間に 1.4〜5.8℃ 上昇する可能性がかなり高い」というように，さらに踏み込んで具体的な予測がおこなわれている．「可能性がかなり高い」というのは very likely を訳したものだが，これは 90〜99% の確率のときに使われていることばだ．感覚的なものではなく，数値的な裏付けをもって使われているのだ．ついでにいうと，very likely ではなく，単に likely と表現されているときは 68〜90% 以上の確率，virtually certain（たぶん確実）は 99% 以上の可能性のときに使われている．

本書執筆段階で公表されている最新の報告書は 2013〜14 年にかけて公表された AR 5 だ．AR 5 についての以下の記述は気象庁のウェブサイトに掲載されている日本語訳（「気候変動 2014 統合報告書政策決定者向け要約」）

によるところが大きい．AR 5 では以下のようなことが記されている．なお，SPM は Summary for Policymakers の略だ．

- 人為的な活動によって排出された温室効果ガスの排出量は過去最高となり，人為的に排出された温室効果ガスによる気候変動は明らかだとしている．(SPM 1.1)
- 気候変動を緩和する政策が増えているにもかかわらず，人為起源の温室効果ガス総排出量は，1970～2010 年にわたって増え続け，2000～2010 年はより大きな明白な増加を見せている．2010 年における人為起源の温室効果ガス排出量は，$49\pm4.5GtCO_2$ 換算/年に達した．(SPM 1.2)
- 熱波，干ばつ，洪水，低気圧及び火災といった最近の気候関連の極端現象は，一部の生態系及び多くの人間システムが，現在の気候の変動性に対して深刻な脆弱性を持ち，曝露されていることを明らかにしている（確信度が非常に高い）．(SPM 1.4)
- 21 世紀中及びその後の気候変動により，特に他のストレス要因と気候変動が相互作用する場合には，多くの生物種が絶滅リスクの増大に直面する（確信度が高い）．(SPM 2.3)
- 気候変動は食料の安全保障を低下させると予測される．(SPM 2.3)
- 都市域では，気候変動は，暑熱ストレス，暴風雨及び極端な降水，内陸部や沿岸域の氾濫，地すべり，大気汚染，干ばつ，水不足，海面水位上昇及び高潮などによる，人々，資産，経済及び生態系にとってのリスクを増大させると予測されている（確信度が非常に高い）．不可欠なインフラやサービスが欠如している人々，又は危険にさらされた地域に暮らす人々にとっては，これらのリスクが増幅する．(SPM 2.3)
- 持続可能な開発と衡平性が，気候政策の評価の基礎である．気候変動の影響を抑えることが，貧困の撲滅を含む持続可能な開発及び衡平性の達成に必要である．(SPM 3.1)
- 温室効果ガスのほとんどは長期にわたって蓄積して世界中に広がり，ま

たあらゆる主体（例えば個人，共同体，会社，国）からの排出が他の主体に影響を及ぼすことから，気候変動は世界的な集合行為問題という性質を有している．各主体が，各々の関心を個々に進めていては，効果的な緩和は達成されない．（SPM 3.1）

・緩和及び適応は，異なる時間スケールにわたる気候変動の影響のリスクを低減するための相互補完的なアプローチである（確信度が高い）．（SPM 3.2）

・現行を上回る追加的な緩和努力がないと，たとえ適応があったとしても，21世紀末までの温暖化が，深刻で広範囲にわたる不可逆的な影響を世界全体にもたらすリスクは，高い〜非常に高い水準に達するだろう（確信度が高い）．（SPM 3.2）

・社会経済システムの多くの側面における惰性は，適応及び緩和の選択肢を制約する（見解一致度が高い，証拠が中程度）．（SPM 4.1）

・適応は一部の計画立案過程に組み込まれつつあるが，実施されている対応はより限定的である（確信度が高い）．（SPM 4.2）

ちゃんと詳しく知りたい人は本文を読んでほしい．さらにもっと詳しく知りたい人はSPMではなく，AR5報告書の本編を読んでほしい．

なお，第6次影響評価報告書（AR6）は，その骨子や日程が2017年9月にモントリオールで開催されたIPCCの第46回総会で承認され，2021年から22年にかけて公表される予定になっている．

一連のIPCC報告書をみると，人為的な温室効果ガス排出によって気候変動が起きていることの確信度が高まっていることがわかる．そして，そのことで起こる人間社会や生態系に対して不都合な現象をもたらし，その影響は特に途上国において顕著な悪影響を及ぼしそうだということがわかる．化石燃料の大量消費で便益を得たのは先進国，被害を被るのは主として途上国ということだ．コスト・ベネフィットの衡平性が著しく欠けている．

地球温暖化への国際的な取組が明確な形となったのが，UNCEDで採択

された気候変動枠組条約（United Nations Framework Convention on Climate Change; UNFCCC）だ．この問題に対する世界の動きの多くはこの条約に基づいている．

UNFCCC は 26 の条文と 2 つの附属書から構成されている．原則を示した第 3 条には，

1. 共通ではあるが差異のある責任
2. 途上国への特別な状況への配慮
3. 予防的措置
4. 持続可能な開発
5. 持続可能な経済成長のための国際経済体制の推進

が掲げられている．

第 4 条には各国の義務（commitment）が記されている．第 1 項はすべての国に共通の義務で，

・温室効果ガスの排出及び吸収の目録（inventory）の作成
・具体的な対策を含んだ計画の作成・実施
・温室効果ガスの削減技術等の開発や普及に関する計画の推進
・吸収源である森林の保護拡大についての対策推進

第 2 項は先進国の特定義務となっており，

・温室効果ガスの排出量を 1990 年代の終わりまでに以前の水準に戻すこと．
・そのために必要な詳細な情報の提出
・途上国に対して温室効果ガス排出削減のための資金を負担すること

が記されている.

第7条は締約国会議の設置を定めた条文で,これに基づき,1995年から毎年締約国会議 (The Conference of the Parties; COP) が開かれている.締約国会議は「この条約の最高機関」と位置づけられている.第1回の締約国会議 COP 1 の開催地はベルリン,COP 2 がジュネーブ,COP 3 が京都だ.2000年にハーグで開かれた COP 6 は会期の途中で中断し,改めて翌年ボンで COP 6 再開会合が開催されたので,ここで年次と回数がずれてしまったが,その後は毎年1回おこなわれ,2018年には COP 24 がポーランド南部の都市カトヴィツェで開かれた.

(3) 京都議定書と京都メカニズム

COP 1 から COP 18 のなかで,もっとも重要だったのは1997年12月1日から10日の会期で京都国際会館を会場に開催された COP 3(京都会議)だろう.ここで採択されたのが京都議定書 (Kyoto Protocol; KP) だ.京都会議と京都議定書についてはほんとに数多くの解説書が出版されたので,詳しく知りたい人はそれらを読んでもらえばいいのだが,石井(2004)あたりが手頃で読みやすいかもしれない.

COP 3 のいわば目玉商品が京都議定書で,その内容は,2000年以降の地球温暖化対策についての国際的な取り決めだ.2008年から2012年の第1約束期間 (First Commitment Period) に,先進国および市場経済移行国全体で1990年比で5%の削減が決定され,国別に削減率が義務づけられた.EU が8%,日本6%,そしてアメリカが7%と決められた.

また,削減目標を達成する手法として,排出量取引 (Emissions Trading; ET),共同実施 (Joint Implementation; JI),クリーン開発メカニズム (Clean Development Mechanism; CDM) が認められた.この3つを総称して京都メカニズムという.

ET は先進国間で排出枠を取引するものだ.なお,ET については後で解説する.余分に減らした分を排出枠として別の国に売り,別の国は枠を買っ

た分だけ削減しなくていいということだ.

JI も先進国間でのものだ. ある国（投資国）が別の国（ホスト国）に対して排出削減の投資をおこなった場合, その削減分は投資国の削減分としてカウントしてもいいというものだ.

CDM は先進国と途上国の間でおこなうもので, 先進国が削減義務を負っていない途上国で排出削減事業をおこなった場合, その削減分は事業の主体となった先進国の削減分に充当できるというものだ.

この3つの方法は地球温暖化の対策だから OK なのだ. つまり, 地球全体で温室効果ガスを削減すればいいのだから, どこで減らしても全体として削減できればいいということだ. これが特定の地域に影響をもたらす公害問題ならそうはいかない. 仮に, 東京で車の排気ガス問題が深刻化しているとしよう. そのとき札幌で車を減らしてもまったく意味がない.

考えてみれば, 気の長い話で, 1997 年に 10 年後から先の約束をしたのだ. 10 年もたてば世の中の情勢はかなり変わっていても不思議はない. それぞれの国の国内事情も変わるだろう.

実際, その後の状況はかなり変わってしまった. OECD の資料による 1999 年の国別にみた二酸化炭素の排出量は, アメリカがダントツの1位で世界のおよそ 1/4 にあたる約 56 億トン, ついで中国（削減義務を負っていない）が 30 億トン, 以下, ロシア 15 億トン, 日本 12 億トン……と続いていた. それが 10 年後の 2009 年には, 世界のエネルギー起源 CO_2 排出量は世界合計で 289 億トンとなり, 国別には, 排出削減義務を負わない中国がダントツの1位で 23.7%, ついでアメリカが 17.9%, COP 3 当時の EU 加盟 15 か国で 10%, インド（この国も排出削減義務を負っていない）5.5%, ロシア 5.3%, そして日本 3.8% などとなっている.

京都議定書が実際に発効したのは 2005 年 2 月だった. 発効までに時間がかかった大きな理由の1つはアメリカの政策変更だ.

ついでなので, 国際条約が発効するまでの段取りをみておこう.

条約が効力を発揮するのが発効だが, 発効までの段取りとしては署名と締

結というステップがある．署名というのは国際会議などで，元首とか外務大臣などが国を代表して，採択された条約の条文に同意しその国が参加する意志を表明することが署名だ．

この段階ではそのときの政府が意志を表明しただけだ．その国が条約に縛られることを国内でも確認しなくてはならない．国内での確認手続きは国によっていろいろあるらしいがわが国などでは国会でおこなう．これが批准だ．国会で決まったら，批准書を国際機関などに寄託し締約国となる．締約国というのは締結した国ということだ．

京都議定書の発効は，

① 55 カ国以上の締結
②締結した先進国（削減目標をもつ国，いわゆる附属書 I 国）の二酸化炭素排出量（1990 年度）が全先進国の排出量の 55% 以上になる

というもので，この 2 つの条件が満たされた 90 日後に発効ということになっている．

京都議定書に署名したときのアメリカの大統領は民主党クリントンだったが，2000 年の選挙で大統領になった共和党の J.W. ブッシュは京都議定書から離脱した．1990 年段階でアメリカの排出量は世界の 23% くらいだったから，アメリカが締結すれば 55% は楽にクリアできるのだが 55 のうち 23 が足りなくなると厳しい．

国内経済への打撃を理由に批准を見送っていたロシアがようやく批准したことで 2005 年 2 月に京都議定書が発効したのだ．

京都議定書は 2008〜2012 年を約束期間（Commitment Period）としていた．その後，2011 年に南アフリカのダーバンで開催された UNFCCC の COP 17 で，2013 年からの第 2 約束期間を設定することの合意がなされ，さらに翌 2012 年にカタールのドーハで開催された京都議定書第 8 回締約国会合（CMP 8）で第 2 約束期間を 2013〜2020 年とすることが決定された．い

ろいろあって混乱しそうになるが，気候変動枠組条約の締約国会合がCOP
で，京都議定書の締約国会合がCMP．CMPはCOPの開催期間におこなわ
れる．

　わが日本は，先進国だけが排出削減義務を負う京都議定書では効果的では
ないとして，ロシア，カナダなどと共に第2約束期間には参加しなかった．
アメリカはそもそも第1約束期間から参加していない．

　なお，わが国は第1約束期間終了時に，対1990年度マイナス6%という
達成目標を何とか達成した．とはいえ，目標を大きく超えるというわけでは
なかったので，優良可でいえば可というところだろう．可なら万歳とするか，
秀とか優でないとダメだと考えるか，学生諸君はどちらだろうか？

(4)　パリ協定（Paris Agreement）

　わが国は不参加とはいえ，京都議定書の第2約束期間は2020年で終了だ．
そこで，京都議定書以降，国際的にどう取り組むかの議論がおこなわれてき
た．そして，2015年にパリで開催されたCOP 21において，2021年以降に
関しての新たな協定が採択された．それがパリ協定だ．

　前のときは京都「議定書」で今度はパリ「協定」．議定書（protocol）と協
定（agreement）ってどこがどう違うのだろうか？　パリ協定採択のニュース
は大きく報じられたが，議定書と協定の違いはほとんどどこもちゃんと書い
ていなかった．

　こういうときにわが北海学園大学のような中規模総合大学はありがたい．
筆者のすぐそばには法学部の先生が何人もいる．法学部や法務研究科（ロー
スクール）の先生方何人かに尋ねてみた．

　結論からいうと，何のことはない，ほとんど同じだそうだ．しいていうと，
議定書というのは何らかの条約が上にあって，それの実行手続きみたいなも
のを定めたものをいうそうだ．そういえば，通信手順もプロトコルだし，外
交儀礼もプロトコルという．それに対して協定はもう少し幅広い概念のよう
だ．議定書の方がやや堅い感じだとも聞いた．

パリ「議定書」でもいいのだが，柔らかめのタイトルにすることで，アメリカが参加しやすいようにしたという説明をどこかで見た記憶もある．案外そんなところかもしれないが，本当にそうだとしたらバカバカしい話だとも思う．

パリ協定の採択によって，2020年以降はアメリカも含むほぼ全世界的が，温室効果ガス削減に向けて足並みをそろえたと思われたのも束の間．またしても，アメリカ合衆国がやらかしてくれる．パリ協定が採択されたときのアメリカの大統領は民主党のバラク・オバマ（Barack Hussein Obama II）．ところがこの年の大統領選挙で共和党のドナルド・トランプ（Donald John Trump）が大統領に選出される．トランプは大統領に就任すると早速パリ協定からの離脱を宣言した．京都議定書のときと同じだ．

パリ協定の第2条では

(a)　世界全体の平均気温の上昇を工業化以前よりも2℃より低く抑え，世界全体の平均気温の上昇を工業化以前よりも1.5℃高い水準までのものに制限するために努力する．努力が気候変動のリスク及び影響を著しく減少させることとなるものであることを認識しつつ，継続すること．

(b)　食糧の生産を脅かさないような方法で，気候変動の悪影響に適応する能力並びに気候に対する強靱性を高め，及び温室効果ガスについて低排出型の発展を促進する能力を向上させること．

(c)　温室効果ガスについて低排出型であり，及び気候に対して強靱である発展に向けた方針に資金の流れを適合させること．

という目的が掲げられている．

また，第4条では，

1.　締約国は，第二条に定める長期的な気温に関する目標を達成するため，衡平に基づき並びに持続可能な開発及び貧困を撲滅するための努力の文

脈において，今世紀後半に温室効果ガスの人為的な発生源による排出量と吸収源による除去量との間の均衡を達成するために，開発途上締約国の温室効果ガスの排出量がピークに達するまでには一層長い期間を要することを認識しつつ，世界全体の温室効果ガスの排出量ができる限り速やかにピークに達すること及びその後は利用可能な最良の科学に基づいて迅速な削減に取り組むことを目的とする．

という目標が掲げられている．

　平成 28 年版環境白書は，パリ協定は「附属書Ⅰ国（いわゆる先進国）と非附属書Ⅰ国（いわゆる途上国）という附属書に基づく固定された二分論を超えた全ての国の参加，5 年ごとに貢献（nationally determined contribution, 以下「NDC」という．）を提出・更新する仕組み，適応計画プロセスや行動の実施等を規定しており，国際枠組みとして画期的なものと言えます」と評価している．

　京都議定書は発効までにずいぶんもたついたが，パリ協定は 2015 年に採択され翌年 2016 年 11 月に発効した．このとき，日本政府の役人たちはそんなに早く発効するとは考えていなかったようで，日本は批准が間に合わず，2016 年に開催された第 1 回の締約国会合にはオブザーバーとしての参加であった．インドの批准が想定より早かったことが批准手続きの遅れにつながったらしい．

　ともあれ，2020 年からはパリ協定の時代だ．今世紀末なんていわれても，還暦過ぎた爺様の筆者には関係なさそうな先の話だが，実際に世界がどう動いていくのか，出来る限り長生きして見届けたいものだ．若い学生諸君はしっかり見届けてほしい．

　学生諸君が 100 歳近くなったとき，「じいちゃんが若い頃は冬は真っ白に雪が積もったもんじゃ」なんていわなくて済むことを祈る．

2. 温室効果ガス削減の手法

(1) 直接規制と経済的手法

世の中にはやらない方が世のため人のためということが多々ある．誰もがやりたくなくて，なおかつ，それをやることが何の役にも立たないどころか，誰にとっても害になるようなことであれば，それをやる人はまずいない．だが，その行為を実行に移す動機が十分存在するが，その行為を誰かが実行すると世のため人のためにならないことが生じる場合，その行為を何らかの手段によって阻止することが必要となる．

それを阻止するための手段として生み出された人間の知恵のひとつが社会のルールだ．ルールが法律などのかたちで明文化されていれば法規制となる．立法機関によって制定されたものでなくとも，その社会で一般に認められているルールなら慣習法として認められることも多々ある．限られた社会でのみ認められるルールもある．

ルールを犯せば何らかの罰則が科せられるのが一般的だ．これも限られた社会でのみ通用する罰則もある．子どもがわがままをいって父母に叱られるのも家庭内という限られた社会でのルール違反に対する罰則といってもいいかもしれない．多くの人は罰則を与えられるのがイヤだからルールに従う．

いわゆる公害法というのは，公害を引き起こす行為をやってはいけないというルールで，それに違反すると罰則が科せられる．公害法がなければ，公害発生行為そのものは罰則の対象とはならず，公害発生行為によって引き起こされた損害が不法に引き起こされたものかどうかということが問題となる．つまり損害が発生するまで規制はされない．もっといえば，損害が発生しても，それを裁判所に訴えるまでは公的には問題とならない．裁判を起こすのには経済的・心理的にかなりのコストがかかる．事前に損害を引き起こす行為は避けた方が社会的に賢明だ．こうして公害を引き起こす行為そのものを規制する法律が生まれたわけだ，と筆者は思っている．本書第4章でとりあ

げたように，幾多の人々の命と健康の犠牲があって，各種の公害法が制定されたということはちゃんと知っておくべきことだ．

　簡単にいえば「ならぬものはならぬものです」とびしっとやってしまう規制のことを直接規制という．「ならぬことはならぬものです」というのは，実をいえば，筆者個人は必ずしもきらいな発想ではない．ただ，このやり方には欠点もあるのも確かだ．そのひとつは柔軟性に欠けるということだ．社会的な状況が変われば規制されるべき内容も変わるはずだ．ところが，法律というのは一度作ってしまうと，そうちょいちょい変更させるわけにはいかない．また，ルールの監視コストも大きくなる．これは馬鹿にならない．ルール破りの動機がある以上，ルール遵守の監視は必要だ．監視しなければルール違反が横行し，ルールはルールとして守られなくなってしまう．ルールを厳守させてようとすればするほど監視コストが大きくなる．費用対効果を考えると効率性に欠けることも往々にして発生する．効率性に欠けるというのは，経済学者の多くが最も嫌うことだ．

　ではどうすればいいか．自発的にルールを守ってくれればいい．もっといえば，明確なルールがなくとも，国民や企業が望ましい方向に向けて自発的に行動してくれればいいのだ．「ならぬことはならぬものです」という直接的手法に対して，人や企業が自発的に社会的に望ましい行動をおこなうよう仕向ける政策手法を総称して間接的手法という．望ましい行動を取る，もしくは望ましくない行動を忌避するような動機（incentive）を与えるのだ．動機にはいろんなものがある．名誉・名声，世間体，格好良さ，社会的責任感なんていうのも動機となるが，そんなものを屁とも思わない人も多い．おそらく最も普遍的で効果的な動機は経済的動機だろう．特に，公害問題などは，企業が原因の主体となる．私的企業の行動の動機は，短期・長期はともかくとして，経済的動機以外にはあり得ない．個人の行動は経済的動機以外も大きいが，経済的な動機の果たす役割が大きいことはいうまでもないだろう．

　考えてみれば，人が法を守るのは，法の趣旨を遵守しようという倫理的義務感からというよりも，罰則を避けたいという動機によるところの方が大き

いことが多い．罰金であったり，懲役（それによって失われる時間というコスト）であったり，いずれにせよ，損するのはいやだから法を守るという面は多分にある．もし，駐車違反の罰金が駐車料金より安ければ，駐車違反が激増することは確かだろう．こう考えると，いわゆる直接規制とみられる規制もまた経済的手法の要素が多分に含まれているということだ．

それと，もうひとつ．直接規制は，明らかに非倫理的な行為に対しては，用いやすい（規制される側が納得しやすい）が，そうでない場合には用いにくい．「ならぬこと」がなぜ「ならぬこと」なのかを，規制される側が納得することが必要だ．社会的に未成熟で理解力に乏しい子どもの場合なら「ならぬことはならぬ」でいいだろう（子どもにもわかるように説明すべきだという人も多いが，筆者はあまりそうは思っていない．筆者は古い人間なので一人前の大人になるまではある程度しかたないと思っている）．だが，みんな平等な大人の世界ではそれは通りにくい．そこで，「こうした方がお得ですよ」もしくは「こんなことをしたら損になりますよ」と，誘導する方がスマートだ．もっとも，「無意味にCO_2をはき出す生活は損なので燃費のいい車にしましょうね」といっても，「いや，ワシは燃費の悪いこの車が好きなんじゃ」といわれれば，「そうですか，勝手に損して下さい」というしかない．

経済的手法としては，税制や排出取引が考案・実行されている．以下ではその2つの経済的な意味を解説していくことにする．

(2)　環境税制

環境税の基礎的な理論はピグー税だ（補章参照）．平たくいえば，自分の行為によって無関係の赤の他人様に押しつけた不利益（外部不経済）を，税というかたちで自分でかぶる（外部不経済の内部化という）という手法だ．実に簡単な説明だ．

ただ，ピグー税の実現には大きな問題がある．それは税率を決定する基準だ．ピグー税の課税基準は外部不経済の大きさだ．外部不経済が大きければ

税率は高くなるし，外部不経済が小さければ税率は低くなる．でも，外部不経済の大きさがわからなければどうするか？　税率が決定できなくなってしまう．外部不経済の大きさを確定するのはかなり難しい．例えば，騒音が発生しているとする．騒音の外部不経済はいくらだろう．悪臭はいくらと見るべきか．排出される二酸化炭素１トンあたりいくらの外部不経済が発生するのだろう，etc.

　厳密に外部不経済を推計するのは困難だ．外部不経済を推計できないとピグー税は実行できない．絵に描いた餅だ．そこで登場するのが，ボーモル゠オーツ税（Baumol Oates Tax）という手法だ．ピグー税が A.C. Pigou の名にちなんだものであるのと同様，ボーモル゠オーツ税は，Willliam　J. Baumol と Wallace Oates という２人の経済学者によって 1971 年に提唱されたものだ．

　ピグー税の難点は外部不経済の大きさを税率の基準にするところだ．それに対して，ボーモル゠オーツ税は課税の基準を一応外部不経済とは切り離し，外在的な基準を持ってくるのだ．何らかの別の根拠に基づく目標環境水準を導入する．排水規制の場合なら BOD をどの程度とか，温室効果ガスの排出量ならならどれくらいとかを決める．そして，とりあえずいくらかの税金を賦課してみる．その結果をみて税率を調整し，環境水準の目標値に排出量などを誘導しようというものだ．

　図9-2をみてほしい．横軸に温室効果ガス（GHG）の排出量，縦軸が税率だ．右下がりの直線 MAC は規制対象となる主体の限界排出削減費用（Marginal Emissions Abatement Cost）をあらわしている．MAC は排出量に対して減少関数になっているとする．これは何も対策をとらずに GHG を排出しているときはちょっと排出量を削減するのは容易だが，十分な対策をとった上でさらにちょっと排出量を削減する場合はたいへんだということを示している．何となく納得できると思う．

　さて，とりあえず，目標となる排出水準を e^* とし，現在の GHG の排出水準 e_0，税率を t としてみよう．排出量を減らせば t×削減排出量だけ税金

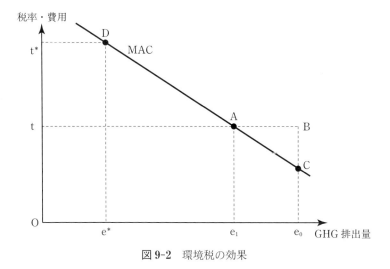

図 9-2 環境税の効果

の負担を軽減できる．そこで，この企業は排出量を e_0 から e_1 に下げることで，四角形 ABe_0e_1 だけ支払うべき税金を減らすことができる．この節税分がすべて「もうけ」にはならない．排出量を削減するためにはコストが必要だ．e_0 から e_1 に削減するために必要となる排出削減費用の増加分は四角形 ACe_0e_1 だ．つまり差し引き△ABC 分だけ「お得」になるということだ．

e_1 よりもさらに削減しようとしたら，節税額より支出増が上回る．だから e_1 以上に排出削減をしない方が得となる．ということで，税率 t ならば，排出削減効果は $e_0 \rightarrow e_1$ ということになる．

だが，これでは目標とする水準 e^* は達成できない．そこで，税率を上げ，t^* にすればめでたく目標達成となる．事前に t^* の数値がわかっていなくても，試行錯誤的に税率を上下させ，排出量が e^* になったときの税率が t^* ということになる．

この方法だと，外部不経済の推計などという不確かなものをしなくてもいい．とはいえ，消費税率をめぐるすったもんだをみてもわかるように，税率を頻繁に上下させることは容易ではない（下げるほうは割にやりやすいけど）．だからある程度 t^* の予測をつけて t を設定することになる．実際にど

んぴしゃで t＝t* とはならんだろうが，ある程度いいところは設定できるだろう．

　わが国においても，2012年10月についに環境税が導入された．環境税の導入は1990年代からずっと議論されていたが，なんせバブル崩壊後の長期不況だ．政府（というより政治家か）も新規増税を言えない状況が続いていたが，京都議定書の第1約束期間の最終年になって，ようやく実現した．

　2016年4月には当初に予定されていた税率への引き上げが完了した．地球温暖化対策税を知っているかと学生諸君に尋ねてみたら，ほとんどの学生諸君は知らなかった．知らないのは学生だけではないと思う．

　経済学が教える環境税は，課税された人が節税するために温室効果ガスの排出を減らそうとするというものだ．節税という経済的インセンティブがなければ，課税による排出削減効果は期待できない．当然のことながら，課税されていることを知らなければ節税の動機も生じない．ただ政府の税収が増えるだけだ．

　税率は，石油（原油と石油製品）が1klあたり760円，ガス（LPG，LNG）が1tあたり780円，石炭が1tあたり670円となっている．

　2019年7月下旬の札幌市内におけるガソリンの価格はだいたい140円/lくらいだった．ということは1klなら140,000円だ．14万円のうち760円が地球温暖化対策税として徴収されているということになる．比率にすると0.5%くらいだ．節税とは無関係にエコドライブを心がけることはあっても，節税のためにエコドライブをしようという気にはあまりならないだろう．

　節税のために化石燃料の消費を抑えようという動機があまり働かなければ，従来通りに化石燃料が消費され，税収は順調に期待できる．だいたい2,600億円くらいが安定的にはいってくると見込まれているそうだ．この税収は温室効果ガスの削減のための施策の財源となる．

　しつこいようだが，経済学でいう環境税は税収をあげるためのものではない．みんなが節税対策として温室効果ガスの削減に努めると税収は少なくなる．だから，税収をあてにしてはならないのだ．広く薄く課税することで国

民生活への影響を小さくするという説明がなされるが，国民生活へのインパクトがなければ温室効果ガス削減のインセンティブは生じないだろう．

世界的にみると，1990年にフィンランドで炭素税が導入されて以来，スウェーデン，ノルウェー，デンマーク，オランダ，ドイツ，イタリア，イギリス，フランス，スイス，アイルランド，オーストラリアなどで導入されている（平成24年版環境白書: 116，表4-2-1）．

環境税は温室効果ガス削減のための税金をいうことが多いのだが，そうでない環境税もある．たとえば，森林税とか森林環境税とよばれるものがある．これは各都道府県が設定しているものだが，2003年度に高知県が導入したのを皮切りに，既に全国30以上の府県が導入している（2019年3月段階）．敢えて都道府県としなかったのは，都・道はいずれも導入していないからだ．ちなみに「道」は検討中らしい．概ね個人県民税納付者1人あたり500円，法人県民税納付者は県民税納付額の5%程度というところが多い．

現在の森林は，材木価格の長期低迷などもあって，間伐も十分に行われず，森林は荒廃した状態となっている．森林が荒廃するといわゆる「緑のダム」としての効果が低下するのは確かなようだ（なお，森林の「ダム効果」については，蔵治・保屋野編（2004）などを参照してほしい）．そこで，水源涵養，洪水抑制，レクリエーションetcといった森林のもつ機能の享受者である河川下流の都市住民にも負担をお願いするというのが趣旨だ．とはいえ，現在行政が支出している森林管理費用の多くを住民に負担してもらうという程の額ではなく，啓発的な意図がたぶんに込められているのが実状のようだ．

秋田県水と緑の森づくり税（秋田県），ぐんま緑の県民税（群馬県），水源環境保全税（神奈川県），森林（もり）づくり県民税（静岡県），豊かな森を育てる府民税（京都府）など名称は様々だが，森林環境税を設けている自治体は，2019年3月末段階で，37の府県と1市（横浜市）にのぼっている．

国も2018年の税制改革で森林環境税と森林環境譲与税という新たな税を設けることを決めた．二酸化炭素の吸収や生物多様性の保全などにおいて，森林の果たす役割が大きいにも関わらず，担い手不足などのために荒廃して

いる森林が多い．国民1人あたり年額1,000円を住民税に上乗せして市町村が徴収するのが森林環境税でこれは2024年度から課税される．集まった森林環境税を森林整備などに使うのが森林譲与税．実際に徴収されるのはまだ少し先だが，国の森林環境税創設で，地方自治体が独自に設けている森林環境税も変更を余儀なくされそうだ．

(3) 排出取引

　温室効果ガス排出削減の経済的手法として重要なもう1つは排出取引（Emissions Trading; ET）だ．まず，ETの経済学的な意味を確認しておこう．

　ETというのは，簡単にいうと，自分が温室効果ガスの排出を削減するのではなく，他が排出を削減した分を自分が減らしたことにしようというものだ．他人の成果を自分の成果にするのだから，当然のことながら，これはタダというわけにはいかない．あたりまえだ．排出を削減するためにはそれなりのコストがかかっているのだから．他人の成果をタダ取りしてはいけない．これは社会の常識だ．

　例えば，自分がCO_2 1トンの削減義務を負い，他も同じように1トンの削減義務を負っているとする．自分がCO_2を1トン減らすために，100万円の費用がかかるとしよう．仮に，80万円支払えば，1トン減らしたことにしてもらえるなら，自分で100万円払って削減するより，80万円で権利を買った方が得だ．逆に，自分が100万円の費用で1トン減らすことができるとしたとき，その権利を120万で買ってくれる人がいれば，これは120万円で権利を売却し，その金を使って，さらに自分用の1トン削減をやれば儲かる．先にも述べたように，温室効果ガスを全体で減らすことが目的だ．1人1トン削減×10人で100トン削減でなくても，1人100トン削減，9人削減なしでも構わない．後者の方が前者より総費用が低いなら，その方が社会的にも有益（効率的）だ．

　図9-3をみてほしい．先に掲げた図9-2と似たような図だ．MAC曲線が限界排出削減費用曲線というのと，横軸は温室効果ガスの排出量というのは，

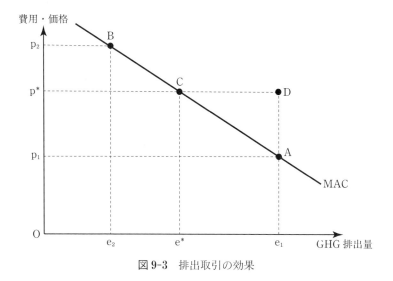

図 9-3　排出取引の効果

さっきと同じだが，で，今度は縦軸が排出権価格と費用になっている．

まず，スズキ工業の現在の排出水準が e_1 だとする．自分が排出量を e^* まで削減するためには四角形 Ce^*e_1A の費用が増える．このとき，排出権の価格が p^* だとする．e_1-e^* 分の権利を売却すると，$p^*\times(e_1-e^*)$ だけ収入がある．図でいえば，四角形だが Ce^*e_1D だ．でも，そのためには四角形 Ce^*e_1A だけのコストが余分にかかるので，差し引き $\triangle CDA$ の儲けが発生する．スズキ工業は権利を売却するだろう．

一方，MAC はスズキ工業と同じなのだが，オオグチ産業はすでに排出削減を進めていたので，排出水準は e_2 となっている．スズキ工業とは逆にこの場合は排出削減をせず，むしろ排出権を購入して排出量を増やした方が得になる．

売った方が得という企業（個人）と買った方が得という企業（個人）が多数いて，競争的に取引がおこなわれれば，社会的に妥当な価格が形成され，温室効果ガスの排出削減は社会的に（つまり全体としてという意味だ）低いコストで実現するであろう．なるほど，これは，「自由競争・市場経済大好

きっ！」という経済学者（世間では新古典派とよばれる人たち）がとっても好きそうな仕組みだ.

　排出削減義務を負う企業などが権利の実需を担うのだが, この制度が面白いのは排出義務を負わない企業などでも, 減らした CO_2 を権利化して売却することができるのだ. つまり, 供給側は必ずしも排出義務を負わない. 京都議定書では途上国は排出義務を負っていない. だが, なにがしかのコストを投入し排出削減をおこない, その実績を先進国に売るということができるのだ. この場合, さっきの例でいえば, スズキ工業が途上国, オオグチ産業が先進国ということになる. これが京都メカニズムでいう ET だ. 排出枠を権利化したものをクレジット（credit）という. クレジットというと, 何となくクレジットローンを思い浮かべるけど, 英語の credit には政府間の借款, 債権, 財務諸表の貸方（借方は debit）など, いろんな意味がある.

　この制度は国内的にも利用できる. 排出権取引の国内制度としては, アメリカでは SO_2 や NO_x の排出取引制度として, 1995 年から APR（Acid Rain Program）という制度が発足しているが, これは名前のとおり酸性雨対策だ. 温室効果ガスということではイギリスが 2003 年に開始した UK-ETS（UK Emissions Trading Scheme）がある. この制度は 2006 年まで続き, その後は EU-ETS に統合された. EU-ETS は, EU をひとつの国としてみれば国内制度だし, それぞれの構成国を単位と考えれば国際的な制度ともいえる. 2012 年には EU では排出権価格が暴落し, ET の制度そのものが危ぶまれる事態が生じたこともある.

　この ET というのは売買の対象となるのが権利だ. みかんとか大根と違い, 目に見える実体のあるものではない. 同じ権利でも債権・債務なら借用証文なんぞが証拠となる. 温室効果ガス削減のクレジットにも「借用証文」みたいなものがあればわかりやすい. 300 トン削減の証文とか, 10 トン削減の証文とかだ. 排出権を買う人はあっちから 100 トン, こっちから 10 トンと証文を買い集め, 全部で何トンで削減義務達成！となる.

　この「証文」には誰もが認める権威（保証）が必要だ. 借用証文でも偽造

された借用証文だと困る．だから，誰もが認める第三者機関が認めたものであれば確実だ．だからこのクレジットの信用ある認証機関がまず必要だ．認証機関がちゃんと審査し，その上でクレジット（オフセット・クレジット）が発生する．

そこでオフセット・クレジットの認証制度として2008年に創設されたのがJ-VERだ．JはJapanのJ，VERはVerified Emission Reductionの頭文字をとったものだ．環境省が運営するオフセット・クレジットの認証運営委員会が，排出削減や吸収（植林などの場合）の信頼性を審査し，発行したクレジットがJ-VERだ．J-VERは2013年に他の制度と発展的に統合し，新たにJクレジットが発足した．

クレジット売買の実証事業として自主参加型国内排出量取引制度JVETSが2005年に発足し，2005年度の第1期から2011年の第7期まで7年間運用された．JVETSで得られた知見などを踏まえ，2016年5月に閣議決定された「地球温暖化対策計画」では国内排出量取引制度について，「我が国産業に対する負担やこれに伴う雇用への影響，海外における排出量取引制度の動向とその効果，国内において先行する主な地球温暖化対策（産業界の自主的な取組等）の運用評価等を見極め，慎重に検討を行う」となっている．お役所的表現で，やるのかやらないのかはっきりしない文言だが，「慎重に検討を行う」という表現は「当面はやりません」という意味だろう．

国内での排出量取引の前提条件はクレジットの需要が国内にあることだ．クレジットの需要が発生するのは，ある種の強制力をもって温室効果ガス削減が強く求められるときだ．例えば，東京都は条例を制定し，都内の大規模事業所に二酸化炭素排出量の削減を義務付ける「東京都キャップ＆トレード制度」を2010年度に開始した．

削減の対象となった事業所は年間のエネルギー使用量（原油換算）が1,500kl以上の事業所で，オフィスビル等は8%，工場などは6%の削減義務を課せられた．東京都のウェブサイト（http://www.metro.tokyo.jp/tosei/hodohappyo/press/2016/11/04/10.html，2019年7月27日閲覧）によると，

2010〜2014年度の第1期では対象事業者すべてが目標を達成したが，自らの省エネ対策で義務を果たした事業所が1,262で，排出量取引を利用して達成した事業所が124事業所だった．

東京都の場合，中小事業者は排出削減義務が課されていないから，自主的に排出削減を実行してクレジットを取得すれば，それは資産価値を有することになる．東京都のようなキャップ&トレード型の規制が全国に広がれば，排出量取引ももっと盛んになるのだろうが，果たして今後はどうなるだろうか．少なくとも，排出量取引が広範におこなわれるようになれば，マネーゲームの対象となる金融商品が生まれることは確かだ．

どちらに転ぶか，筆者にはわからない．成長することが確信できれば大学をやめて人生最後の大勝負に出るのだが……．もっとも，半世紀以上人間をやってきてつくづく思うのは，世界で最も信用のおけない人間は自分自身だということなので，確信があってもやめたほうがいいようにも思う．

第**10**章
ごみ問題とリサイクル

1. ごみ問題

(1) 磯野家のごみ

　学生諸君，「過猶不及」って知ってるかな？　中学高校時代，漢文をちゃんと勉強していればすぐにわかるだろう．訓読すれば誰でも知っている言葉だ．これは「過ギタルハ猶ホ及バザルガ如シ」と読む．出典は論語だ．この言葉は，ある弟子が孔子先生に「宴会の残りものがいっぱいで困りましたねえ．どうしましょう？　燃えるごみに出すしかないですかね？」と尋ねたところ，孔子は「ほんまやなあ，料理をつくりすぎたなあ．余るというのは足りないよりもタチが悪いなあ」と答えたという逸話に基づいている……というのはもちろん嘘だ．が，出典が論語というのは本当だ（本当の語源は諸君が自分で調べてくれ）．

　とはいいながら，「過猶不及」というのはまさにごみ問題を端的に表現した言葉だ（もっとも，念のために言っておくが，孔子先生はモノの過不足について「過猶不及」といったわけではない）．図 10-1 はわが国のマテリアルバランスを表したものである．2017 年，わが国では 5 億 5,100 万トンの廃棄物が発生し，このうち 1,400 万トンが最終処分されている．最終処分というのはざっといえば埋め立てに回されたということだ．また，蓄積純増が 4 億 7,300 万トンあるが，これも大部分はいずれ廃棄物となっていく．

　図 10-2 はわが国におけるごみ排出量と人口の推移を比較したものである．

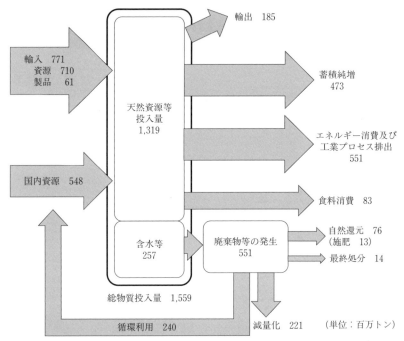

出典:『環境白書(令和元年版)』(p.174, 図3-1-1) より作成.

図 10-1 わが国のマテリアルバランス (2016 年)

　人口が増えればごみ排出量が増えるのは当然のことかもしれないが,この図をみると,人口の変化とごみ排出量は必ずしも同じ傾向を示していないことに注目してほしい.

　わが国は1950年代半ば頃から1970年代はじめ頃まで高度経済成長をとげた.今とは異なり,1970年代前半まで人口の伸び率も大きいが,ごみ排出量の増加率はそれにもまして大きい.1965年に9,827万人だった人口は10年後の1975年には13.9％増加し1億1,194万人となっている(1965年当時の日本の人口統計にはアメリカの統治下にあった沖縄県の人口は含まれていない).1965年に1,625万トンだったごみ排出量は1975年には4,216万トンと2.6倍に増加している.1人1日あたりにすると,453gから1,032gへ2.3

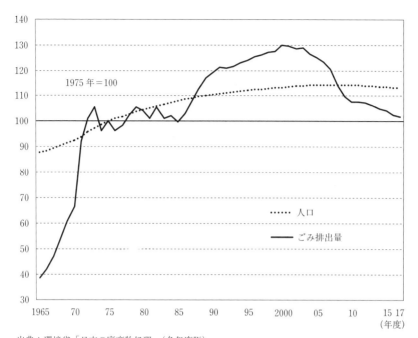

出典：環境省「日本の廃棄物処理」（各年度版）．

図 10-2　ごみ排出量と人口の変化

倍に増加した．

　高度経済成長期は人口の大移動期でもあった．つまり，人口全体が増えているだけでなく，首都圏，京阪神，中京といった大都市圏に人口が大きく移動した時期でもあった．したがって，ごみの問題は大都市圏に集中して発生し，大きな社会問題となった．その代表的な事例が東京の「ごみ戦争」である．

　当時，人口の急増にともなって，東京都のごみ排出量は激増していた．ところが，焼却処分をおこなう清掃工場の処理能力はごみ排出量の激増に対応できなかった．そこで，東京都は収集したごみを直接最終処分に持ち込まざるを得なくなった．最終処分は海面埋め立てによっておこなわれていた．1957 年からは「夢の島」という埋め立て地を最終処分場としてごみの搬入

がおこなわれた．ところが，なにせ生ごみをそのまま投棄したわけであるから，「夢の島」のある江東区では，ハエが大発生する，ひどい悪臭が発生する，さらには都内各地からごみを搬入するトラックで道路は渋滞するといった状況が発生してしまった．

東京都は1966年から清掃工場の新設を開始するが，その1つである杉並区の建設予定地では地元住民の反対で清掃工場の建設が難航した．ごみを持ち込まれる側の江東区側は杉並区からのごみの搬入の実力阻止という思い切った手段に出た．こうした事態に対し，1971年，当時の美濃部亮吉東京都知事は都議会において「ごみ戦争宣言」をおこない，事態の収拾に全力をあげてつとめることを宣言した．

そもそも，なぜ，この時期ごみの排出量が急増したのだろうか．人口増と都市圏への人口集中が大きな要因であったことは確かだが，それに加え，先にも述べたように，1人あたりのごみ排出量の増加も大きい．1人あたり排出量の増加はライフスタイルの変化によるところが大きい．

高度経済成長期までの生活を思い浮かべてみよう．といっても，若い学生諸君にとっては自分が生まれる前の遠い昔のことだから，リアルに思い浮かべることは難しいだろう．そこで登場するのが「サザエさん」である．「サザエでございまーす」で始まる（今でもそうなんだろうか?）あの「サザエさん」だ．長谷川町子が作ったサザエさんは元々新聞の4コマ漫画だったが，筆者が子どもの頃にテレビアニメ化され（第1回は1969年だそうだ），今日（2019年8月現在）に至るまで延々と続いているご長寿番組であるから，学生諸君も知っていると思う．あのサザエさんのライフスタイルが高度経済成長期までのライフスタイルなのだ．ついでにいうと，ちびまるこちゃんのライフスタイルは高度成長期末期もしくは直後のライフスタイルだ．

さて，ここで学生諸君をはじめとする若い読者への質問だ．サザエさんの住む磯野家（正確には磯野家＋フグ田家）では酒類はどうやって入手しているだろうか? 魚や野菜はどこで買っているだろうか?

まず酒類だ．サザエさんやフネさんがコンビニで酒を買っているシーンを

見たことがあるだろうか？　たぶんないと思う．酒類は三河屋のサブちゃんが配送しているはずだ．酒屋が酒類や醤油や油を各家に配達する．そして，配送の際に空き瓶を回収していく．このやり方はいまでも飲食店で消費される瓶ビールなどと同様だ．

　ついでにいうと米も米屋が配送していた．米は第二次大戦期から長らく政府が流通を統制していた（自主流通米制度が生まれたのは 1969 年だ）から，米屋は一定の商圏を安定的に確保していた．さらに米はほぼすべての家庭が消費する必需財である．したがって，米屋はどこの家庭に犬が飼われているかもよく知っている．この仕組みを利用してマーケットを開拓したのが，日本で初めてのドッグフード「ビタワン」を開発した日本ドッグフードだ．

　魚や野菜はいわゆる魚屋や八百屋で買っている．サザエさんが購入しようとしている魚屋の店頭を思い浮かべてもらいたい．今のスーパーと違い，魚屋の店頭に並べられている魚は発泡スチロールのトレイとラップによって包装されていない．八百屋の野菜も同様だ．さらに買い物に出かけるサザエさんやフネさんは必ず買い物かご（買い物袋ではなく，買い物かご）を持っているはずだ．だからレジ袋は使っていない（そもそも当時はそんなものこの世になかった）．これだけ考えても容器包装の類のごみがそもそも発生していないことがわかるだろう．

　さらに細かいことをいえば，さすがにサザエさんが便所にしゃがんでいるシーン（おそらく磯野家の便器は和式であろう）はないだろうが，おそらくトイレットペーパーは使っていない．いわゆる落とし紙である．だから使用後のトイレットペーパーの芯が残ることもない．生ごみや紙くずは市役所の収集車が持って行ってくれるが，紙くずは庭で落ち葉といっしょに燃やしてしまうこともあるし，生ごみも庭に埋めて自然発酵させ庭木や草花の養分となることも少なくない．

　ノリスケさんの息子イクラちゃんはつい最近までおむつをしていた．だがイクラちゃんが使っていたのは使い捨ての紙おむつではない．木綿製のおむつを何度も洗って繰り返し使ったはずだ．

耐久消費財についてもみておこう．テレビが一般に普及したのは，1959年におこなわれた当時の皇太子明仁親王（現在の上皇）の結婚式や，1964年に開催された東京オリンピックが契機となっていた．したがって，高度経済成長期の初期にはまだテレビは普及していないし，普及し始めた頃にそれらがすぐ廃棄物となることもまだほとんどない．そもそも電気製品は何度も修繕して使用していた．

　東芝科学館のウェブサイトをみると，国産電気冷蔵庫と国産電気洗濯機の第1号は1930年に，国産電気掃除機の第1号は1931年にそれぞれ製作されているが，これらが一般家庭に普及するのははるか後の高度経済成長期にはいってからだ．したがって，それまで一般家庭にあった大きな耐久消費財といえばタンスと仏壇くらいなものではなかろうか．タンスや仏壇はそうそう買い換えるものではない．だから粗大ごみもほとんど発生しない．

　さて，再び学生諸君への質問．君たち自身，もしくは君たちの実家では酒類や醤油などはどうやって調達しているだろうか．ほとんどの場合はスーパーなどで買ってくるのではないだろうか．そのとき，酒類，醤油，食用油などはどのような形態で買ってくるだろうか．例えばビールを買うにしても，瓶ビールを買ってくることはほとんどないのではなかろうか．醤油を一升瓶で買ってくることもまずないだろう．

　学生諸君は一升瓶を知っているだろうか？　そもそも一升って何のことかわかってるかな？　1升は10合，1合は180ml のこと．一升瓶とは1,800ml（＝1.8リットル）入りの瓶のことだ．醤油も食用油も石油化学樹脂製の容器入りのものを買ってくるのが一般的だろう．これらの容器は少なくとも家庭ではすべて「ごみ」となっている．

　その他，トイレットペーパーの芯だの，ボックスティッシュの箱だの，発泡スチロールのトレイやラップ類，レトルト食品の包装，牛乳の紙パックなどなどのごみが日常的に発生する．さらに，磯野家にはないであろう電子レンジ，パソコン，大型の冷凍冷蔵庫（現代で，磯野家と同じ家族構成だと冷凍冷蔵庫はかなり大型のものになるだろう），DVDデッキなどなどの耐久

第 10 章　ごみ問題とリサイクル　　　　217

消費財も次々と粗大ごみとなっていく．

　高度経済成長期以前と現在のごみを比較すると，量が増えただけではない．石油化学製品（プラスチック類）や中身が複雑な物質構成となっている電気製品類が多くなっている．これらはごみと化したとき処理困難なものである．

(2)　混ぜればごみ，分ければ資源

　東京都のみならず，ライフスタイルの変化と人口増はいずこにおいても深刻なごみ問題を引き起こした．高度経済成長期に形成された社会は「大量生産・大量消費」社会だ．大量に生産したモノを大量に消費すれば，大量にごみが発生するのが理の当然だ．大量にごみが発生すれば処分場も大量に必要となる．

　1975 年 4 月，画期的な政策が静岡県沼津市で打ち出された．それはごみの分別収集である．若い読者諸兄は「なーんだ」と思うかもしれない．今では全国どこの自治体でもふつうにやってるが，それまでどこもやっていなかったのだ．このとき使われたスローガンが「混ぜればごみ，分ければ資源」だ．どこかで聞いたことがあるのではなかろうか．

　ごみ処理対策としての分別収集には 2 つの意味がある．まず 1 つはごみの適正処理である．わが国のごみ処理は焼却処分が基本である．これは衛生的でもあるし，焼却することによって，直接埋め立てに比べるとごみの最終処分量を減らすことができる（減容という）．ところが，高度経済成長期になると，プラスチック類などの有機塩素化合物が多くなり，焼却炉の損傷や有毒ガスの発生などの問題が生じていた．分別収集によってこれらの処理困難物を事前に除去できる．もう 1 つは再資源化によってごみそのものを減量するという効果である．

　この方式はまたたく間に全国に普及し，分別収集は今や常識となっている．

　もう一度図 10-2 をみてほしい．1973 年頃をピークに 1980 年代半ばまで 1 人あたりのごみ排出量は横ばいに転じている．1975 年と 85 年を比較すると，人口は 7.9% 増だが，ごみ排出量は 0.2% 減となっている．1 人あたり排出

量は 7.5％ 減である.

1973 年 10 月に勃発した第 4 次中東戦争を契機として, 第一次オイルショックが起こる. これ以降, わが国の経済成長率は低い水準で推移し, いわゆる低成長期に移行した. 1 人あたりごみ排出量の減少は景気の停滞による消費水準の低迷によるところが大きいと思われるが, 分別収集による再資源化も影響していると思われる.

(3) ごみ有料化とリサイクル制度

1980 年代後半になると, 後に「バブル景気」とよばれる景気の拡大期にはいり, ごみ排出量は再び急上昇する. 1985 年と 95 年を比較すると, 人口は 3.4％ しか増加していないのに対し, ごみの排出量は 24.1％ も増加している. 1985 年には 1 人 1 日あたり 951g だったのが, 95 年には 1,138g と 2 割近くも増えた.

再びごみ問題が大きな問題として浮上し, 国レベルでの対応が強く求められるようになった. 国レベルでの対応が必要となったことについて, 寄本勝美は「産業経済の活動は全国レベル, ひいては国際レベルで展開されており, それゆえに個別自治体の行政区域を越えて起こっている諸問題に対しては, 自治体が有効な手を打つのは困難なケースが多いからである」といっている (寄本 2009: 14). 1991 年には「再生資源の利用の促進に関する法律」(再生資源利用促進法) が制定・施行され, 廃棄物処理法の大きな改正がおこなわれた (制定は 10 月, 施行は翌年 4 月). この 2 つの法律はごみ 2 法と総称される.

ごみ 2 法に続き, 1995 年 6 月には「容器包装に係る分別収集及び再商品化の促進等に関する法律」(容器包装リサイクル法とか容リ法とよばれている) が成立・公布される. さらに, 2000 年 6 月には, リサイクル制度の理念と枠組みを規定した循環型社会形成推進基本法 (循環基本法) と, 容リ法に続く個別リサイクル法である特定家庭用機器再商品化法 (家電リサイクル法), 建設工事に係る資材の再資源化等に関する法律 (建設リサイクル法),

食品循環資源の再生利用等の促進に関する法律（食品リサイクル法）などの法律が制定された．そして2002年7月には使用済自動車の再資源化等に関する法律（自動車リサイクル法）が制定されるに至った．

ライフスタイルの変化の寄与もあるが，旧来からのリサイクルシステムが機能不全を引き起こしたこともごみの増加に影響したと思われる．これには円高も作用している．1985年当時，円の対USドルレートは1ドル約240円くらいだった．それが95年には95円まで上昇した．円の価値が10年ほどの間に2.5倍にもなったのだ．

紙，金属，そして魚粉など，国内で再資源化によって商品を生産している産業は，常に海外から輸入される資源との価格競争にさらされている．紙の場合だと，海外から輸入される木材から生産されるバージンパルプと，再生紙の原料となる古紙は競合関係にある．円高によってバージンパルプの価格が低落すると，製紙会社が原料として古紙問屋から購入する古紙の価格も低落する．すると，古紙回収業者から古紙問屋への販売価格も低落し，回収業者の収入は激減してしまう．排出される古紙は古紙価格の低落とは無関係に増大傾向にある．こうなると，市場メカニズムをつうじたリサイクルは不可能となってしまう．

筆者が長年おつきあいさせてもらっている魚粉業界でも同じである．あまり知られていないが，現在，家畜や養殖魚の飼料として使われる魚粉（フィッシュミール）の主たる原料は水産加工場や水産物の流通過程で排出される魚あら（行政用語では「魚腸骨」）なのだ．魚粉メーカーは排出者から魚あらを買い取って魚粉を製造し，飼料メーカーに販売している．ところが南米などから魚粉が安く輸入されると魚粉相場は低落する．製品価格が低落すると魚あらを原料として購入するどころか，逆に処理料金を徴収しなければならない事態が発生する．これを「逆有償化」という．逆有償ということばはリサイクルの問題を扱うときよく出てくることばだ．

ごみか資源かを区別するひとつの基準が逆有償か有償かなのだ．つまり，排出者の側からすると，排出するモノを「売る」か，「お金を払って引き取

ってもらう」かの違いだ．これまでは，ほとんどただみたいな値段であった
にせよ，排出物は売れていき，排出者が自らのその処理費用を負担する必要
はなかった．ところが，逆有償となれば，処理費用を排出者が負担する必要
が生じてしまう．

これがあまり変質しない財であれば，相場が回復するまで保管しておいて
もいいだろうが，魚あらは生モノなのでそうはいかない．排出する側は何が
何でも引き取ってもらわないと困る．そこで逆有償が発生することになる．

紙などの場合なら，回収業者が回収しなくなったら，ごみとして出さざる
を得なくなる．こうした事情も作用し，この時期，ふたたびごみの排出量が
増加したのだろう．バブル崩壊後，景気の低迷もあって，ごみ排出量は減少
に向かうがそれでも 1970 年代後半から 80 年代前半の水準にはなかなか戻ら
ない．加えて，景気の低迷が長期化したことで，自治体の収支も悪化しつづ
ける．明治期以来，ごみの収集・処理は市町村等の業務とされてきた．ごみ
の減量と収集・処理の効率化は再び重要な行政課題となった．

そこで出てきたのがごみ収集の有料化だ．1990 年代にはいり，まず，事
業系一般廃棄物や粗大ごみが有料化され，そして 21 世紀になると家庭ごみ
の有料化も各地で実施されるようになった．

自治体でのごみ収集の有料化が広がり，国レベルではリサイクル制度の制
度化・法制化がおこなわれたのもこの時期だ．1991 年 4 月，資源の有効な
利用の促進に関する法律（リサイクル法）が制定され，1995 年 6 月には容
器包装に係る分別収集及び再商品化の促進等に関する法律（容器包装リサイ
クル法）が制定される．

2. グッズとバッズ

(1) ごみと資源は紙一重

わが国における廃棄物処理の根幹を規定している廃棄物の処理及び清掃に
関する法律（廃棄物処理法）には「この法律において「廃棄物」とは，ごみ，

粗大ごみ，燃え殻，汚泥，ふん尿，廃油，廃酸，廃アルカリ，動物の死体その他の汚物又は不要物であつて，固形状又は液状のもの（放射性物質及びこれによって汚染された物を除く．）をいう」（第2条）と記されている．残念ながら「ごみ」の定義はない．

ついでなので，ここで，法制度上の「廃棄物」について解説しておくことにしよう．廃棄物処理法でいう「廃棄物」は固体と液体である．気体は大気汚染防止法などの扱いになる．それと，3・11東日本大震災で大きな問題となった「放射性物質とこれによって汚染された物」も廃棄物処理法の対象外である．めぐりめぐって最終処分場に持ち込まれるものが廃棄物ということになる．

廃棄物は産業廃棄物（産廃）と一般廃棄物（一廃）とに分かれる（図10-3）．両者は処理責任などが異なっている．産業廃棄物とは「1. 事業活動に伴って生じた廃棄物のうち，燃え殻，汚泥，廃油，廃酸，廃アルカリ，廃プラスチック類その他政令で定める廃棄物」と「2. 輸入された廃棄物（前号に掲げる廃棄物，船舶及び航空機の航行に伴い生ずる廃棄物（政令で定める

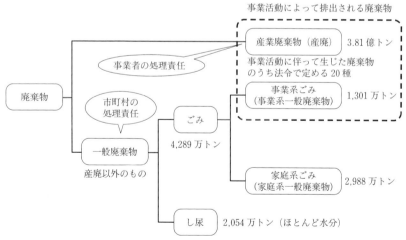

出典：「産業廃棄物排出・処理状況調査報告書（平成29年度速報値）」，「日本の廃棄物処理」．

図10-3　廃棄物の分類と発生量（2017年）

ものに限る．第十五条の四の五第一項において「航行廃棄物」という．）並びに本邦に入国する者が携帯する廃棄物（政令で定めるものに限る．同項において「携帯廃棄物」という．）を除く．）」（第2条第4項）だ．事業活動にともなって排出される廃棄物＝産業廃棄物ではないことに注意してほしい．「産業廃棄物⊂事業活動にともなって排出される廃棄物」という関係になっている．図をみてわかるように，量的にみれば，産廃が一廃よりはるかに多い．

　3.9億トン（2009年度）にのぼる産廃の内訳は表10-1のとおりだ．紙くずから下が廃棄物処理法で「その他政令で定める廃棄物」に相当する．量的にみると，汚泥（約1.7億トン），動物の糞尿（約9千万トン），がれき類（約6千万トン）の3つが特に多く，この3つで産廃全体の約8割をしめている．

表10-1　産廃の内訳（2017年度）

	種類	排出量（千トン）	比率（%）
法律で定められた産廃	燃え殻	1,934	0.50
	汚泥	166,889	43.28
	廃油	3,004	0.78
	廃酸	2,671	0.69
	廃アルカリ	2,288	0.59
	廃プラスチック類	6,817	1.77
政令で定められた産廃	紙くず	984	0.26
	木くず	7,304	1.89
	繊維くず	121	0.03
	動植物性残渣	2,562	0.66
	動物系固形不要物	74	0.02
	ゴムくず	36	0.01
	金属くず	8,089	2.10
	ガラスくず・コンクリートくず及び陶磁器くず	7,957	2.06
	鉱さい	13,706	3.55
	がれき類	66,055	17.13
	動物のふん尿	77,894	20.20
	動物の死体	124	0.03
	ばいじん	17,128	4.44
計		385,636	100.00

出典：「産業廃棄物排出・処理状況調査報告書平成29年度速報値」．

産業廃棄物のうち，政令で定める廃棄物というのは，廃棄物の処理及び清掃に関する法律施行令の第2条で定められていて，特定の事業活動にともなって排出される特定の廃棄物である．一例をあげると，木くずは，建設業者が，工作物の新築，改築または除去にともなって排出したものは産業廃棄物となるが，それ以外は一般廃棄物となる．学生諸君の家で飼育していた猫が死んだらこれは一般廃棄物だ（愛するペットが廃棄物というのは心理的には抵抗もあろうが，法律的にはそうなのだ）．では動物園で飼育していた象が死ん場合，この象の死体はどうなるか．廃棄物処理法および施行令によると，これも一般廃棄物となる．動物の死体が産業廃棄物となるのは畜産業だけである．だから牧場で死んだ馬や牛は産業廃棄物である．家庭で飼っていた猫の死体は（生活系）一般廃棄物であるから，札幌市の場合は「燃えるごみ」の黄色い袋にいれてごみステーションに出せばいいというのが廃棄物処理法上での扱いだが，札幌市が発行しているごみの出し方のパンフレットには，「保健所に相談してほしい」とあるので，燃えるごみとして出す前に保健所に電話して相談しよう．他の市町村在住の読者諸兄も，一応お住まいの市役所などに問い合わせてみたほうがいいだろう．

話を戻す．廃棄物処理法に「ごみ」の定義はないが，不要物として排出されるものとしておこう．以下は，特に断らない限り，ごみを広く解して廃棄物と同じ意味で使うことにする．

さて，ごみの存在がなぜ問題になるのだろうか．悪臭や病害などの衛生的問題もあろうし，存在するだけで場所をふさぐということもあるだろう．ここで重要なことは，ごみかどうかは，その物体の物理的・化学的属性で決まるのではないということだ．

例えば，各家庭から排出される生ごみは，発酵させれば肥料として利用できる．また腐敗していなければ豚などの家畜の飼料としても利用可能だ．使わなくなったビデオデッキは故障していなければまだ使えるし，故障していても修繕すればまだ使える．実際のところ，ごみとして排出されるものは，何らかの利用方法が存在するものがほとんどであるといってもいい．実際，

生ごみをコンポストにして利用している家も少なくないが，その一方で，同じ生ごみでもごみとして排出する家はもっと多い．まだ使えるビデオデッキを粗大ごみとして出す家もあれば，たとえ故障して使えなくても大事にしまっている家もあろう．

ごみか資源かの基準の第1は，そのモノに対する所有者の意思である．つまり，「要るか」，「要らないか」の判断だ．「要らない」となったら，ごみへの第一関門は突破である．次に，「要らない」となっても，それが存在することで不都合が全く生じなければ，それはごみにはならない．場所をふさぐとか，衛生上問題があるとか，存在そのものが気にくわないとか，理由は様々あろうが，そのモノと自分の関わりをきれいさっぱり精算したいと所有者が思うことがごみ化の第二関門だ．さらに，そのモノが市場価値を有していないことが最後の関門だ．

例えば，ここに古ぼけた壺があるとしよう．所有者のヒロシ君は陶芸品を鑑賞する能力もなければその気もない．加えてその壺がけっこうな大きさがあるので邪魔でしょうがない．ヒロシ君はこの壺を粗大ごみに出すことを決断し，玄関脇に放り出しておいた．この段階でこの壺はごみ化の第二関門まで通過している．そこへたまたま訪ねてきた友人のカズオ君がこの壺をみて，「案外，お宝ものかもしれないよ」と冗談で言った．ヒロシ君もまさかと思いながらも，念のため，テレビのお宝鑑定団に応募してみた．すると，時価数百万円の価値があることがわかった．ヒロシ君はすぐにこの壺を売り払って大金を手にし，カズオ君は「しまった！　黙って持って帰って自分が応募すればよかった」と後悔する．

ごみ化の第二関門まで通過していたこの壺は最後の関門でごみ化ロードからスピンオフに成功したのである．だが，こうしたケースは極めて稀だ．筆者は半世紀以上生きてきたが，筆者ががらくたと判定し，がらくたでなかったことは自分自身を含めて一度もない．

たいがいの場合，邪魔になったモノは処分される．「邪魔になる」ということは，その財が過剰になっているということだ．過剰になったモノという

のは，伝統的な経済学ではあまり対象にはならなかった．"Economics is the science which studies human behaviour as a relationship between ends and scarce means which have alternative uses."（Robbins 1935: 16）という のは，実に多くのテキストに引用されている経済学の定義だ．目的 （ends）と希少な手段（scarce means）の関係としての人間の行動を分析す るのが経済学であると L.C. ロビンス（1898-1984）はいっている．足りない モノが対象であって，モノが余って困るということは念頭におかれていない． ところが，ごみというのはまさに「余っているモノ」なのである．伝統的な 経済学の枠組みを超える必要があるということだ．

(2)　グッズとバッズの理論

　細田衞士『グッズとバッズの経済学』という本がある（初版は 1999 年に 発行され，2012 年夏に第 2 版が出版された）．この本で，細田はおもしろい 分析の枠組みを提示している．

　まず，一般的な商品であるグッズに対してバッズという概念を定義する． グッズ（goods）は聞き慣れた言葉だろう．たぶん中学生でも知っている． これに対してバッズというのはあまり聞き慣れない言葉だろう．誰がつくっ た言葉かは知らない（細田の造語ではないと思う）．筆者が愛用している 1991 年発行の『ランダムハウス英和大辞典』には載っていないが，北海学 園で英語を担当している某先生も見たことがあると言っていたから，今では ちゃんと通用する言葉になっていると思われる．good に対する bad だから， イメージは伝わると思う．

　細田はバッズを「負の価格」をもつ財であると定義する．いうまでもなく， 一般的な財であるグッズ（goods）は「正の価格」を持つ財だ．売り手（供 給側）は買い手（需要側）に対して財を提供し，買い手はその対価として貨 幣を支払う．ではバッズの取引はどうなるか．供給側（この場合，売り手と いうのも変だ）が財と貨幣を需要側にわたす．これは先に述べた逆有償だ．

　この考え方を導入することで，グッズとバッズを統一的に考えることがで

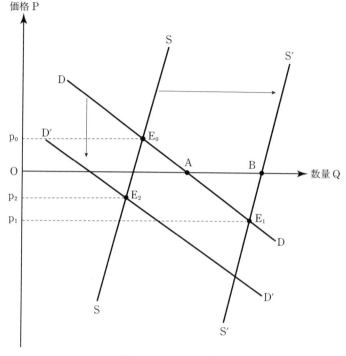

図 10-4 バッズの需給

きる.図 10-4 をみてほしい.まず,供給曲線が S-S,需要曲線が D-D だとする.この場合需給の均衡点は E_0 で,価格は p_0 である.$p_0>0$ だからこの場合はグッズの取引を表している.

ここで,何らかの事情によって,供給曲線が S'-S' にシフトしたとする.すると,均衡点は E_1 に移動し,この場合の価格は p_1 となる.$p_1<0$ だから逆有償となりこの財はバッズ化したことになる.同様に,供給曲線が S-S のままでも,需要曲線が D'-D' にシフトすると,均衡点は E_2 となり,価格は p_2 となって,これまたバッズ化である.

資源がごみ化するということはまさにこういうことなのである.先に述べたヒロシ君の壺の場合,粗大ごみの需要曲線は D'-D' なのだが,骨董品の需要曲線が D-D であったため,粗大ごみとしては逆有償(つまりお金を払

って引き取ってもらわなくてはならない）なのだが，たまたま壺が骨董品市場の需要曲線にマッチしたため，グッズとして取引されたということになる．

　筆者が長年観察してきた魚あらの世界では，需要曲線のシフトによって，魚あらが有償になったり，逆有償になったりしてきた（魚あらをめぐる問題については古林（2011）を見てほしい．東京水産振興会のサイトで読むことができる．こういってはなんだが，割と力作だと自分では思っている）．資源がごみ化するメカニズムはこういうことだ．

(3)　バッズ取引の問題点

　ヒロシ君が近所に新しくできたレストランに行ったとする．このレストランの料理が実にまずく，おまけに値段が高い．ヒロシ君が「二度と来るまい」と固く決心してこの店を後にしたことはいうまでもない．こんな店が商売を続けることができるだろうか．おそらく早晩このようなレストランはつぶれるだろう．これが市場メカニズムのもつ合理性だ．一般に価格に見合う商品を提供できなければ商売は成り立たない．

　この合理性が成り立つのはなぜだろうか．買い手は売り手に対価を支払う．そしてその対価に見合うモノを得ることができなければ二度と取引は成立しない．だから，売り手は買い手が求める品質と価格を提供しようと努力する．買い手は貨幣を支払うことで，それに見合う効用を得ようとする．グッズの取引では当然のことだ．

　ところがバッズの取引ではそうはいかない．グッズの取引ではモノと貨幣は逆方向に動く．貨幣は買い手から売り手へ，モノは売り手から買い手へ動く．バッズの世界ではモノを出す側からモノを受け取る側に向け，貨幣とモノが同じ方向に流れる．つまり，モノを出す側は対価に見合う何かを受け取るわけではない．グッズの世界だと，お金を出し渋れば満足なモノを受け取ることはできない．昔から「安物買いの銭失い」などという格言がある．安いモノは安い理由があるはずで，訳もなく「価格破壊」なんていうことがおこるわけがないのだ．このことはぜひ肝に銘じておくべきだ．

だが，バッズの取引は貨幣とモノが同方向に流れるため，財の供給（＝排出者）側は安ければ安いほどありがたい．目の前から消え去りさえすればいいのだから，そのモノがどのように処理されようと関係ない．「安物買いの銭失い」現象は起こりえないのだ．

排出者側はできるだけ安く済ませようと考える．モノを受け取る側，すなわち廃棄物処理は排出者側の料金引き下げ圧力に対応すべく，できるだけ安いコストでの収集・処理をおこなおうとするだろう．もし，何の規制もなければ，もっとも安い収集・処理方法は不法投棄であろう（規制がなければ「不法」ではないが）．これはいわゆる逆選択という現象だ．逆選択とは市場において，良質な財・サービスよりも悪質な財・サービスが選択されてしまうことをいう．

逆選択が起こるのを防ぐための方法としては，収集・処理方法の規制を強化するだけでは不十分だ．収集・処理の方法を厳しく規制したとしても，それに見合う支払を受けることができなければ，収集・処理は事業として成り立たない．競争の下で事業を継続するためには際限なく収集・処理の価格を下げざるを得ず，そうなると，事業をやめるか，もしくは一か八かの勝負をかけて不法投棄に走るしかなくなる．

ではどうすればよいか．「安物買いの銭失い」的な状況を排出者側につくりだせばいい．つまり，排出者側が処理の責任を負う仕組みをつくるのである．そのために考案されたのがマニフェスト（産業廃棄物管理票）制度だ．

廃棄物処理法には「事業者は，その事業活動に伴つて生じた廃棄物を自らの責任において適正に処理しなければならない」（第3条），「事業者は，その産業廃棄物を自ら処理しなければならない」（第11条）と明記されている．とはいえ，事業者が実際に自ら廃棄物を処理することは，技術的・経済的に必ずしも合理的とはいえないことも多い．そこで，処理を他人に委託することができる．

マニフェストというのは英語のmanifestのことで，積み荷目録とか，乗客名簿の意味だ．ついでにいうと，政党などが公表する宣言であるマニフェ

ストは manifesto なので別の単語だ．これは 1997 年の廃棄物処理法の改正
によって義務づけられたものだ．排出者である事業者が運搬・処理を委託し
た業者に，「当該委託に係る産業廃棄物の種類及び数量，運搬又は処分を受
託した者の氏名又は名称その他環境省令で定める事項を記載した産業廃棄物
管理票（以下単に「管理票」という．）を交付しなければならない」（第 12
条の 3）となっている．簡単にいうと，排出者が自分の出した廃棄物の移動
と処分の内容を確認する仕組みである．単に確認するだけではない．もし，
万一，不正な処理がおこなわれていれば，それを知っていた排出者も法的な
責任を負うことになる．

　産廃が排出者責任を明示しているのに対して，われわれに身近な一廃の方
はどうなっているのだろうか．一廃について，処理の責務は市町村が負うと
いうことになっている．法律には，「市町村は，一般廃棄物処理計画に従つ
て，その区域内における一般廃棄物を生活環境の保全上支障が生じないうち
に収集し，これを運搬し，及び処分（再生することを含む．第七条第三項，
第五項第四号ハからホまで及び第八項，第七条の三第一号，第七条の四第一
項第五号，第八条の二第六項，第九条第二項，第九条の二第二項，第九条の
二の二第一項第二号及び第三項，第九条の三第十二項，第十三条の十一第一
項第三号，第十四条第三項及び第八項，第十四条の三の二第一項第五号，第
十四条の四第三項及び第八項，第十五条の三第一項第二号，第十五条の十二，
第十五条の十五第一項第三号，第十六条の二第二号，第十六条の三第二号，
第二十三条の三第二項，第二十四条の二第二項並びに附則第二条第二項を除
き，以下同じ．）しなければならない」（廃棄物処理法，第 6 条の 2）とある．
括弧内がやたら長いが，基本的に一般廃棄物の収集・運搬・処分は市町村が
しなければならないのだ．

　市町村が収集・運搬・処分をおこなうという仕組みは，わが国においては，
明治期につくられたものだ．江戸時代までは，江戸，大坂，京都といった都
市では，住民の自治組織が責任をもってごみ処理にあたっていたようだ．そ
れが，明治になり，これまでの仕組みが崩壊し，さらに都市住民が増大した

ことにより，ごみ処理の問題が深刻化する．試行錯誤の結果，1900年に汚物掃除法が制定され，市町村によるごみ処理が確立したということである．このあたりの経緯は（溝入（2007）などを参照）で克明に論じられている．

3. ごみの排出抑制政策

(1) ごみの有料化

ごみの有料化がどのような効果をもたらすかを示したのが図10-5だ．現在の排出量をq_0とする．そこに収集料金（料率t）が課せられることになる．ごみを減量しないと，$t \times q_0$だけ収集料金を払わねばならない．このとき限界排出削減費用曲線がMAC_1であれば，排出量をq_1まで削減することで，△ACD分の料金を節約することができる．

図を見れば明らかなように，料率が高ければ高いほど，ごみの減量効果は高まるだろう．とはいえ，税だの公共料金だのを値上げするというのは，自治体にとってはなかなかやりづらい政策だ．税だの公共料金だのを値上げし

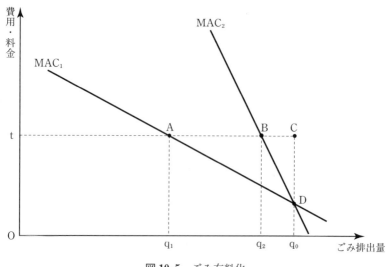

図10-5 ごみ有料化

ようとすれば，必ずといっていいほど，「料金を徴収する前にコスト削減などの行政努力をするべきだ」といった反論が起こるのが常だ．別に市役所の肩を持つ気はないが，経済学の理論からいえば，ごみの有料化は市役所のコスト削減とかとは関係ない．いわゆる経済的手法というやつで，ピグー税もしくはボーモル＝オーツ税的な作戦といえる．市役所のコスト削減云々はまったく別の問題ということになる．

料率もさることながら，有料化の効果は限界排出削減費用曲線の形状にも左右される．例えば，限界排出削減費用曲線がMAC_2だったとすれば，同じ料率 t であっても，ごみの減量効果は $q_0 - q_2$ にとどまる．限界排出削減費用曲線が垂直に近ければ近いほど有料化の効果は乏しいことになる．

家庭ごみを考えてみよう．ごみを出すそれ自体に喜びを感じる人はまずいないだろう．ごみというものは何らかの行動の結果，やむなく排出されるものだ．ごみ収集が無料なら，あまり深く考えずにごみを出すだろう．これはたぶん確かだ．それが有料化ということで，ごみの減量を少し考えるようになる．当初はほんの少しの工夫でごみの排出量は削減できるだろう．ごみをぎゅっと圧縮するだけで，ごみの容積は小さくなる．ごみ有料化は一般にプリペイド袋が利用されるから，容積の圧縮は効果がある．スーパーのレジ袋がごみ出しに使えなくなれば，レジ袋そのものがごみになるから，スーパーでの買い物にバッグを持参することになる．おまけにスーパーのレジ袋も昨今は有料になっていることが多い．

この程度の減量なら簡単にできる．だから限界排出削減費用は小さいだろう．だが，ある程度減量が進むとちょっとした工夫だけでは減量できないだろう．北海道の某都市で家庭ごみの収集が有料化されたとき，スーパーの店頭では，支払を済ませるや否や，肉や魚を包装しているトレイをはずし，大根の葉をむしり取ってその場に捨てていく客がみられたという．こういう人の限界排出削減費用曲線はかなり水平に近いのだろう．ちなみに札幌ではあまりこうした光景は見られなかったようだ．

実際のところ，家庭ごみの限界排出削減費用曲線は垂直に近いかもしれな

い．そうなると，減量効果という点ではあまり期待できない．ごみの収集有料化は，市民への啓発効果と自治体の処理負担の一部軽減（ごみ処理費用を全額徴収している自治体はまずないといっていい）が主だった効果といってもいいようだ．

啓発効果については，一時的な効果はあっても，数年経つと元に戻ってしまうという，いわゆるリバウンド効果もよくいわれる．わが札幌市の場合は，2009年7月1日から家庭ごみの有料化がおこなわれた．有料の指定ごみ袋にごみをつめて収集場所に出すやり方だ．2013年3月現在，札幌市の指定ごみ袋（家庭用）は，5L入り，10L入り，20L入り，40L入りの4種があり，40L入りは5枚1組，その他は10枚1組で販売されている．1Lあたりの値段はいずれも2円となっている．

札幌市の清掃事業費は213億円（2017年度決算額）で，このうち，ごみ収集関係費48.9億円，埋立処分費4.3億円，焼却処分費25.4億円，破砕処分費8.1億円となっている．一方，歳入のうち，清掃事業手数料は78.4億円で歳入合計の36.7％だ．単純に考えても，手数料だけで清掃事業をまかなうにはほど遠い．

(2) デポジット・リファンドシステム

ごみ有料化は多少なりとも排出抑制に効果がある．だが，それだけでは十分な効果は上げることができない．ごみとして排出されるモノの排出削減と，排出されたモノの資源としての回収を同時におこなおうという画期的なシステムがある．それがデポジット・リファンドシステム（deposit-refunded system）である．この仕組みは主として空き缶やPETボトルなどのごみ減量に効果的なものだとされている．

容器包装類は廃棄物のなかで大きな容積をしめていた．後にふれる容器包装リサイクル法が施行されて以来，いわゆるごみとして排出されることは，原則としてなくなったはずなのだが，なかなかどうして，ごみとしても依然として「こまったちゃん」なのである（「こまったちゃん」とか「にこちゃ

第10章　ごみ問題とリサイクル　　　　233

ん」って今でも通じるだろうか）．

　なかでも大きな問題となっているのが PET ボトルだ．PET ボトルリサイクル推進協議会『PET ボトルリサイクル年次報告書 2011 年度版』によると，2010 年度の指定 PET ボトルの販売量は 59.5 万トンで回収率は 72.1％，リサイクル率は 83.7％ とされている．この数値そのものを疑問視する人もある．例えば，栗岡理子はごみの散乱実態から，「この公表されている回収率・リサイクル率の精度を疑わざるを得ない」（栗岡 2012: 17）といっている．

　仮に，この公表数値が正しいとしても，回収される率は 7 割程度であるから，3 割近い PET ボトルが未回収になっていることになる．未回収分がすべて散乱ごみとなるわけではなかろうが，家庭や流通業者の店舗・倉庫に存在する PET ボトルの量が毎年増加しているとは考えづらいから，相当量が散乱ごみになっていることはたぶん確かだろう．

　散乱する PET ボトルなどを減らすにはどうすればいいか．方向は 2 つだ．1 つは PET ボトルなどの排出量そのものを減らすことで，2 つめは散乱させずに回収率を上げることだ．

　まず，排出削減である．こちらの方は環境税と同じ理屈だ．賦課金を課すことで製品価格を上昇させ，その財の需要量を減少させればいい．PET ボトル入り飲料なら，賦課金の分価格が上昇し，その PET ボトル入り飲料の需要量が小さくなり，結果的に PET ボトルの排出量は減少する．図 10-6 の上半分がそのことを表している．

　価格 p のときの需要量は q_0 だが，賦課金 t が価格に上乗せされるので，需要量は q_1 に減少し，排出される PET ボトルは $q_0 - q_1$ だけ減少する．この賦課金をデポジットという．デポジット（deposit）というのは預け金という意味だ．つまり，この賦課金が環境税と異なるのは，排出者が「支払う」のではなく，「預ける」のである．

　預けたわけだから，返してもらうことができる．ただ，何もせずに返してもらうわけにはいかない．使用済み PET ボトルを指定された場所に返却し

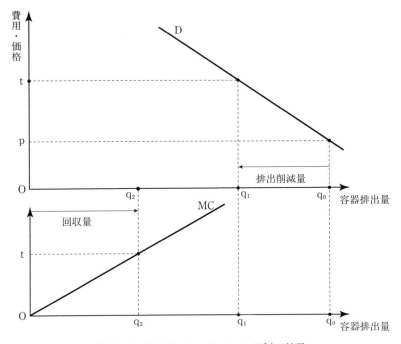

図10-6 デポジット・リファンド制の効果

ないと,デポジットは返却されないのだ.預かった側からいえば,預けられたお金を返却するかわりに,使用済みPETボトルを指定した場所に持ってきてもらうのだ.このことを表したのが図の下半分だ.返却(=回収)行動の限界費用がデポジット額に等しくなるところまで回収がおこなわれるはずだ.つまり,この図でいえば,回収量はq_2となる.

デポジット制度を導入しない場合PETボトルはq_0発生し,それがそのまま未回収となる.そこにデポジット制度を導入すると,未回収となるPETボトルの量はq_1-q_2に減少するわけだ.

まことにけっこうな仕組みのようにも思われるが,これを実行するとなると,解決すべき問題がいくつか発生する.

まず,第1に,図の上半分の部分だ.消費者はデポジット分だけ値上げし

第10章　ごみ問題とリサイクル　　235

た商品を購入することになるから，値上げ分だけ販売量が減少することになる．これは飲料を販売する側からみると大問題だ．ふつうの値上げと違い，値上げした分が自分たちの収入になるわけではないにもかかわらず，販売量が減ってしまうのだ．先の図でいえば，売上高は $p \times (q_0 - q_1)$ 減ってしまう．消費税率を上げるとき，小売業界が大反対することを思い浮かべると販売店が大反対するのがわかるだろう．

　第2の問題点は回収に関わる点，つまり図の下半分に関わることだ．回収行動の限界費用曲線の傾きが大きかったり，高いところにあったりすると，回収効果は小さくなる．PETボトル返却行動の限界費用を小さくするためには，回収拠点を多数設ける必要がある．ところが，そうなると，回収拠点から回収するための費用が大きくなってしまう．回収拠点には回収したPETボトルの保管スペースも必要なので，こうした費用もバカにはならない．回収拠点を少なくすれば回収費用は小さくなるだろうが，こんどは返却行動の限界費用曲線が上方にシフトしてしまい，回収量は小さくなってしまう．

　回収量を増加させるためには返却するデポジット額を大きくすればいいのだが，大きくすると，第1の問題がさらに深刻化してしまう．

　栗岡によると，わが国でのデポジット制度の導入は，4つの期にわけられるという（栗岡 2012: 76-87）．第1期は「散乱ごみ対策・ローカルデポジットとしての回収」，第2期は「焼却ごみ減量対策としての回収」，第3期は「小売店が顧客サービスのために回収」，そして第4期はこれから先の段階だ．

　ローカルデポジットというのは，市町村など限られた範囲で施行されるデポジット制度だ．栗岡によると，わが国でローカルデポジットは，缶飲料を対象に（当時はPETボトルはまだ普及していない），1982年頃からいくつかの小規模な市町村ではじまったという．1984年にはじまった大分県姫島村のローカルデポジットは村が事業主体となっているとのことだ．姫島村は大分県北部の国東半島沖の瀬戸内海に浮かぶ島だ．本筋とはまったく関係ないのだが，筆者は30代の頃，この島の基本計画づくりに関わり，何度も足

を運んだことがある．基幹産業の1つがクルマエビの養殖で，おかげで上質のクルマエビを何度もいただいた．実においしかった．思い出すと今でも頬が緩んで涎が出そうになる．

ローカルデポジットはけっこう手間がかかる．その地域内で販売される缶飲料が対象となっていたのだが，他地域から持ち込まれる分と地域内で販売された（すなわち，デポジットを上乗せして販売された）分を識別出来なければいけない．そこで，その地域で販売されるものについてはシールなどを貼って区別することになる．これがけっこうな手間なのだそうだ．姫島村は離島で，販売店もごく限られた地域に集中しており，回収場所も狭い範囲に設置すればいい．販売店が限られていれば需要曲線も比較的垂直になっているだろうから，デポジットの上乗せも販売量を大きく減少させることにはならないだろうから，販売店からの反対も相対的に小さかったのではなかろうか．しかしながら，日常的に近隣から大量に物資が流入するところだと，なかなかたいへんだろうと思う．

姫島村では近年もこのローカルデポジットは続いており，回収率は約90%だそうだ（栗岡 2012: 78）．ちなみにデポジット額は開始以来ずっと10円とのことだ．

PETボトルを初めてローカルデポジットの対象としたのは東京都八丈町で1998年のことだという（同上: 79）．ここも離島だ．離島は住民同士のコミュニケーションが濃密だし，ごみ処理の問題がより深刻なので住民の理解も得やすいのだろう．1990年頃，筆者が関わった姫島村の基本計画づくりの際におこなった住民アンケートではほぼ100%の人が「この島が好きで住み続けたい」と回答したのを覚えている．

ついでにいうと，栗岡による第2期は散乱ごみ対策よりも，容器包装リサイクル法を意識してローカルデポジットが導入された時期で，さらに第3期は小売店が顧客サービスとして，自治体や地域とは無関係に，自動回収機（RVM; Reverse Vending Machine）を設置するものだ．例えば，2012年4月，セブン＆アイ・ホールディングスは，イトーヨーカドーとヨークマートの店

頭に RVM を設置することを発表した．スーパーの多くは容器包装リサイクル法の特定事業者にあたる．特定事業者は再商品化委託費を支出しないといけないのだが，自らが回収した分については再商品化委託費を節減できることになっている．このことが自主回収のインセンティブになっている可能性があると栗岡もいっている（同上: 81）が，筆者もたぶんにそれはあるように思う．ただ，念のためにいっておくが，RVM の設置がデポジット制度の実施というわけではない．

(3) 拡大生産者責任 EPR とリサイクル制度化

第 1 節で述べたように，わが国では 1991 年のごみ 2 法の制定でリサイクルの法制度化がはじまる．そして 1995 年の容器包装リサイクル法を出発点に，個別リサイクル法が次々と制定されてきた（表 10-2）．2013 年 4 月から

表 10-2　リサイクル法

制定	法律	備考
1991 年	再生資源利用促進法 （再生資源の利用の促進に関する法律）	2000 年に資源有効利用促進法に改正
1995 年	容器包装リサイクル法 （容器包装に係る分別収集及び再商品化の促進等に関する法律）	1997 年 4 月本格施行
1998 年	家電リサイクル法 （特定家庭用機器再商品化法）	2001 年 4 月施行
2000 年	資源有効利用促進法 （資源の有効な利用の促進に関する法律）	再生資源利用促進法を改正，2001 年 4 月施行
2000 年	循環型社会形成推進基本法	
2000 年	食品リサイクル法 （食品循環資源の再生利用等の促進に関する法律）	2001 年 5 月施行
2000 年	建設リサイクル法 （建設工事に係る資材の再資源化等に関する法律）	2002 年 5 月本格施行
2002 年	自動車リサイクル法 （使用済自動車の再資源化等に関する法律）	2005 年 1 月本格施行
2012 年	小型家電リサイクル法 （使用済小型電子機器等の再資源化の促進に関する法律）	2013 年 4 月施行

は小型家電リサイクル法も加わる．ゲーム機，デジカメ，携帯電話などが対象だから，学生諸君にも大いに関係するはずだ．

　容器包装リサイクル法はいわゆる拡大生産者責任（EPR; Extended Producer Responsibility）を盛り込んだことが大きな特徴となっている．「EPRの核心は，消費後の段階においても，生産者が財政的ないし物理的責任を担うこと」（細田 2010: 144）だといわれている．財政的な責任を負うというのは適正処分やリサイクルなどの費用を支払うことであり，物理的責任を負うというのは生産者自らが適正処分やリサイクルを実施することだ．

　EPR を導入したのは 1991 年にドイツで制定された容器包装政令（Verordnung uber die Vermeidung und Verwertung von Verpackungsabfallen）が最初のようだ．この政令を契機としてドイツでは生産者と流通業者の共同出資によって DSD（Duales System Deutschland）が設立され，参加企業はライセンス料を DSD に支払い，自らの製品に「緑の点」（Der Grüne Punkt）というマークをつける．DSD がこのマークのついた容器包装を回収し，リサイクルするというものだ．つまり，DSD への参加企業は上述の財政的支払をおこなうことで責任を果たしていることになる．ついでにいうと，わが国の容器包装リサイクル制度は，このドイツの DSD や，フランスのエコアンバラージュ（Eco-Emballge）を参考にしてつくられている．

　その後，EPR は OECD が政府向けガイダンスを発行したり，わが国の循環基本法にも導入され，廃棄物やリサイクルの政策では重要な概念となっている．EPR 政策は，経済学的ないいかたをすれば，生産者が廃棄物発生にともなう外部不経済を内部化することで，廃棄物排出抑制のインセンティブをもつようになるということだ．

　図 10-7 は容器包装リサイクルの仕組みをあらわしたものだ．拡大生産者責任を負う事業者を特定事業者とよぶ．特定事業者は，特定容器利用事業者，特定包装利用事業者そして特定容器製造等事業者のことだ．特定容器とは，容器包装リサイクルの対象になる容器のこと，特定包装とは容器包装から特定容器を除いたもの．特定容器は容器包装に係る分別収集及び再商品化の促

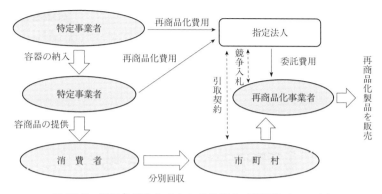

図 10-7　容器包装リサイクルの仕組み（指定法人ルート）

進等に関する法律施行規則の別表第一にずらずらと示されている．容リ法で，消費者も「繰り返して使用することが可能な容器包装の使用，容器包装の過剰な使用の抑制等の容器包装の使用の合理化により容器包装廃棄物の排出を抑制するよう努めるとともに，分別基準適合物の再商品化をして得られた物又はこれを使用した物の使用等により容器包装廃棄物の分別収集，分別基準適合物の再商品化等を促進するよう努めなければならない」（第 4 条）という責務を負っている．だから，どれが特定容器包装なのかを知らねばならない．とはいっても，自分が買ってきた商品の容器が特定容器包装にあたるかどうかを，「容器包装に係る分別収集及び再商品化の促進等に関する法律施行規則（平成 7 年 12 月 14 日大蔵省・厚生省・農林水産省・通商産業省令第 1 号）に記載されている別表第一」と一々照合するわけにはいかない．そこで，消費者がちゃんと識別できるように製品にはマークがついている（図 10-8）．これで安心だ．燃えないごみと特定容器包装を分別できる．

　市町村が分別回収した分別基準適合物（ガラスびん，PET ボトル，紙製容器包装，プラスチック製容器包装）は，容器包装リサイクル協会またはリサイクル会社を通じてリサイクルされる．特定事業者は容器包装リサイクル協会に対して再商品化費用を支払うというかたちで拡大生産者責任を果たすわけだ．ついでにいうと，アルミ缶とかスチール缶は市町村がリサイクルを

PETボトル

紙製容器包装

プラスチック
製容器包装

飲料用スチール缶

飲料用アルミ缶

図 10-8　特定容器包装のマーク

おこなう企業にまとめて販売する．

　その後制定された家電リサイクル法，食品リサイクル法，建設リサイクル法，自動車リサイクル法といった個別リサイクル法でも，責務を負うべき業者を指定している．これには EPR の考え方がある程度反映しているといえる．

　家電リサイクルでは電器店とメーカー（法律上の言葉では「小売業者」・「製造業者等」），食品リサイクルでは，食品加工業者・流通業者（卸売と小売）・飲食店（法律上の言葉では「食品関連事業者」），建設リサイクルでは建設業者と発注者（法律上の言葉では「建設業を営む者」・「発注者」），自動車リサイクル法では自動車メーカー（「自動車製造業者等」）に，それぞれ責務を課している．もっとも，これらのリサイクル法では，事業者だけに責任があるとしているわけではない．われわれ消費者にも排出抑制の責務が記されている．

　リサイクルの制度はグッズとバッズの市場が変化することに強く影響をうける．例えば，図 10-7 で示した容器包装リサイクルの仕組みも，排出された廃容器包装がグッズ化すると不要な仕組みとなる．いわゆる指定法人ルート以外に流れる廃容器類の発生は不可避だ．それでも食品メーカーなどの特

第10章　ごみ問題とリサイクル　　241

定事業者は義務として再商品化費用を支払わねばならない．グッズとバッズが相対的である以上，こうした問題はつねに存在するのだ．

4. 海洋プラスチックごみ

近年，プラスチックごみによる海洋汚染が大きな注目を集めている．2016年1月に開催された世界経済フォーラム（通称ダボス会議）で公表された報告書によると毎年800万トン分のプラスチックが海に流出しているという．

プラスチックは軽量で劣化しにくい丈夫な素材だ．加えて安価だ．劣化しにくいということはいつまでも存在するということだ．安いということは使い捨てしやすいということだ．使い捨てしやすくていつまでも存在するというのは，ごみとしてはかなりやっかいな存在だということでもある．

海洋汚染や海洋ごみに関しては，国際的にも様々な場で議論がおこなわれてきている．古くは1982年に採択された国連海洋法条約（1994年発効，わが国は1996年に批准）でも海洋汚染の防止がとりあげられている．

筆者は学生時代，大阪湾の小型底びき網の操業現場を見たことがあるが，様々なごみの中から漁獲された魚をより分けているような感じだった．海洋ごみそのものは決して新しい問題ではない．だが，近年になって大きく取り上げられている海洋プラスチックごみ（海プラ）問題は，これまでの海洋汚染一般とは異なった様相を呈している．これまでは海を汚さないという一般的な話だったのに対して，今回の海プラ問題はプラスチックの生産・利用についての議論になっている．

海洋に流出したプラスチックごみなどが海洋の生態系などに悪影響を与えるということはこれまでも指摘されてきた．ウミガメがビニールを餌と間違えて食べたり，廃棄された漁具に海鳥が絡まったりなどということはしばしば報道されてきた．

2018年6月にカナダで開催されたG7シャルルボワ・サミットで取り上げられ，世界中の国に対策を促す「健全な海洋及び強靱な沿岸部コミュニティ

のためのシャルルボワ・ブループリント」（以下，シャルルボア・ブループリント）が採択された．

このとき，イギリス，フランス，ドイツ，イタリア，カナダの5カ国とEUは，自国でのプラスチック規制強化を進める「海洋プラスチック憲章」に署名したが，アメリカとわが国は署名しなかった．この憲章では，2030年までにプラスチックを100％リユースまたはリサイクルもしくは回収するなどということがうたわれている．

署名しなかった理由を安倍首相は「『海洋プラ憲章』の目指す方向性については共有するが，プラスチックの具体的な使用削減に等の実現に当たり，国民経済への影響を慎重に検討・精査する必要があったため見送った」と国会で答弁した．

日本政府が海洋プラスチック憲章に署名しなかったことに対して，環境団体などからは非難の声もあがっているが，その一方で，署名しなかったことを評価する見解もある．たとえば「海洋プラ憲章は日本の優れた廃プラスチック管理システムをほとんど考慮せずにまとめられたもの．この憲章をそのまま受け入れると，日本がリーディングポジションを取りにくくなるほか，国内で長年培ってきた仕組みそのものが全否定されることにもなりかねない」（重化学工業通信社 2019: 81）という見解もある．

リーディングポジション云々はどうでもいいが，容器包装リサイクル法をはじめ，わが国がこれまでプラスチックのリサイクルに取り組んできたことは事実だろう．

ともあれ，海プラ問題は，これまで国内問題だったごみやリサイクルをめぐる問題が，国際的な問題として新たな局面を迎えたことを示しているように思われる．

第11章
食と化学物質：リスクへの対応

1. 化学物質への懸念

(1) 身土不二と食育

　ヒトは食べ物なしには生きていけない．生きていくための栄養補給という基本的な意味もさることながら，それぞれの気候風土にあった食物をおいしくいただくというのはまことにもって楽しいことである．筆者は今を去ること30数年前に農学部に入学して以来，食い物に関する勉強を続けてきた．だからといってグルメでは全くない．どっちかというと味覚は鈍い方だと自分では思う．味覚があまり敏感ではないせいか，何を食ってもおいしく感じることが他の人より多いように思う．これは自分の人生において，まことにもってありがたいことだ．食事がおいしく元気に過ごせるというのは何よりもすてきなことだとつくづく思う．

　食は元気の源，医食同源，身土不二だ．何やら健康商品のパンフレットみたいになってきた．医食同源は日本でつくられた言葉らしいが，身土不二の方は，北宋の天台僧智円が著した『維摩經略疏垂裕記維摩経』（タイトルからすると，古い仏教の経典のひとつである維摩經の解説書だと思う）のなかの「二法身下顯身土不二」という一節が語源らしい．ちなみに仏教用語では身土不二は「しんどふに」と読むらしい．ちゃんと読んだわけではないが，この『維摩經略疏垂裕記維摩経』には「身土」も「不二」もあちこちに出てくるが，身土不二と続いて出てくるのはここだけのようだ．不二は「ふたつ

ではない」という意味だろうから，「身」と「土」は別々のものじゃないという意味だ．で，身は体，土は土から生まれる農作物……という意味では本来はないそうな．身というのは正報（しょうほう）のことで，土は依報（えほう）のことだそうだ．『大辞林』によると，正報は「この世の中に心をもつ者として生じてくること．また，そのような者．過去の行為の報いを受けている本人」で，依報は「過去の世の行為の結果として，この世に生まれた者に与えられている世界」のことだ．つまり，ざっといえば，いま今日ここにある精神をもった肉体はその肉体がおかれている環境と不可分一体なのであるというようなことだろう．

　元々は健康商品の宣伝文句ではないのだ．これを健康増進の標語としたのは，西端学という人で，時期は明治末期のことだ．西端学は陸軍大佐で石塚左玄という人の弟子のような存在．石塚左玄（1851-1909）は帝国陸軍の軍医で，「食養」や「食育」を提唱した人物だ．石塚が主宰した「食養会」という団体の後継者が西端学だ．

　石塚左玄の「食養」の系譜が，『食医石塚左玄の食べもの健康法』（石塚2004）の見開きに記されているが，この系譜図を見ると種々雑多な人々の名があがっていて実に興味深い．古いところでは，西南戦争の際に熊本城の籠城戦で西郷軍を食いとめた谷干城，日露戦争の司令官の1人乃木希典，明治期の大ヒット新聞小説『食道楽』の著者村井弦斎，時代を経ると，女性解放運動の平塚らいてう，第二次大戦前の陸軍の指導者宇垣一成，電力の鬼といわれた松永安左ヱ門など様々な人の名前があがっている．

　石塚左玄も西端学も帝国陸軍の軍人だ．富国強兵の「強兵」は彼らの仕事だった．明治維新と秩禄処分は武士という身分をなくした．武士は本来世襲の戦士だ．武士身分をなくしたということは，すなわち世襲制の専業的戦士をなくしたということであり，それに代わるのが国民皆兵制度だ．新たに組織された軍隊では，生まれながらの軍人ではなく，先祖代々軍事とは無縁に生きてきた人たちを兵隊として訓練せねばならない．「強兵」をつくりだすことが平時においては職業軍人の最も重大な使命となったのだ．

国民皆兵（といっても男子だけだが）であるから，すべての国民が健康でなければならない．石塚左玄やそれに続く人たちが職業軍人であったことは偶然ではないだろう．

石塚左玄は「食物が人を左右するものである」と言い切っている（石塚2004: 17）．この本の原本である『食物養生法』について石塚自身は「要するに本書は，体育・智育・才育は，すなわち食育である，と確かに言えるという理由を化学的に分かりやすく解説したもの」（同上: 21）と言っている．『食物養生法』は 1898（明治 31）年に初版が出版されている．今から 100 年以上も前のことであるから，石塚のいう「化学的」の内容は，現代から見ると，笑えるようなことも書いてある．なんせ「化学的」といいながら，西洋科学以外に四書五経の『易経』まで登場する本だ．

だが，石塚が 19 世紀に既に「食育」という概念を提示していることに注目したい．石塚らが，食育という概念を提起したとき，食事を単なる個人的な行為を超えて意義づけしていることに注目したい．

石塚の『食物養生法』から 100 年以上を経た 2005 年，食育基本法が公布・施行された．食育基本法の前文には「今，改めて，食育を，生きる上での基本であって，知育，徳育及び体育の基礎となるべきものと位置付けるとともに」とある．まさに石塚のことばと同じだ．

食育基本法の前文には「人々は，毎日の「食」の大切さを忘れがちである．国民の食生活においては，栄養の偏り，不規則な食事，肥満や生活習慣病の増加，過度の痩身志向などの問題に加え，新たな「食」の安全上の問題や，「食」の海外への依存の問題が生じており」という一節がある．食という個人的な問題に，国家が口出しするのはどうかという気がしないでもないが，国民が安全な食生活を送るということは，社会的な観点からも重要なことではあろうと筆者も思う．

水俣病やイタイイタイ病，PCB によるカネミ油症事件は，食を通じて人間の命と健康を奪った公害問題だ．様々な化学物質などが，現代社会に生きるわれわれに大きな影響を与えていることは今さらいうまでもない．食の安

全は人間の生命のレベルに関わる環境問題なのだ.

(2) 『沈黙の春』と『奪われし未来』

1962 年, アメリカの雑誌『ニューヨーカー』ではじまったひとつの連載が大きな反響を呼んだ. レイチェル・カーソン (Rachel Louise Carson, 1907-64) によるこの連載は同じ年単行本『沈黙の春』(原題：Silent Spring) として出版された. この本は日本語訳も発行され, 現在に至るまで売れ続けているロングセラーとなった.

著者のレイチェル・カーソンは 1907 年アメリカのペンシルバニア州にあるスプリングデールに生まれ育った. 少女の頃から文章を書くのが好きだったという. ペンシルバニア女子大学では生物学を勉強し, ジョンズ・ホプキンス大学で修士号を得た. 1936 年から 52 年までアメリカの漁業局 (U.S. Bureau of Fisheries, 後の魚類野生生物局 U.S. Fish and Wildlife Service; USFWS) に勤務した後, 海洋生物を中心とした研究と執筆活動に専念した人だ.

『沈黙の春』は農薬（殺虫剤や除草剤）が生態系に深刻な影響を与えていることを, 多くの実例を紹介しわかりやすく訴えた. 1950 年代, 今では禁止されている DDT などの殺虫剤が大量に散布された実態がこの本には描かれている. 無害ないしは影響は軽微であるとの宣伝文句に反し, 農薬や除草剤が食物連鎖を通じて生態ピラミッドの上部にある生物に大きな影響を与えたことがわかる.

出版当時, この本は大きな反響を呼んだようだが, 特に農薬メーカーなどからの反発も大きかったようだ. 業界団体がカーソンを批判するパンフレットをばらまいたり, カーソンに批判的な書評などを集め, それを記事扱いして報道するようマスコミに発信したという（青樹築一による解説, カーソン 2001: 375-76）.

業界による反論の重要な論点のひとつは, 農薬がなければ農業生産力が大きく落ち込んでしまうというものだった. これはおそらく事実だ. まことに

もって卑小な事例だが，筆者が以前庭付きの家に住んでいたとき，庭でキャベツを栽培したことがある．面倒くさがりの筆者は青虫の駆除をしなかった．すると，小さな庭はモンシロチョウの楽園と化し，まことに美しい光景を現出したのだが，こうなるとキャベツの栽培なのか，モンシロチョウの養殖なのかわからなくなってしまった．モンシロチョウの食べ残しを自分で食っているようなものだ．自分で食う分にはいいが，これでは商品としてはまず出荷できないだろう．

　カーソン自身，殺虫剤や除草剤を全面的に否定しているわけではない．「害虫などたいしたことはない，昆虫防除の必要などない，と言うつもりはない」（同上: 26）とはっきり述べている．生態系に対して無差別的に影響を与える大量散布を批判しているのだ．この視点は現代ではもはや常識だ．

　虫害が農作物に甚大な影響を与えることは事実だ．農業は虫との戦いでもあり，殺虫剤が強力な武器となったことは事実だ．だが，カーソンは，武器は他にもあり得るということを示唆している．それはまさに生態系のメカニズムそのものを利用する方法だ．害虫駆除を生物によっておこなうというやり方，すなわち，天敵を利用するというやり方だ．カーソンはマメコガネ（この本によると，日本からアメリカに渡ってきた虫だそうだ）を害虫の天敵として利用することで防除に成功した事例も紹介している（同上: 109）．

　天敵導入による害虫駆除（生物学的防除，これに対して薬品散布による防除は化学的防除という）が大規模に成功したのは1880年代のアメリカ・カリフォルニアの柑橘樹の害虫であるイセリアカイガラムシの防除対策にベダリアテントウムシを使ったのが最初だという（瀬戸口 2009: 51）．相手が虫ではなくシカだが，第7章で述べたオオカミの利用もこれと同じ発想だ．

　この『害虫の誕生』という本は実に面白い本なのでおすすめする．この本によると，明治期から第二次大戦直後あたりまで，わが国では化学的防除と生物学的防除は並行して研究が政策的にも進められていたらしい（同上: 142 -49）．ところが，第二次大戦後，DDTがアメリカから大量に導入され，占領軍総司令部（いわゆるGHQ）の指示もあって，生物学的防除の研究はや

めてしまったという（同上: 148）.

　このDDTという薬物は，筆者の親の世代（若い学生諸君にとっては祖父母の世代か，もう少し上の世代だろう）にとってはなじみ深い薬物だ．シラミ退治の妙薬として，進駐軍（ところで学生諸君，この言葉知ってるかな？知らなければ，おじいさんかおばあさんに聞いて下さい）の兵士にDDTの粉を頭からかぶせられたという経験のある人は多い．今から考えると無茶なことだが，これがわが国で蔓延していたシラミ退治に絶大な効力を発揮したことも確かなようだ.

　DDTはDichloro-Diphenyl-Trichloroethaneの略称で，有機塩素系殺虫剤のひとつだ．今では環境ホルモンのひとつ（厳密にはDDTそのものではなくその代謝物）とされている．わが国では1981年に製造が禁止されている．ちなみに，プロレスの技にDDTというのがあるのを知っているだろうか？　何かの略が偶然DDTになったのだと思っていたら，そうではなく，強烈な破壊力を持つ技なので，殺虫剤のDDTの名をとったらしい．アメリカでは強烈な破壊力の代名詞にさえなっているということだ．あまり麗しいネーミングではないが，わが国では強烈な破壊力の代名詞でよく使われたのは原爆とか水爆だ．大木金太郎の原爆頭突きなんていうのもあった（どうもジジイはいうことが古い）.

　何らかの問題に対して，解決法はひとつしかないということは実はあまり多くない．たいがいの場合，解決法の選択肢はいくつかある．そのなかでどの解決法が選択されるかは，社会的状況と偶然による．結果的に陽の目を見ることのない技術を潜在技術（potential technology）という.

　社会的状況が変化することで潜在技術が顕在化することがある．リサイクルの技術なんていうのも潜在技術が顕在化したケースが多い．食と化学物質でいえば，合鴨農法などは化学物質への懸念という社会的状況の変化によって，顕在化した農業技術といえよう．水田養鯉などというのもある．こちらの方は昔長野県などでおこなわれていた農法で，その後廃れてしまっていたが，現代になって新たに着目されている農法だ（長野県の佐久鯉が有名だ）.

第 11 章　食と化学物質：リスクへの対応　　　249

　天敵の利用にあたり，天敵生物を外部から導入するというやり方は，今日の
生態系保全という観点からすれば，それはそれで新たな問題にもなりかねな
いものの，顕在化する可能性もたぶんにあるといえよう．

　『沈黙の春』から 34 年後の 1996 年，世界に衝撃を与える本が再びアメリ
カで出版された．内分泌攪乱化学物質の専門家であるシーア・コルボーン
（Theo Colborn），環境ジャーナリストのダイアン・ダマノスキ（Dianne
Dumanosk），そして環境保護活動をおこなっている W．オールトン・ジョー
ンズ財団理事のジョン・ピーターソン・マイヤーズ（John Peterson Myers）
の 3 人による『奪われし未来』（1997 年，原題は "Our Stolen Future: Are We
Threatening Our Fertility, Intelligence, and Survival ?"）だ．この本は「多様
な合成化学物質が，ホルモン分泌系の繊細な作用をどのように攪乱している
のかを鮮やかに描いたわかりやすい研究報告」（当時アメリカの副大統領だ
ったアル・ゴアによる序文，同上訳書: 5）だ．

　この本がひとつの契機となり，20 世紀終わり頃から 21 世紀の初めにかけ，
わが国でも環境ホルモンが大きな社会問題としてとりあげられた．環境ホル
モンというのは，どうもマスコミがつくった言葉のようで，外因性内分泌攪
乱化学物質というのが元々の用語だ．

　そもそも環境ホルモンのホルモンとはなにか？　焼肉のホルモン焼きと関
係あるのかないのか？　このふたつがまず疑問として浮かぶのではなかろう
か．

　まず前者であるが，ホルモンとは，レセプター（受容体）という物質と結
合することで，細胞核のなかにある遺伝子を活性化して生体反応を生み出す
物質のことだ．然るべき時に然るべきホルモンが分泌され，然るべき生体反
応が起こるわけだ．例えば，性徴期になると，性ホルモンが分泌され，男の
子は♂らしく，女の子は♀らしく体が変化する．

　ところが，体の外からある種の化学物質が体内に摂取されると，この化学
物質がいわば偽ホルモンみたいな役割を果たしてしまうことがある．そうな
ると，然るべきときでない時に，然るべからざる生体反応が起こってしまう

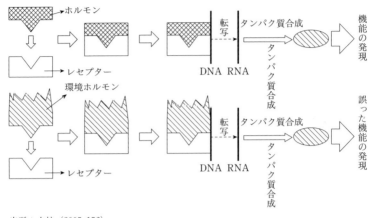

出所：古林（2005: 156）．

図 11-1　環境ホルモン

のである．このあたりのイメージは図 11-1 に示したとおりだ．医療として意図的に偽ホルモンを使用することもある．合成女性ホルモンなどはその例だ．

環境ホルモンの厄介なところのひとつはすぐに影響が出るわけではないことだ．すぐに大きな影響が発見されるものなら，すぐに対応が求められる．ところがすぐに影響が出ないということは，影響があるのかないのかも明確になっていないことが多い．

で，おそらく，読者諸兄が気になっているであろう後者の疑問であるが，これについては諸説あるようだ．ホルモン焼きの優れた実証的研究書である『ホルモン奉行』（角岡 2003）では，大阪弁の"ほるもん（＝捨てるもの）"語源説，土の中から"掘るもん（＝掘り出すモノ）"語源説，医学用語の"ホルモン"語源説があげられており（同上: 10-6），角岡自身はドイツの医学用語由来説が「今のところ有力」（同上: 16）としている．

ただ，こうした食の安全に対する関心が，ともすれば，過剰とも思える反応を惹き起こすこともままある．東日本大震災後による原発事故が，農水産物に対して大きな風評被害をもたらしたことは記憶に新しい．

2. リスクへの対応

(1) リスクと予防原則

化学物質が健康被害をもたらすことがあるのは事実だ．だが，健康被害をもたらす可能性があるからといって，化学物質をすべて排除できるかというと，これもまた難しい．自分で田畑を耕作し，衣食住（食のみならず，衣にも住にも化学物質は使われている）のすべてを自給自足するのならともかく，世界中から集まる物質を使って生きている現代人にとって，化学物質をすべてなくして生きることは難しい．

防腐剤は避けたい．だが，防腐剤のおかげで腐敗しやすい食品の長距離輸送や長期保存が可能となっているのも事実だ．殺虫剤のおかげで農作物のコストが下がっているのも事実だ．何らかの便益があれば，その裏には何らかの好ましくない事象が存在することは往々にして避けられない．

そこで登場するのがリスク管理の理論だ．リスク（risk）とは好ましくない，出来れば避けたい事象が起きる確率であると定義される（確率的に把握できる危険性をいうこともある）．好ましくない，出来れば避けたい事象のことをエンドポイント（endpoint）という．学生諸君にとって，単位を落とすとか，落第して留年するなどということは，できれば避けたい事象，すなわちエンドポイントだ．毎年 100 人に 5 人が留年するとすれば，留年のリスクは 5×10^{-2} ということになる．

もっとも，留年なんぞということは，生き死にに直結することではないからそう大した問題ではない．筆者も大学で 1 年留年したが，こうして無事に生きている．まあ，自慢できる話でもないし，留年はできれば避けた方がいいことは確かだ．これは断言できる．

一般的にいって，リスクは出来るだけ小さい方がいい．エンドポイントが回復不能な場合はことさらそうである．ちょっとした病気くらいなら回復可能だが，死んでしまっては回復不能だ．

そこで，できるだけリスクを小さくするための方策が「予防原則」である．何かが起きる前にエンドポイントとその発生要因を確定し，事前に対策をとっておくというものだ．敢えて「予防原則」などと名付けるまでもなく，いわば当たり前のことといってもかまわない．

第6章でとりあげた自然環境のところでふれておくべきだったかもしれないが，アセスメント（assessment，影響評価）というのは，自然破壊について，予防原則を体現する仕組みだ．原科幸彦は環境アセスメントを「人間行為が環境に及ぼす影響を予測し，それをできるだけ緩和するための社会的な手段である」といっている（原科2011: 3）．

1960年代，アメリカでは環境問題への社会的関心が高まり，1970年にアメリカの環境法の中心となっている国家環境政策法（National Environmental Policy Act; NEPA）が施行された．NEPAには，大規模プロジェクトにおける環境配慮を求める環境アセスメント制度が盛り込まれており，これが世界初の環境アセスメントの法制化だ．わが国でも1972年6月に環境アセスメント制度の導入が閣議で了解されている．原科は「日本の環境アセスメント制度導入の端緒は悪くなかった」（同上: 50）といっている．また，同書によると，1972年国連人間環境会議（第5章参照）で，この閣議了解をうけて（というより，たぶん人間環境会議にあわせて閣議了解したのだろう），大石武一環境庁長官が人間環境会議での演説で環境アセスメントの導入を明言している（同上: 57-8 にこの演説が掲載されている）．

ところが，実際に，わが国で環境影響評価法が成立したのは，なんと大石演説から四半世紀も後の1997年，全面施行はそれからさらに2年後の1999年6月だ．国による制度化より早く自治体が先行して環境アセスメントの条例をつくったケースも多々ある．自治体が国に先行することは環境行政ではしばしばみられることだ．

ちゃんと影響を予測・評価してから事に当たる．まあきわめて常識的な話だろう．とはいえ，大規模なプロジェクトになればなるほど環境影響調査にはコストがかかる．コストが増えるとその分儲けが減る．さらに，影響が大

きいという結果が出ると，プロジェクトを実行しようとしていた人は困る．加えて，不都合な事象が予測されるとき，人はできるだけその可能性を低く見積もろうとしがちだ．

読者諸兄も「科学的な予測（想定）」なるものがいかにアテにならないかは東日本大震災でイヤというほど感じたことだろう．ただ，津波や原発事故の経緯をみていると，「科学的な予想（想定）」として喧伝されたことがらが，実は全く科学的でなかった．つまり「科学的な予想（想定）」が実は「非科学的な予想（想定）」だったことが明らかになった面も多々ある．地震学者が9世紀に起こった貞観地震という大地震の影響を例示していたのに，関係者の多くはそんな大きな地震はないと見て見ぬふりをしていた．そして出てきた言葉が「想定外」だ．「想定外」ということばは決して免罪符ではない．きついことをいうようだが，敢えて想定しなかったというべきだろう．

かくして，環境アセスメントは，「たいした影響はございません」という結論にあわせて実施される「環境アワスメント」などと揶揄されることになってしまったのだった（もちろん，これまで作成された環境影響評価報告書のすべてがそうだとはいわない）．

(2) HACCP とトレーサビリティ

思いもかけなかった事故が発生することはままある．神ならぬ人間がやることに完全はない．自分は完全だといいたがる人はいる．筆者が棲息する学校という業界には自分の非を認めない人間が特に多いようだ．自戒の念を込めつつそう思う．「実るほど頭を垂れる稲穂かな」，人は常に謙虚にありたいものだ．

事故には必ず原因がある．工学部で機械工学の勉強をした後に農業経済学の道に進んだ筆者の先輩である奥田さん（本書第6章で登場した）が「事故はたいてい複数の原因が偶然重なりあって起きる」といっていた．

どこで事故の原因が発生するのか，それはどうすれば防げるのか，仮に起きてしまった場合，それを繰り返さぬようにするためには何をすればいいの

か．こうしたことをできる限り考えることで，リスクは低減できる．

食の安全を担保する仕組みとして HACCP という制度がある．HACCP というのは，Hazard Analysis and Critical Control Point の頭文字をとったものだ．最初の HA，すなわち Hazard Analysis は危害分析．ハザード（hazard）もリスク（risk）も危険性と訳されることが多いが，ハザードというのは良くないことが起こる原因をいう．ゴルフのバンカーや池とかをハザードというのはこれによる．バンカーや池はスコアを落とす危険因子ということだ．

CCP は重要管理点と訳される．食品加工は様々な工程から成り立っている．諸工程のうち，どこにどのようなハザードが存在するのかを確認し，いくつものチェックポイントを設ける．そのチェックポイントが CCP だ．

いくつものチェックポイントをきっちり管理しておれば，出来上がった製品はまず問題ないはずだということだ．従来の管理手法は，ともすれば，出来上がった製品に不良品があって，はじめて工程を見直すというものが中心だった．HACCP を導入すると，問題発生の確率を低減できるとともに，もし万一事故が起こった場合，工程のどこに問題があったのかを速やかに発見できる．

HACCP は，アメリカ航空宇宙局（National Aeronautics and Space Administration; NASA）が，1960 年代にアポロ計画を実施するとき，宇宙食の製造について開発した手法だ．確かにロケットで月に行って食中毒をおこしたらたいへんだ．わが国では 1998 年に HACCP 支援法（食品の製造過程の管理の高度化に関する臨時措置法）が制定・施行されている．

この手法を地域ぐるみで導入したケースもある．北海道の標津町は全国有数の秋サケの産地だ．ここでは，漁業者，加工業者，流通業者が一体となって秋サケなどの品質管理に取り組んでいる．例えば，漁業者（定置網業者）は，漁港の清掃，乗組員の健康チェック，出漁前の船倉の清浄化，清浄海水と砕氷の積載，船倉の温度管理，漁獲した魚の温度管理，漁獲物の選別・計量，セリまでの保管といった各 CCP を設定し，それぞれをすべて記録して

いる．もちろん，加工場や輸送でもいくつものCCPを設定し，それぞれ記録し，その記録は保管されている．標津町の「地域HACCP」は消費地でも高い評価を受けている．

　万一，事故が起こった場合，迅速な対応が必要だ．食品事故の原因究明には，生産から消費に至る全過程のどこに問題があったのかを素早く調べなければならない．そのためにはトレーサビリティ（traceability, 追跡可能性）の確保が必要だ．

　産地表示もトレーサビリティ確保の手段のひとつだ．時折「産地偽装」が新聞を賑わすことがある．牛肉の産地偽装発覚が契機となってつぶれた老舗料亭や牛肉販売業者もある．正直いうと，但馬牛か佐賀牛かなど，ほとんどの人は味で区別はつかない．黒毛和牛という同じ品種だし，全国のブランド牛といわれる和牛のほとんどには但馬牛の血統がはいっている．味覚の鈍い筆者ならなおさらだ．だから，但馬牛を佐賀牛と謀って客に食わせても，ほんとうのところ実害はない．だが，食の安全担保という視点から見れば，産地偽装というのは極めて悪質な犯罪行為なのだ．

　わが国では，BSE（Bovine Spongiform Encephalopathy; 海綿状脳症）問題が，食品のトレーサビリティが社会的関心を呼んだ契機となった．わが国では2001年に初めてのBSE感染牛が発見され，その後，食肉のトレーサビリティ制度が整備された．あまり見たことがない読者諸兄も多いだろうが，われわれ消費者が購入した牛肉には個体識別番号が付されている．パックで買ったらパックのラベルに記してあるし，量り売りの場合はショーケースに記載されている．（独）家畜改良センターのウェブサイトにアクセスし，「牛の個体識別検索情報サービス」をクリックし，この個体識別番号を入力すると，そのお肉の生産履歴がわかるようになっている．国産牛肉を買ってきたら一度試してください．携帯からもアクセスできるので，スーパーの店頭でも確認できる（実際にやっている人を見たことはないが）．

(3) リスク管理の原則

道を歩いていれば車にはねられる可能性は常にある．呼吸をしていればインフルエンザウィルスに感染する可能性もある．飛行機に乗れば落ちるかも知れない．船に乗れば沈むかもしれない．モノを食えば食中毒になるかもしれない．こうして色んなことを考えると，60年以上生きてきた方が不思議に思えてしまうくらいだ．

食品でもそうだ．発がん性物質がはいっているからといって，すべて排除することは困難だ．例えば焼き魚や焼き肉の焦げにはトリプトファン（Tryptophan）熱分解物というものが含まれる．トリプトファンってどっかで聞いたことあるなあと思って調べたらアミノ酸の一種だ．たぶん，大昔，学生時代に食品化学関係の講義で聞いたのかもしれない．アミノ酸はタンパク質を構成する物質だから，焼き肉や焼き魚にトリプトファン熱分解物が含まれていても不思議はないと素人の筆者でもわかる（食品化学関係の講義を受けたにもかかわらず「素人」だというあたり，筆者が学生時代いかに勉強しなかったかを物語っている）．焦げに含まれるトリプトファン熱分解物は変異原性物質なのだそうだ．変異原性物質というのはDNAを傷つけ細胞をがん化させる物質のことだ．つまり魚や肉の焦げは発がん性物質ということだ．

だからといって，大好物の焼き魚や焼き肉を食べるのをやめようとは思わない（そんなことを思うくらいなら，筆者はとっくにタバコをやめている．タバコの発がん性はかなり高い）．

アメリカの連邦食品医薬品化粧品法（Federal Food, Drug, and Cosmetic Act; FFDCA）に，デラニー条項（Delaney Clause）というのがあった．これは1958年にFFDCAに盛り込まれたもので，発がん性物質が食品にはいることを一切禁じるものだった．1958年といえば，筆者の生まれた年，若い読者諸兄からみると大昔だ．この頃でも，発がん性物質は多々知られていたが，その後の研究が著しく進んだため，発がん性物質はどんどん発見され増えてしまった．古くから食されている天然食材のなかにも微量の発がん性が

第11章　食と化学物質：リスクへの対応　　　257

いくつも存在することが明らかになった．こうなると，デラニー条項の規定
どおりにしていると食い物がなくなってしまう．そこで1996年にデラニー
条項は廃止された．廃止反対意見も多かったようだ．

　危ないものは一切ダメというのをゼロリスクとかリスクゼロという．リス
ク管理の考え方として，リスクゼロを原則とするというのは，まことにもっ
てわかりやすい．わかりやすいが，デラニー条項の例にも明らかなように，
実行が困難な原則でもある．

　リスクをゼロにしようと思えば，まずタバコはやめねばならない．もちろ
んやめた方がいいのはわかっている．「わかっちゃいるけどやめられない」
というのは筆者の愛唱歌のひとつ青島幸男作詞「スーダラ節」の一節だ（知
らない人はユーチューブかなにかで聴いてください）．この歌を歌った植木
等の父は植木徹誠という僧侶だ．息子の歌うこの歌を聴いた徹誠は「わかっ
ちゃいるけどやめられない」のがまさしく人間の業だと言ったというのを何か
で読んだことがある．なぜやめられないのか，徹誠師によれば人間の業であ
るが，経済学的にいうと，何らかの便益があるからやめられないのだ．
DDTだって便益があるから使用されたのだ．自然を破壊したくてダムをつ
くる人はまずいないだろう．

　わが国のリスク理論の先駆け的存在で現在もなお活発な発言をおこなって
いる中西準子（1938-）は，リスク管理の原則には，リスク・ゼロ，リスク
一定，そしてリスク・ベネフィットの3つの基準があるといっている．リス
ク一定というのは，ある程度のリスクはがまんしましょうというものだ．各
種の汚染物質が法律で規制されている．

　カドミウムといえば，第4章でとりあげたイタイイタイ病の原因物質だ．
軟体動物はカドミウムを内臓に蓄積する性質をもっている．イカの塩辛なぞ
にはカドミウムがしっかり含まれているはずだ．だが，イカの塩辛でイタイ
イタイ病になったりした人はいない．微量ならまったく問題ないということ
だ．どこまでならOKか，食品衛生法によると，米（玄米）の場合は1.0
mg/kg未満，清涼飲料水（ミネラルウォーター類を含む）の場合は原水

0.01mg/L 以下という規制水準が設けられている．また，国際的な食品規格の策定機関であるコーデックス委員会（Codex Alimentarius）の勧告する基準では，米（精米）0.4mg/kg 未満となっている．玄米と精米の違いがあるので日本が特に緩いわけではない（厳しくもないが）．わが国の基準値は 1.0mg/kg だが，実際には汚染米の懸念を払拭するため，0.4〜1.0mg/kg の米は政府が買い上げて流通しないようにしきた．

このように，〇〇未満というようなかたちで，そこまではとりあえずOK とするのが，リスク一定の原則だ．現実的にはこれが現在もっとも一般的なリスク管理の原則だろう．

ここでは食品の安全というテーマでリスクを解説しているが，自然破壊の分野でも，リスク理論は使われている．例えば，漁業における漁獲規制なんていうのも一種のリスク一定原則といえるかもしれない．ある魚をこれ以上漁獲したら，絶滅する確率が高くなるので，ここでやめようということだ．

最近では，リスク・ゼロやリスク一定といった原則に加え，リスク・ベネフィットの原則が提唱されるようになっている．

中西準子は「じつは私たちはわりあいやすやすといいますか，しばしばといいますか，安全を犠牲にしています」（中西 2010）といっている．そのとおりだ．何らかの便益を求めて人は安全を犠牲にしている．ではどこまで安全を犠牲にするのか，できるのかということを基準にリスクの管理を考えようというのが，リスク・ベネフィットの原則だ．

リスク・ベネフィット原則の基準は $\mathit{\Delta}B/\mathit{\Delta}R$ だ．$\mathit{\Delta}B$ はベネフィットの変化，$\mathit{\Delta}R$ はリスクの変化を表す．リスクと便益がトレードオフ（あっちを立ててればこっちが立たずという関係のこと）の関係にあるとする．ベネフィットを大きくしようとすればリスクもまた大きくなる（「虎穴に入らずんば虎児を得ず」ということだ）が，リスクを小さくしようすれば便益も小さくなってしまう．大穴が的中すれば大もうけできるが当たる確率は低い．本命馬を買えば当たる確率は高いがもうけは小さい（こんなたとえ話をするから，筆者は品がないといわれるのだ．わかっている，でも「わかっちゃいる

けどやめられない」だ）．ちなみに，車券・馬券・舟券の場合のエンドポイントはお金の喪失ということになる．

エンドポイントはお金でなくてもいい．食の場合だと，死，病気，食中毒といったようなことがエンドポイントだし，自然保護などだと，当該生物群の絶滅などということがエンドポイントとなる．

中西は「人の健康を保護するための環境対策を，$\Delta B/\Delta R$ の値を基準に選択しようというのが私の考えである」という（中西1995: 119）．中西は，「私の提案は人の命に無限の価値をおけないということを表現している」（同上: 119-20）ともいっている．利用可能な資源（ヒト・モノ・カネ）は有限だ．有限であるがゆえに，最も効率的なかたちで利用せねばならない．効率的なかたちで資源を利用するためには，優先順位が必要だ．だから「誰にも分かる方法で，衆人環視の中でリスクを計算し，ベネフィットを計算し，$\Delta B/\Delta R$ を明示しなければならないのである」（同上: 120）．何かあけすけな議論だなあという感もあろうが，まことにもってそのとおりだと筆者も思う．この一節だけ読むと，「中西って冷たそうなおばはんやなあ」と思うかもしれないが，彼女が，下水道処理の問題からスタートし，時には孤軍奮闘で，環境対策に苦闘してきたことを知ると，彼女が単なる効率至上主義者（経済学者には多い）ではないことがうかがわれる．このあたりは，『環境リスク学』（中西: 2004）に収録されている彼女の横浜国立大学での最終講義を読むとわかる．

ΔB は「リスクの増加を甘受することで得られる便益の増分」と理解してもいいし，「リスクを減少させることによって失われる便益の減少分」とみてもいい．

法制度のなかにこの基準を明示的にいれるのはなかなか難しいかもしれない．だが，現実の社会をみれば，人は日常的にこの原則にしたがって行動しているのだ．焼き肉を食うのをやめれば，トリプトファン熱分解物による発がんのリスクを下げることができるだろう．リスクの低下分を ΔR とする．だが，焼き肉を食うことで得られる幸福感は失われる．明確な計算はしてい

なくとも，$\Delta B/\Delta R$ は基準としている．個人的な話であれば明確な計算は不要だが，政策の選択基準となれば，$\Delta B/\Delta R$ の値は明確に示されるべきであり，この値が十分大きければ，政策的に優先されるべき政策であると判断できるだろう．

　補足すると，便益を経済的な便益，リスクの増減をコストの増減とすれば，これは第7章で解説したCBAだ．CBAの問題点ないしは留意すべきことは第7章で述べたとおりだ．このリスク・ベネフィット原則を下手に経済的価値に落とし込んでしまうと，非人道的な問題が生じる可能性もある．

補章
環境経済論の基礎理論

1. 外部不経済

(1) 市場の合理性

さて，ここでは経済学の理論の勉強をしていくことにしよう．環境経済論でよく使われる経済学の基本的な概念について確認しておきたい．そのほとんどはミクロ経済学などの講義で扱われている概念なので，すでにちゃんとわかっている人は読まなくてもいい．

あまりちゃんとわかっていないなあと思っている諸君は，あまり面白くないかもしれない（「経済学の講義で面白いことなんてないよ」なんて言わないように）が，しばらく我慢してつきあってもらいたい．

さて，われわれが生きているこの現代社会は資本主義社会とか市場経済社会とよばれている．

手元にミクロ経済学の教科書があれば開いてほしい．市場メカニズムが十分機能すれば資源の合理的な配分がなされるというようなことが書いてあるはずだ．「合理的な配分」というときの「合理的」とはいわゆる経済合理性（economic rationality）に適っているという意味である．経済合理性とは，ごくごく簡単にいえば，一番低いコストで一番高い成果をあげることである．安いとか高いとかは市場価格で評価される指標である．市場で価格として評価されない（しえない）価値についてはさしあたっては考慮の外である．実は市場で取引されない，つまり価格のない財・サービスというのは環境問題

を考えるにあたりとても重要だ．このことは第6章でしっかり考えることとして，ここではさしあたり考慮の外としておこう．

　市場メカニズムが合理的な資源配分をもたらすにはいくつかの前提条件が必要だということもミクロ経済学の教科書には書いてあるだろう．

　まず，売り手と買い手が多数存在すること．このことは誰か特定の売り手（または買い手）の行動が他の売り手（もしくは買い手）の行動によって価格が変動しないことを意味している．そして，このことは，売り手も買い手も市場で形成される価格をみて売り買いの行動を決めるということも意味している．

　工業製品はメーカーが値段を決定できるのに，農作物や漁獲物は農家や漁家が自分で値段を決めることができないので農漁業は不利だということをいう人がいるが，これは間違っている．大部分の工業製品だって，メーカーが値段をつけているわけではない．今は「定価」なんていう言葉はほとんど死語だ（「定価」が認められているのは，独占禁止法の適用除外によって再販売価格維持が認められているものだけだ）．よくみるのは「定価」ではなく「メーカー希望価格」だ．メーカーが「これくらいの値段で売ってくれるとうれしいなあ」という，まさに「希望価格」に過ぎない．読者諸君は，大手電器メーカーの製品を「メーカー希望価格」で購入したことがあるだろうか？　たいがいは「メーカー希望価格から○○％割引！」と示した製品を買っているのではないだろうか．

　次に，売り手も買い手も経済合理的に行動するという前提条件だ．具体的にいうと，売り手は所与の生産関数のもとで利潤を最大化するように行動し，買い手は予算制約のもとで，効用を最大化するように行動するということだ．使えるカネは限られている．同じモノならわざわざ高い方を買うことはない．

　完全情報というのもある．これは売り手・買い手双方とも取引される財・サービスについて必要な知識をちゃんともっているということだ．必要な知識をちゃんともっているから不確実性もないということだ．

　参入・退出の自由というのもある．ざっといえば，実現している市場価格

補章　環境経済論の基礎理論　　263

で，売りたくなければ売らなくてもいい，買いたくなければ買わなくてもいいという条件だ．

　そして，外部性（externality）がないという条件もある．これについてはすぐ後でじっくり説明する．

　以上のような条件を満たしている市場を完全競争市場という．とはいうものの，実際のところ，以上の条件を完全に満たしている市場はまずない．これはあくまでも理論的に想定される純粋な状態である．

　ここで2通りの考え方がある．

　完全競争の条件を満たすように社会のあり方を変えて，合理的な資源配分をめざすべきである．現状では様々な社会的な規制があるから完全競争にほど遠い．だから様々な規制を緩和して理想的な状態である完全競争をめざすべきだ．そうすれば資源は合理的に配分される．そのためには，各種の規制によって守られてきた人たちが不利を被るのは仕方がない．これがひとつの考え方で，市場原理主義と揶揄されることもある考え方だ．

　今ひとつの考え方は，社会のあり方を多少変更したとしても，完全競争を実現することなどできない．それよりも社会のあり方を変えることによって発生する犠牲の方が大きいという考え方だ．規制のなかには社会的・経済的弱者を守るために設けられているものも少なくない．この場合，規制緩和政策は弱者切り捨て政策であり，社会的格差が拡大してしまい，社会の安定が損なわれるという考え方だ．

　前者は市場メカニズムの機能を重視する考え方，後者は市場メカニズムの弊害を重視する考え方だ．ふたつの考え方は両極端の考え方だから，実際にはふたつの考え方の間のどこかで政策が決定されるだろう．とはいえ，両方の論者が共に納得する答えを見つけることは容易ではない．というか，おそらく無理だ．

　経済学の理論が教えるのは，市場が完全競争の条件を満たすことによって，資源が（経済）合理的に配分されるということだけだ．資源が（経済）合理的に配分されることを最優先の社会的課題とするかどうかは一種の価値判断

だ．したがってこのあたりは実は政治の問題であるともいえるだろう．

(2)　外部不経済と市場の失敗

　完全競争が達成されない条件のひとつに外部性の存在というのがあった．外部性 externality とは何か．そもそも外部って何の外？　これは市場（売り手と買い手）の「外」のことだ．売り手は買い手に対して財・サービスを提供し，買い手は財・サービスを受け取る替わりに貨幣を売り手に提供する．この取引が売り手でも買い手でもない第三者に影響を与えてしまうとき，外部性が存在するという．

　この外部性の存在に注目したのはマーシャル（Alfred Marshall, 1842-1924）らしい．マーシャルの名は経済学部で学ぶ学生ならおそらく一度は聞いたことがあるだろう．19世紀後半に活躍し，いわゆるケンブリッジ学派の創始者で，主著の『経済学原理（Principles of Economics）』は新古典派経済学の代表的な業績だ．スミス，リカード，J.S.ミルと続くイギリス経済学の後継者的存在でもある．経済学部の学生ならせめてこれくらいは覚えておいてほしい．

　ところで，ここで話はちょっと脇道にそれる．新古典派っていうことばは英語の訳語なんだけれど，元の英語は知ってるかな？　新古典派経済学は neoclassical economics だ．new じゃなくて neo なんですな．「クラシック（classic）の意味は？」と学生諸君に尋ねたら，ほとんどの学生諸君は「古いということですか？」と答える．でもこれは間違い．「クラシック＝古いこと」ではない．筆者が長年愛用している小学館ランダムハウス英和大辞典（1975年，古いなあ）によると，第一級のとか，模範的なとか，典型的なとか，基本的なとか，不朽の価値をもつとかそんな意味が記されている．要するに，長年にわたって基本となるようなものというニュアンスだ．古典というのは昔から今に至るまで基本となっているようなもののこと．neo は new と同じ．だから，neoclassical economics というのは新しくつくられた標準的な考え方に基づく経済学ということなのだ．19世紀で「新しい」というのも

変だけど，スミスやリカードの時代に替わる「新しい」という意味だ．どこが新しいのかというと，限界概念とか市場均衡分析というのが理論の中心になっているところが新しかったのだ．

有名な cool heads but warm hearts（冷徹な頭だが暖かい心）というのはマーシャルが 1885 年にケンブリッジ大学の教授に就任したときの就任演説に出てくることばだそうだ．この頃のイギリスの大学って就任演説があったんですなあ（もしかするとケンブリッジあたりでは今でもあるのかもしれない）．筆者が北海学園大学経済学部初代環境経済学担当教授に就任したときなど，教授会でひとこと「みなさん今後ともよろしく」と言っただけだ．

近代経済学はニュートン力学的な物理学をモデルとしていたといわれるが，マーシャルは社会をひとつの有機体とみて，高等化にともなって組織が複雑に分化する生物体になぞらえていたという．

外部経済（external economy）というのはマーシャルが使い始めたことばらしく，「個々の企業の努力というよりは，市場規模の成長そのものが，直接・間接的に及ぼす費用低減効果をいう」とのことだ．なおマーシャルの経済学については井上義朗『市場経済学の源流』をあげておくので読んでみてほしい．

マーシャルには有名な 2 人の弟子がいる．ひとりはケインズ（John Maynard Keynes, 1883-1946）で，もうひとりがこれからとりあげるピグー（Arthur Cecil Pigou, 1877-1959）だ．世間一般からみると，ケインズの方が知名度ではかなり勝っているが，環境経済学ではピグーの方がよく取り上げられる．それは外部不経済（external diseconomy）の解決策としてピグー税という手法を提起したからだ．これはしばしば話題になる環境税の基礎理論となっている．

外部不経済が市場の失敗の要因のひとつとなることはすでに述べた．このことを例を用いて解説していこう．

ここに，カラオケボックスを営んでいるフカヤ君がいる．営業時間を延ばすほど売上は増える．とはいえ，一般的に，早朝や深夜に営業時間を延長す

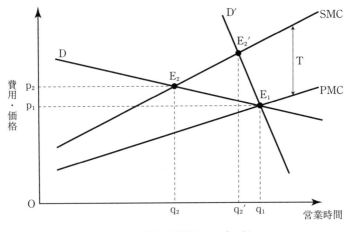

図 S-1　外部不経済とピグー税

ると，従業員に割り増し賃金を払ったりしなくてはならないから，限界費用は右上がりになる．これを図示したのが図 S-1 だ．PMC はフカヤ君の限界費用で，D はカラオケサービスの需要曲線だ．

　企業の利潤が最大化する条件は限界費用が価格に一致することである（このことはこれから何度も出てくるので覚えておこう．なぜそうなるかはミクロ経済学の教科書をみて復習しておいてほしい）．

　したがって，カラオケの利用料金（＝生産物価格）が p_1 ならば，最適な営業時間（＝生産量）は q_1 となる．料金があがれば営業時間をもっと延長できるし，料金が下がれば営業時間は短縮せねばならない．

　幸いなことにフカヤ君の商売は順調であったが，しかし，世の中そう都合のいいことばかりではない．カラオケボックスから騒音がまき散らされる．カラオケボックスが繁盛すればするほど，近所に住んでいるサトウ君は迷惑を被ることになってしまう．

　このサトウ君の被る迷惑をどう考えればいいのだろう．彼らの被る迷惑を一種の費用として考えるべきだろう．先に述べたように，フカヤ君の限界費用は PMC で，これに基づいて営業時間が決まっている．これを私的限界費

用とよぼう（PMC の P は private の P だ）．これにサトウ君の被っている迷惑分 T を上乗せしたのが SMC だ．フカヤ君が実際に支払う限界費用に社会的な損害も含めたものという意味で社会的限界費用という（SMC の S は social の S）．

限界費用が上にシフトするので新たな均衡点は E_2 となる．このとき，価格 p_2 となる．これは何を意味しているのだろうか．

外部不経済を考慮しない均衡点は F_1 である．このときの営業時間は q_1 で，カラオケ料金は p_1 だ．外部不経済を考えにいれた均衡点は E_2 となり，このときの営業時間は q_2，料金は p_2 となる．E_2 が外部不経済を考慮した，つまり社会的に最適な均衡点であるにもかかわらず，実際には私的限界費用に基づいた均衡点で営業時間と料金が決定されているということなのだ．q_1 は q_2 より大きい．したがって q_1-q_2 は社会的にみて余分な営業時間（＝資源の無駄遣い）ということになり，利用客の側も適正な価格 p_2 を下回る p_1 でサービスを受け取っていたということになるわけだ．

外部不経済が存在する場合，市場メカニズムにまかせておくと，資源の最適な配分ができなくなるということだ．これが外部不経済による市場の失敗（market failure）だ．

(3) ピグー税

課税という手法によって外部不経済による市場の失敗を是正するというアイディアを出した人がいる．それが先に名前をあげたピグーである．経済学史では厚生経済学（welfare economics）という分野の開拓者のひとりとして名高い．ケインズより少し先輩なのだが，けっこう長生きしたので没年はケインズよりだいぶ後だ．マーシャルの後任としてケンブリッジ大学の教授に就任したのが 1908 年というから，なんとわずか 31 歳のときだ．さぞ優秀だったんだろうね．1943 年まで教授を務め，その後もケンブリッジ大学の中に部屋を与えられ研究にいそしんだという．後年はほとんどひきこもり状態だったともいう．

ピグー税の理屈は簡単で，実際に支払わない外部不経済に相当する額を実際に支払わせればいいというものだ．先の図S-1をみてほしい．Tが課税額ということになる．

このアイディアは後で勉強する環境税の基礎になる考え方だ．ここで注意しておきたいことがある．ピグー税というアイディアは課税することに意味があるのであって，ここで得た税収の使途に関しては何も考えていないということだ．

ついでなのでもう少し深く考えてみよう．価格の変化率に対する需要の変化率を（需要の）価格弾力性という．これも経済学の教科書のはじめの方に出ていたはずだ．価格弾力性が高い財・サービスの場合，価格がちょっとあがっただけで需要は大きく減少する．逆に，価格弾力性が低ければ価格が少々上がっても需要はあまり減らない．

一般的に，奢侈的で代替的な財・サービスが豊富に存在する財・サービスは価格弾力性が高く，代替的な財・サービスがあまりなく生活必需的な財は価格弾力性が低い．

ここではフカヤ君の経営するカラオケボックスを事例とした．一般的にいえば，カラオケなんぞというものは生活必需サービスではない．料金が上がれば需要はぐっと減るだろう．ちなみに，筆者もカラオケで歌うのは嫌いではないが，価格があまり高くなれば歌わない．そもそもレパートリーが少ない．思うに，21世紀になってから覚えた歌はほぼ皆無のような気がする．図S-1のDはこうした一般的な（高くなったら歌わないという意味であって，筆者のように，21世紀になってから持ち歌が増えていない人の意味ではない）顧客の需要曲線である．

ところが世の中にはいろんな趣味嗜好の人がいる．なかには毎日カラオケで何曲も歌わないと体調が悪くなってしまうような人もいる……かどうかはしらないが，ここでは説明の便宜上いることにする．こういう人たちはカラオケ料金が多少上がっても同じように歌うだろう．こういう人たちの需要曲線がD′だ．

外部不経済を減少させるためには財・サービスの供給量を減らせばいい．課税によって需給均衡量を減らすことによって発生する外部不経済を減少させようというのがピグー税の考え方だ．財・サービスの需要曲線が図 S-1 の D であれば需給均衡量は大きく減少する．ここでの事例に則していえば，カラオケ税の創設によって，近所のサトウ君の被る迷惑はぐっと減るのである．

ところが，もし，フカヤ君のカラオケ店の顧客の需要曲線が D′ であったとすると，需給均衡点は $E_2′$ で供給量も $q_2′$ となる．この場合，カラオケ税の創設にもかかわらず，サトウ君の被る迷惑はさして減少しないこととなる．

(4)　コースの定理

ピグー税のアイディアは，市場メカニズムを利用してはいるものの，課税という政府の介入によって問題の解決をはかろうという手段であった．

カラオケ店が存在することによる問題を解決するには別の手法もある．それは裁判である．近代法治国家において紛争を解決する手段で重要な手段として裁判という仕組みがある．法に基づいてことの是非を判断する仕組みである．

筆者は法学者ではないのであまり自信を持って断言するわけではないのだが，子どもの頃に習った知識の範囲でいえば，法とは社会のルールだ．たとえルールが気にくわなくても，ルールに従わなければ反則である．反則をおかしたものにはペナルティが科せられる．

裁判というのは社会のルールに違反したかどうか，違反したとすればどのようなペナルティを科すのかをレフェリーたる裁判官の判断にゆだねることだ．ついでにいうと，裁判官の判断が本当に社会的に正しいかどうかではなく，さしあたって「正しいことにする」として社会が認めるというのが裁判制度だ．

フカヤ君のカラオケボックスがなくなれば，サトウ君は安静な日々をおくることができる．サトウ君には生活権がある．サトウ君らはこの生活権を根

拠として，フカヤ君のカラオケボックスの立ち退きを求め提訴した．

　一方，フカヤ君はせっかく繁盛している店を簡単にたたむわけにはいかない．サトウ君が生活権を主張するのに対して，フカヤ君は営業権を主張して闘うことにした．公序良俗に反しない限り，わが国では営業の自由が保障されている．

　かくして，この裁判は生活権と営業権の闘いということになる．生活権vs営業権，がっぷり四つに組んだこの勝負，裁くのはムラカミ裁判官．軍配はどちらに？　軍配はフカヤ君にあがった．カラオケボックスのおかげで確かにサトウ君が迷惑を被っていることは確かだ．が，しかし，これは受忍限度の範囲内だというのがムラカミ裁判官の見解である．ここで「受忍限度」という概念が登場する．社会生活をおくる上である程度の我慢は必要というのが受忍限度という概念だ．

　この判決に納得できないサトウ君は控訴した．控訴審を裁いたタケダ裁判官は，一審の判決を破棄してサトウ君の言い分を認め，カラオケボックスの廃業を命じた．

　納得できないフカヤ君はさらに上級審へ……．あまり効率的な話ではない．こういうふうに述べると，カラオケボックスが営業するか廃業するかは裁判官の判断次第だと考えてしまうところだが，実は裁判所の判断はカラオケボックスの存廃とは無関係であるという，ちょっとびっくりするようなことを述べた人がいる．それがコース（Ronald Harry Coase, 1910-2013）だ．

　コースという人も覚えておいた方がいい経済学のビッグネームのひとりだ．1910年生まれというから，日本でいえばなんと明治43年の生まれだ．実に103歳まで長生きした人だ．この『現代社会は持続可能か』の初版は2013年6月発行なのだが，この段階ではまだ存命だった．同書のなかで「この本が出版されるときまでご存命であっていただきたいもんだ」と記したのだが，確かに出版時にはご存命だったのだが，このテキストのこの部分の講義をする直前に亡くなった．シカゴ大学のウェブサイトに"passed by"とあった．"died"ではなく，"passed by"．「死んじゃった」ではなく「お亡くなりに

補章　環境経済論の基礎理論　　　271

なった」という感じの表現なんだろうね，きっと．ちょっと英語の勉強をした．

　コースはシカゴ学派とよばれる学派の代表的な学者のひとりだ．「法と経済学」という分野の開拓者でもある．シカゴ学派というのは，フランク・ナイト（Frank Hyneman Knight, 1885-1972）やジェイコブ・ヴァイナー（Jacob Viner, 1892-1970）にはじまるアメリカのシカゴ大学を拠点とする経済学の学派である．市場メカニズムを重視し，政府の介入に対して批判的な立場をとっている学派であるというのが一般的な理解だ．ミルトン・フリードマン（Milton Friedman, 1912-2006）とかジョージ・スティグラー（George Joseph Stigler, 1911-91）なんていう人たちも，経済学部の学生なら，せめて名前くらいは知っておきたいところだ．

　コース自身は，「「権利の配分は市場取引を開始するための本質的な第一歩（プレリュード）ではある．しかし，……（生産物の価値を最大にする）究極の結果は，この法的決定からは独立である」これがコースの定理のエッセンスである」と述べている（コース 1992: 180）．取引費用が存在しないならば，……というのがコースの定理である．ちなみに「コースの定理」というネーミングはコース自身によるものではなく，スティグラーによるものだそうだ．

　カラオケボックスの事例に則してその内容を解説しよう．ちなみに，コース自身は機械音をまき散らすお菓子屋さんとこの騒音で迷惑するお医者さんを事例としたりしている．まず，一審の裁判官の判決は生活権を重視し，フカヤ君の敗訴となった．さて，この場合，フカヤ君はどう行動するだろうか？　もし，カラオケボックスから得られる収益が十分大きければ，サトウ君らに損害賠償を支払って営業を続けるだろう．ただし，サトウ君らがカラオケボックスによって被る被害があまりに大きくて，カラオケボックスから得られる収益を上回るようであれば，カラオケボックスは廃業する方が得なので廃業することになる．

　第二審では営業権の方を重視した．この場合はどうなるだろう．どうして

272

表 S-1　権利の配分とその帰結

	A＞B	A＜B
営業権が優先される場合	カラオケ店開業	フカヤ君はAをもらってカラオケ店断念
生活権が優先される場合	フカヤ君がサトウ君にBを払ってカラオケ店開業	カラオケ店断念

A：フカヤ君がカラオケ店の営業で得られる利益.
B：サトウ君の被る被害額（＝静穏な生活の評価額）.

もカラオケの営業をやめてほしければ，サトウ君はフカヤ君に補償金を支払ってやめてもらうことになる．フカヤ君からすれば，カラオケボックスで得られる収益以上の補償金がもらえるなら，補償金をもらって廃業した方が得である．逆に，提示される補償金の額がカラオケボックスでの収益を下回るなら，廃業せずに，そのままカラオケボックスを営業し続けるであろう．

　このふたつの結果をまとめたのが表 S-1 だ．この表をじっとみてほしい．おもしろいことに気がつくだろう．判決がどちらの肩を持とうと，フシミ君・サトウ君らの損害額（補償額）＞カラオケボックスの収益となっていればカラオケボックスは廃業だし，逆であればカラオケボックスは存続している．

　だから最初から裁判などしなくても，両者がクールに話し合いをすれば，落ち着くところに落ち着くのだ．これは，つまり，裁判官という政府の介入がなくても，市場の働きによって資源の最適配分がなされるということにつながるというわけだ．

　フカヤ君とサトウ君以外の第三者からみれば，「なるほど資源は最適に配分されるんだねえ」ということになるが，当事者であるフカヤ君・サトウ君にとってみれば，どちらの権利が認められるかは交渉の場で天と地ほど異なる．だからコース自身も「権利の配分は市場取引を開始するための本質的な第一歩（プレリュード）ではある」と言っているのだろう．

　以上が一般なコースの定理の解説だが，コース自身は「資源の最適配分」ではなく，むしろ取引費用の重要性の方を強調したかったようだ．「（コース

の「社会的費用の問題」という論文が）広く引用され，論じられている．ところが，その経済分析への影響は，私が期待したほどには望ましいものではなかった．議論は主として論文の第3節と第4節に集まり，そのなかでもとりわけ，いわゆるコースの定理」とよばれる点に集中している．分析のその他の側面は無視されてしまっているのである」（コース 1992: 15）とコース自身がいっている．

2. 社会的費用

(1) K.W. カップの社会的費用論

ピグーは外部不経済の存在は例外的な現象だととらえていたようだ．それに対して，負の外部性の存在は資本主義社会にとって必然的な結果であると主張した人がいる．それがカップ（Karl William Kapp, 1910-76）だ．

ここで主としてとりあげるカップの主著は "The Social Costs of Private Enterprise" という本だが，これは 1950 年にアメリカで出版されている．篠原泰三訳の邦訳は 1959 年に岩波書店から出版された．この邦訳に掲載されている篠原の訳者あとがきによると，カップは 1910 年ドイツのケーニヒスベルクで生まれ，ケーニヒスベルク大学とベルリン大学で学び，1936 年にスイスのジュネバ大学（ジュネーブかな？）で学位を得て，ニューヨーク大学，コロンビア大学のインストラクターを経てウェズレー大学の助教授となり，ニューヨーク州のブルックリン大学の副教授から教授となったとある（カップ 1959: 320-21）．この後，ヨーロッパに戻り 1976 年にスイスで急逝した．

1910 年生まれということは，コースと同い年だ．当然活躍した時期も重なっている．ヨーロッパからアメリカに移って名をなしたという点でも同じだ．だが，彼の思想はコースらのシカゴ学派とは全く対照的なものだ．コースらのシカゴ学派が市場メカニズムの働きを徹底的に重視するのに対し，カップは市場経済そのものを問題としたのである．

いわゆる新古典派の学者が社会的費用という場合，その具体的内容はピグーが提唱した外部不経済とほぼ同意語とみて差し支えない．外部不経済が社会に転嫁されるとき社会的費用という．騒音とか悪臭とかがそれだ．

だが，カップのいう社会的費用は新古典派がいう社会的費用（外部不経済）の内容よりもっと広い．カップ自身のことばでいえば，「この語は第三者或いは一般大衆が私的経済活動の結果蒙るあらゆる直接間接の損失を含むものとしてよい」（同上: 15）である．かなりアバウトな見方だが，「間接の損失」の部分が新古典派の外部不経済には含まれないといってもいいかもしれない．

カップが考察した社会的費用の具体的な内容は，この本の目次に列挙されている．生産の人的要因を損傷することから生ずる社会的費用，空気の汚染の社会的費用，水の汚染の社会的費用，動物資源の減少と絶滅，エネルギー資源の早期涸渇，土壌の浸蝕・地力の消耗および森林の濫伐，技術変化の社会的費用，失業と資源の遊休による社会的費用，独占と社会的損失，そして配給の社会的費用と挙げられている．

このなかで独占の社会的損失は，新古典派の枠組みでは独占による経済的非効率の問題とされ（だから自由競争が推奨される），一般に外部不経済や社会的費用とはいわれないし，エネルギー資源の早期涸渇や配給の社会的費用も，新古典派では社会的費用とはいわないだろう．ちなみにここでいう「配給」は distribution のことで，今では一般に「（商品の）流通」という訳語が一般的だ．配給というと，大東亜戦争中から終戦直後の配給制度をつい思い出してしまう……というのは筆者ではなくて，筆者の親の世代だ．筆者も今ではかなりジジイになったが，戦後生まれなのでさすがにこの「配給」の経験はない．

新古典派の立場で社会的費用という場合は，生産活動で発生する外部不経済が社会に転嫁される場合をいうのに対し，カップの場合は資本主義というシステム（カップ自身のことばでは「私的生産活動」）そのものが必然的に引き起こす負の外部性をいっているといえるように思われる．

補章　環境経済論の基礎理論　275

　カップは「（ピグーの研究は）基本的にはそれは私的生産活動が惹き起す
いわゆる「負のサーヴィス」は無計画の商品経済の枠の中で矯正しうる，と
いう信念を反映するものである」（同上: 42）と述べている．それに対し，負
のサービスの発生は私的生産活動というシステムそのものに起因するという
のがカップのスタンスだ．

　となると，必然的な結論として，私的生産活動というシステムそのものを
変革せねばならないという結論が導かれる．かくしてカップは社会主義に期
待を寄せた．社会主義への期待はカップの生きた時代を考えておかねばなら
ない．ソ連崩壊以降に生まれた今の若い人たちの多くにとって，社会主義と
か共産主義って，もしかするとへんな宗教くらいに感じている人が多いので
はなかろうか．

　だが，1917年のロシア革命以来，1970年代半ばころまで，世界は社会主
義に向かう，もしくは向かうべきだと信じている人は，日本だけではなく世
界的にみても今とは比較にならないくらい多かったのだ．特に，1940年代
から50年代にかけて（まさにカップのこの本が書かれた頃だ），ソ連は著し
く国際的プレゼンスを高めていたし，中国でも毛沢東らに率いられた中国共
産党が国民党を台湾に追いやって中華人民共和国を成立させている．

　これはさらにカップのこの本より後の話だが，日本で公害問題が深刻化し
つつあった頃，ソ連などの社会主義国には公害はないといっていた人さえい
るのだ．ソ連の情報公開が進み，そしてソ連が崩壊する頃になって，公害は
なかったのではなく，なかったことにされていた（つまり情報を隠蔽・改ざ
んしていた）だけだということが露わになった．中国の今の大気汚染や土壌
汚染・水質汚染をみれば，社会主義に公害はないなどというのは妄言でしか
ないことがわかる（もっとも今の中国を社会主義国といっていいかは，微妙
なところだけれど）．

　今となっては苦笑してしまう話だが，当時はみんな大まじめだったのだ．
だから，今，当たり前のようにいわれていることが，数十年先には「あの頃
はこんなことをみんな言っていたんだ，大笑いやなあ」ということも多々あ

ろう．

　カップ自身，後に書いた『環境破壊と社会的費用』のなかで，社会主義に期待をかけすぎたことを反省している．とはいえ，私的生産活動が社会的費用を必然的に発生させるということ自体は，間違っているとはいいがたいように筆者も思う．

　先にあげたカップの社会的費用のうち，いくつかを紹介しておこう．詳しくは実際に読んでほしい．そんなに難しい本ではない．少なくとも数式の羅列ではない．

　まず，カップが社会的費用として一番はじめに掲げた「生産の人的要因を損傷することから生ずる社会的費用」だ．

　労働者の健康の損傷がある．労働者の健康が損傷すれば生産費が増加するので，企業の側は健康かつ安全な労働条件を用意するという考え方もあるが，新しい労働者に入れ替えればいいだけだから，これはまったく間違っているとカップはいう．労働傷害によって労働者自身が蒙る損失だけでなく，労働者が稼得能力を損失したことにより，その家族が受ける損失もある．たとえば子どもが十分な教育を受けることができないということもある．こうしたことも社会的費用として考えるべきだとカップは述べている．

　空気の汚染では，財産価値の破壊，人間の健康破壊，さらに動植物への影響をあげている．空気の汚染について，カップは今から60年以上も昔のこの著作で，原子力利用にともなう放射性物質による大気汚染も懸念している．

　水の汚染について，魚類などの水中生物の死滅，人間や家畜の病気の伝播，家庭用水・工業用水・家畜用水の汚染，橋桁やボイラーなど金属構造物の腐食，海水の汚染による生物資源への悪影響，さらには海岸部でのレクリエーション価値の喪失などをあげている．レクリエーション価値の喪失などというのは，昨今はようやく多少議論されるようになったが，ダム建設などの場合，今でもなお費用としてカウントされないのが一般的だ．

　動物資源の減少と絶滅では，企業活動において資産が消耗したら減価償却というかたちで支出されるが，天然の動物資源の減耗は減価償却というかた

ちで費用化されることはないと指摘している．これは鉱物資源などでも同じ
だろう．確かに，たとえば所有する土地を1,000万円で売ったら，1,000万
円の収入があるが，その分土地という資産が1,000万円分減ったと考える．
だが，漁師がアワビを（アワビでなくてもいいが）100万円獲ったとき，ア
ワビ資源という資産が100万円減損したことは記録されない．もっとも生物
資源の場合は自然の増殖力が働くのでそう単純な話にはならない．

(2)　宇沢弘文『自動車の社会的費用』

社会的費用に関する著作として，この宇沢弘文『自動車の社会的費用』は
ぜひ一度読んでほしい本だ．易しいかどうかは読者のレベル次第という面も
あるが，新書なのでそんなに難解なものではない．

まず最初に，著者の宇沢について簡単に紹介しておく．宇沢弘文（1928-
2014）は鳥取県米子市の生まれ．どうでもいいことだが，1928（昭和3）年
といえば筆者の親父と同い年ということになる．3歳のときに東京に移り，
東京府立一中（現在の日比谷高校の前身），第一高等学校，東京帝国大学理
学部数学科（いずれも現在の東大）と進む．これは東京の最も代表的なエリ
ートコースだ．筆者の親父と同い年だから，筆者の親父の学歴を参考に考え
ると，旧制高校に入学した年の前後に第二次大戦がおわっているはずだ（旧
制中学は5年制だが，優秀成績者は4年で卒業できるので同い年でも学歴は
微妙に異なることがあるのだ）．

1956年に渡米し，スタンフォード大学，カリフォルニア大学バークレイ
校を経て，1964年にシカゴ大学の教授となった．先にとりあげたコースも
確かこの頃にシカゴ大学に着任している．ミルトン・フリードマンも同時期
シカゴ大学に在職している．ところが，宇沢はコースやフリードマンとはま
ったく異なったスタンスをとる．むしろフリードマンらが攻撃するケインジ
アンの立場で研究をすすめた．

彼が渡米したのはちょうどわが国の高度経済成長期がスタートする頃で，
アメリカで活躍している頃，わが国では公害問題が深刻化しつつあった．宇

沢は母国の公害問題をアメリカから見続けていたようで，経済学者としてなんとかせねばならないと思って帰国し，東大の経済学部に移ったという．

　彼が初めて一般の読者向けに書いた本がこの『自動車の社会的費用』だ．その後も，公害問題，成田空港問題，地球温暖化の問題，TPP 参加問題など，数多くの社会問題について，最晩年に至るまで積極的に発言しつづけた．

　この『自動車の社会的費用』（岩波新書）が発行されたのは 1974 年だ．1970 年代前半のわが国は第 1 次交通戦争といわれた時代（「第 1 次」というのは「第 2 次」があるから「第 1 次」なのであって，当時はもちろん「第 1 次」という接頭語はついていなかった）．交通事故による死亡者が最初のピークをむかえたのは 1970 年でその数は 16,763 人だった．70 年代前半をピークに交通事故の件数は 80 年代まで減少するが，再び増加に転じ，2003 年頃が 2 度目のピークとなっている．

　自動車は確かに便利なものだが，その反面，社会的にはマイナス面も少なからずある．この社会的なマイナス面を経済的に評価して，社会的費用を算定するのだが，この算定方法にはいろいろなやり方がある．話を単純化するため，死亡事故を考えよう．

　交通事故で人が 1 人死んだとする．まず損害補償の考え方をみてみよう．損害補償は被害を補填するわけだから被害額であるともいえる．交通事故で被害者が死んだ場合の補償金は，死亡までの治療費，葬儀費用，慰謝料，および逸失利益という 4 つの要素で決まるという（内藤 2000: 29）．ここで被害者の属性によって大きく変わるのが逸失利益というやつだ．一般的にはその人が 67 歳まで生きていれば稼得できるであろう所得を元に算出される．若い学生諸君は 67 歳までだいぶ時間があるが，筆者みたいなジジイはあとちょっとだ．なんか不利な気がする．

　加害者が支払うのがこうして算定される補償金というわけだ．補償金として払われる分は社会的費用とはいえないという考え方もある．なぜなら，加害者が負担するわけであって（そのために自動車保険にはいるのだ），社会的に負担するのではなく私的に負担するからだ．いや人が死ぬということ自

体がそもそも社会の損失だろうという考え方もある．宇沢は後者の考え方を
とる（『自動車の社会的費用』で紹介されている自動車業界の見解は前者
だ）．

　仮に後者の考え方をとるとしても，宇沢はこうした一般的な算定方法その
ものを批判する．なぜなら，補償金の算定方法は，人は金を稼ぐ道具として
の評価だからだ．人を利益を生む資本としてとらえる理論を人的資本理論と
いう．そういえば，人的資本理論で有名なゲーリー・ベッカー（Gary Stan-
ley Becker, 1930-2014）もシカゴ学派のひとりだ．

　この考え方の根本的な問題は，被害額が（予想）稼得金額だけで算定され
てしまうところだ．交通事故で被害に遭いやすいのは，いわゆる交通弱者と
よばれる年寄りや子どもだ．被害額は自ずから低くなってしまう．赤ん坊で
も年寄りでも若者でも，健常者でも障がい者でも，日本人でも外国人でも命
の値打ちは同じようにあるはずだ．理想論だと笑う人もいるかもしれないが，
理想をきちんと掲げることの出来ない人間は卑しい人間だ……と，もしかし
たら，筆者は今天に唾してしまったかもしれない．

　宇沢は人的資本の考え方による社会的費用の算定をまっこうから否定する．
近代市民社会においては，市民は健康で快適な最低限の生活を営む権利を有
しているというところから議論を出発させる．その上で，「安全かつ自由に
歩くことができるという歩行権は市民社会に不可欠の要因」（宇沢 1974: 13）
だとする．自動車が歩行者を押しのけて走り回ることは，その基本的な権利
を侵害しているということだ．だから，「歩行，健康，住居などにかんする
市民の基本的権利を侵害しないような構造をもつ道路を建設し，自動車の運
行は原則としてそのような道路にだけ認め，そのために必要な道路の建設・
維持費は適当な方法で自動車通行者に賦課することによって」（同上: 19-20）
社会的費用を内部化できるという．

　確かに，この考え方だとすべての人間を平等に扱うことができる．宇沢は
この本の中で，道路は元々子どもの遊び場でもあった．それが自動車通行に
よって遊び場が失われたわけだから，それに替わる児童公園の建設費用も社

会的費用だといっているが，当然のことながら，自動車工業会などは，そもそも道路は子供の遊び場ではないので，児童公園は自動車の社会的費用ではないと主張した．

宇沢と自動車工業会の見解の差は，道路はそもそも何のため，誰のために存在するのかという根源的な問題に行き着き，市民の基本的権利の内容に関わる議論に発展する．宇沢がこの本を出版したのは今を去る50年近い昔だ．だが，こうした宇沢の問題提起は，その後，いろいろなところで，次第に認められつつあるように思う．

例えば川である．これまで，治水政策では，川は水を流すものとしてしか位置づけられてこなかった．そうした発想で，護岸工事やダムが建設されてきた．だが，今では，生物多様性をはぐくみ，保全し，市民に憩いをあたえるものでもあるという考え方も市民権を得てきている．大熊孝は「（川は）人にとって身近な自然で，恵みと災害という矛盾のなかに，ゆっくりと時間をかけて，地域文化を育んできた存在である」といっている（大熊2007: 289）．

話を戻す．宇沢は上記の考え方にたって，自動車1台あたりの社会的費用は1,200万円と算出した．これは50年近い昔の話で，当然，まだ温室効果ガスなんぞという話はまるっきりなかった．温室効果ガスなどを社会的費用に参入すると自動車の社会的費用はきっと莫大な値になるだろう．

莫大な社会的費用を内部化する（＝自動車通行者に負担させる）ことは現実問題としてはまず不可能だ．そんなことは百も承知だ．しかしながら，社会的費用を十分意識して行動しない限り，人間社会は永続性を持ち得ないのではなかろうか．また，人間は社会のシステムに沿って行動せざるを得ないのであるから，社会システムそのものの再検討が必要なことはいうまでもない．こう考えると，カップや宇沢の問題提起は決して古くさいものではなく，極めて今日的なものだと筆者は思う．読者諸兄はどう思われるだろうか？

参考文献

浅見輝男（2001）『データで示す－日本土壌の有害金属汚染』アグネ技術センター.

飯島伸子（1993）『改訂版 環境問題と被害者運動』学文社.

飯島伸子（2000）『環境問題の社会史』有斐閣.

池上惇（1991）『文化経済学のすすめ』丸善ライブラリー.

石井孝明（2004）『京都議定書は実現できるのか』平凡社新書.

石川英輔（1994）『大江戸リサイクル事情』講談社（講談社文庫で復刻）.

石塚左玄（2004）橋本政憲訳・丸山博解題『食医石塚左玄の食べもの健康法 自然食養の原典『食物養生法』現代語訳』農文協.

井上義朗（1993）『市場経済学の源流』中公新書.

植田和弘（1996）『環境経済学』岩波書店.

宇沢弘文（1974）『自動車の社会的費用』岩波新書.

宇沢弘文（1988）『経済学の考え方』岩波新書.

宇野弘蔵（1964）『経済原論』岩波書店.

大熊孝（2007）『［増補］洪水と治水の河川史 水害の制圧から受容へ』平凡社ライブラリー 611.

(社)エゾシカ協会・(社)北海道開発技術センター編（2003）『エゾシカの被害と対策』(社)北海道開発技術センター.

大西舞・松下京平・白川勝信・鎌田磨人（2013）「地域住民による雲月山草原の経済価値評価」農村計画学会誌 32.

大泰司紀之・平田剛士（2011）『エゾシカは森の幸 人・森・シカの共生』北海道新聞社.

大泰司紀之・本間浩昭（1998）『エゾシカを食卓へ ヨーロッパに学ぶシカ類の有効利用』丸善プラネット.

大野栄治編著（2000）『環境経済評価の実務』勁草書房.

小川巖（2011）『フットパスに魅せられて－私のフットパス遍歴－』エコ・ネットワーク.

奥田郁夫（2018）『南東アラスカ先住民のくらしと生態系の保全』農林統計協会.

カーソン，レイチェル（2001）青樹簗一訳『沈黙の春』新潮社.

海津一朗（1995）『神風と悪党の世紀』講談社現代新書.

梶光一・宮木雅美・宇野裕之編（2006）『エゾシカの保全と管理』北海道大学出版会.

梶光一・伊吾田宏正・鈴木正嗣編（2013）『野生動物管理のための狩猟学』朝倉書店.

カップ，K.W.（1959）篠原泰三訳『私的企業と社会的費用』岩波書店．

カップ，K.W.（1975）柴田徳衛・鈴木正俊訳『環境破壊と社会的費用』岩波書店．

加藤尚武（1991）『環境倫理学のすすめ』丸善ライブラリー．

加藤則芳（2000）『日本の国立公園』平凡社新書．

角岡伸彦（2003）『ホルモン奉行』解放出版社．

蒲谷景・馬奈木俊介（2011）「生態系サービスの持続的利用」馬奈木俊介・地球環境
　　戦略研究機関編『生物多様性の経済学　経済評価と制度分析』昭和堂．

亀山明子（2006）「北海道におけるエゾオオカミ絶滅の歴史と知床国立公園における
　　オオカミ再導入の可能性」デール・R. マッカロー，梶光一・山中正美編『世界
　　遺産知床とイエローストーン』知床財団．

環境省（2012）『生物多様性国家戦略 2012-2020』環境省．

環境省編（2010）『生物多様性国家戦略 2010』ビオシティ．

環境と開発に関する世界委員会編（1987）『地球の未来を守るために』福武書店．

鬼頭宏（2012）『環境先進国・江戸』吉川弘文館．

蔵治光一郎・保屋野初子編（2004）『緑のダム』築地書館．

栗岡景子（2012）『散乱ペットボトルのツケは誰が払うのか　デポジット制度の実現
　　をめざして』合同出版．

栗山浩一（1998）『環境の価値と評価手法』北海道大学図書刊行会．

栗山浩一・柘植隆宏・庄子康（2013）『初心者のための環境評価入門』勁草書房．

コース，ロナルド（1992）宮沢健一・後藤晃・藤垣芳文訳『企業・市場・法』東洋経
　　済新報社（原著は 1988 年）．

小田康徳（1998）「「煙の都」の写真について」大阪大学文学部日本史研究室編『近世
　　近代の地域と権力』清文堂出版．

コルボーン，シーア，ダイアン・ダマノスキ，ジョン・ピーターソン・マイヤーズ
　　（1997）長尾力訳『奪われし未来』翔泳社．

五箇公一（2017）『終わりなき侵略者との闘い　増え続ける外来生物』小学館クリエ
　　イティブ．

国交省鉄道局（2018）『鉄軌道輸送の安全に関わる情報（平成 29 年度）』．

近藤誠司監修，大泰司紀之・平田剛士（2011）『エゾシカは森の幸　人・森・シカの
　　共生』北海道新聞社．

佐和隆光・植田和弘，（2002）『環境の経済理論』岩波書店．

柴田晋吾（2019）『環境にお金を払う仕組み　PES がわかる本』大学教育出版．

下川耿史（2003）『環境史年表 明治大正編』河出書房新社．

下川耿史（2004）『環境史年表 昭和・平成』河出書房新社．

重化学工業通信社・石油化学新報編集部（2019）『海洋プラごみ問題解決への道～日
　　本型モデルの提案』重化学工業通信社．

杉山伸也（1989）「国際環境と外国貿易」梅村又次・山本有造編『日本経済史 3 開港
　　と維新』岩波書店．

スミス，ダグラスら（2006）「イエローストーン国立公園へのオオカミ再導入」デール・R. マッカロー，梶光一・山中正美編『世界遺産知床とイエローストーン』知床財団．

瀬戸口朋久（2009）『害虫の誕生』ちくま新書．

祖田修（2016）『鳥獣害 動物たちと，どう向き合うか』岩波新書．

田中勝也・長廣修平（2019）『森林の生態系サービスの価値に対する主観評価と推論評価の比較』環境経済・政策研究，Vol. 12，No. 1．

田中昌一（1985）『水産資源学総論』恒星社厚生閣．

俵浩三（2008）『北海道・緑の環境史』北海道大学出版会．

鳥獣保護管理研究会編（2008）『鳥獣保護法の解説 改訂4版』大成出版社．

寺西俊一編著（2003）『新しい環境経済政策』東洋経済新報社．

都市計画法制研究会編（2010）『よくわかる都市計画法』ぎょうせい．

富山和子（2001）『環境問題とは何か』PHP新書．

内藤満監修（2000）『「命」の値段 自殺から殺人，事故死，過労死まで−死の経済学−』日本文芸社．

中静透（2005）「生物多様性とはなんだろう？」日高敏隆編『生物多様性はなぜ大切か』昭和堂．

中嶋健一（1969）『「北海学園の父」浅羽靖』北海学園．

中西準子（1995）『環境リスク論 技術論からみた政策提言』岩波書店．

中西準子（2004）『環境リスク学』日本評論社．

中西準子（2010）『食のリスク学』日本評論社．

仲野義文（2013）「鉱山の恵み」水本邦彦編『環境の日本史4 人々の営みと近世の自然』吉川弘文館．

中村好男（2011）『ミミズのはたらき』創森社．

奈良達雄（2003）『文学の風景』東銀座出版社．

畑明郎（2001）『土壌・地下水汚染 拡がる重金属汚染』有斐閣．

原科幸彦（2011）『環境アセスメントとは何か−対応から戦略へ』岩波新書．

ピアス，フレッド（2016）『外来種は本当に悪者か？』（藤井留美訳），草思社．※原題 The New Wild（2015）．

日高敏隆（2005）『生物多様性はなぜ大切か』昭和堂．

広瀬武（2001）『公害の原点を後世に 入門・足尾鉱毒事件』随想舎．

廣吉勝治・和田一雄・佐々木稔基（2010）「海獣による漁業被害の救済問題を考える−えりも漁協地区におけるゼニガタアザラシを事例として−」東京水産振興会『水産振興』第509号，5月．

福井県立大学team 4429とその仲間たち編（2008）『お〜！ イノシシ〜team 4429と考えるこれからの鳥獣害対策〜』福井県立大学双書．

藤川賢（2007a）「農業被害はなぜ軽視されるのか」飯島伸子・渡辺伸一・藤川賢『公害被害放置の社会学 イタイイタイ病・カドミウム問題の歴史と現在』東信

堂.

藤川賢（2007b）「イタイイタイ病の発見はなぜ遅れたか」同上書.

藤田慎一（2012）『酸性雨から越境大気汚染へ』成山堂.

ブラウン，アズビー（2011）幾島幸子訳『江戸に学ぶエコ生活術』阪急コミュニケーションズ.

古林英一（2005）『環境経済論』日本経済評論社.

古林英一（2011）「水産物の静脈流通－資源と廃棄物の狭間で－」『水産振興』No. 526，東京水産振興会，10月.

細田衞士（1999）『グッズとバッズの経済学』東洋経済新報社.

細田衞士（2010）「拡大生産者責任の経済学的基礎」植田和弘・山川肇編『拡大生産者責任の環境経済学』昭和堂.

北海道警察本部交通企画課（2019）『交通分析』No. 11.

北海道旅客鉄道株式会社（JR北海道）（2018）『安全報告書2018』.

堀田恭子（2002）『新潟水俣病問題の受容と克服』東信堂.

増田隆一（2017）『哺乳類の生物地理学』東京大学出版会.

松井賢一ほか編（2012）『うまいぞ！ シカ肉 捕獲，解体，調理，販売まで』農文協.

松浦寛（2008）「環境法の理念」『国際公共政策研究』第13巻第1号.

馬奈木俊介・地球環境戦略研究機関編（2011）『生物多様性の経済学 経済評価と制度分析』昭和堂.

間宮陽介（2002）「コモンズと資源・環境問題」佐和隆光・植田和弘編『環境の経済理論』岩波書店.

ミシャン，E.J.（1971）都留重人監訳『経済成長の代価』岩波書店.

水野章二（2013）「災害と開発」井原今朝男編『環境の日本史3 中世の環境と開発・生業』吉川弘文館.

溝入茂（2007）『明治期のごみ対策－汚物掃除法はどのようにして成立したか』リサイクル文化社.

宮本憲一（1975）『日本の環境問題 その政治経済学的考察』有斐閣.

村井吉敬（1988）『エビと日本人』岩波新書.

村串仁三郎（2005）『国立公園成立史の研究』法政大学出版会.

村串仁三郎（2011）『自然保護と戦後日本の国立公園 続『国立公園成立史の研究』』時潮社.

村田正人（2012）「四日市ぜんそく公害訴訟の承継をめざして 三重県における公害環境訴訟の歴史と課題」朴恵淑編『四日市郊外の過去・現在・未来を問う 「四日市学」の挑戦』風媒社.

室田武・多辺田政弘・槌田敦（1995）『循環の経済学』学陽書房.

メドウス，ドネラ・H.ほか（1972）大来佐武郎監訳『成長の限界：ローマ・クラブ「人類の危機」レポート』ダイヤモンド社.

森章（2018）『生物多様性の多様性』共立出版.

盛本昌広（2013）「生業の多様性と資源管理」井原今朝男編『環境の日本史3 中世の環境と開発・生業』吉川弘文館.

安田喜憲（2004）『気候変動の文明史』NTT出版.

由井正臣（1984）『田中正造』岩波新書.

湯本貴和（2012）「人と植物の歴史」平川南編『環境の日本史1 日本史と環境』吉川弘文館.

横浜国立大学21世紀COE翻訳委員会（2007）『国連ミレニアムエコシステム評価 生態系サービスと人類の将来』オーム社.

古家世洋（2007）『日本の森にオオカミの群を放て』ビイング・ネット・プレス.

吉岡斉（2011）『新版 原子力の社会史　その日本的展開』朝日新聞出版.

吉田洋（2012）『モンキードッグ　猿害を防ぐ犬の飼い方・使い方』農文協.

寄本勝美（2009）『リサイクル政策の形成と市民参加』有斐閣.

ラピエール，ドミニク，ハビエル・モロ（2002）長谷泰訳『ボーパール午前零時五分（上・下）』河出書房新社.

林野庁（2019）『森林・林業白書　令和元年版』.

和田一雄編（2004）『海のけもの達の物語』成山堂.

Millenium Ecosystem Assessment (2005) *Ecosystems and Human Well-being Synthesis*.

Robbins, L.C. (1935) *An Essay on the Nature and Significance of Economic Science*, Macmillan and Co. Ltd., 2nd Edition (1st Edition 1932).

気象庁ウェブサイト http://www.data.kishou.go.jp/climate/cpdinfo/temp/clc_wld.html

住友金属鉱業ウェブサイト http://www.smm.co.jp/csr/environment/history/

索引

[あ]

合鴨農法　248
愛知目標　148-151
阿賀野川　26, 47
悪臭　34, 41, 43, 56, 61
浅羽靖　89-92
足尾銅山　26-33
アジェンダ21　48-79
アセスメント　252
アメニティ　106-7
亜硫酸　64
アライグマ　181
アレニウス　185
アンダーソン　71

[い]

イエローストーン国立公園　85-9, 177
池田勇人　40
石狩川　123
石川三四郎　31
石川啄木　31
石塚左玄　244-5
医食同源　243
硫黄酸化物　64, 65
磯津地区　53
イタイイタイ病　49-51, 245, 257
逸失利益　278
一般廃棄物　221, 229
伊藤三男　53
井上涙夫　88
石見銀山　18
イワミツバ　183

[う]

ヴァイナー　271

宇沢弘文　10, 277
ウナギ　22, 162
宇野弘蔵　10
奪われし未来　246, 249

[え]

影響評価報告書
　第1次――　189
　第2次――　189
　第3次――　189
エコアンバラージュ　238
エゾオオカミ　177
江戸モデル　20
エマソン　85-6
エンゲルス　35
エンドポイント　251-2

[お]

オイルショック　73, 218
黄銅鉱　28
大石武一　60, 73-4, 252
大来佐武郎　72, 75
大熊孝　110, 280
荻野昇　50
オホーツクの村　103
温室効果　4, 185
　――ガス　4, 80, 113, 187, 190, 206, 208, 280

[か]

海洋プラスチック憲章　242
外来生物　178
化学的防除　247
化学物質　12, 243, 245, 249, 251
拡大生産者責任　237-8
仮想評価法　139
カーソン　246-7

カップ　273
家電リサイクル法　218, 240
加藤尚武　167
カドミウム　49, 257
カネミ油症事件　245
カムイチップ　158
カワシンジュガイ　121
環境影響評価法　252
環境基本計画　80-1
環境基本法　41, 79-80
環境再生保全機構　36, 55
環境税　201, 204, 265
環境の日　74
環境ホルモン　248-50
環境容量　159
観光ビジョン　101
関西訴訟　46
間接的手法　200
外部不経済　261, 264-5

[き]

気候変動枠組条約　79, 192
京都議定書　187, 193-6
京都メカニズム　193
共同実施　193
郷土保存運動　91
許容漁獲量　161-2
霧多布湿原ナショナルトラスト　103
キング　72
逆有償　185, 225
漁業権　166-7
魚腸骨　197

[く]

草倉銅山　26
久米邦武　65
クリーン開発メカニズム　193
クレジット　208
黒澤酉蔵　31
クロマグロ　16, 21
グラント　87-8

[け]

計画規模　123
景観　108-9
経済調和条項　55, 59
経済的手法　12, 199, 231
ケインズ　265
煙の都　25
建設リサイクル法　213, 237
ケンブリッジ学派　264
原子力　60-3, 276

[こ]

公害　8, 11, 18, 26, 35, 45, 54, 64, 79
　　──健康被害補償法　53
　　──国会　57, 59
　　──対策基本法　41, 56-7, 59, 79-80
　　──対策本部　58
　　──防止事業団　55
　　──メーデー　58
　　──列島　11, 56
工業用水法　44
工場排水規制法　43
交通需要管理　113
交通戦争　278
幸徳秋水　30
幸徳千代　31
高度経済成長　37-9, 52, 60, 112, 212
高度有機経済　23
衡平性　130-1
効率性　76, 130-1
国際自然保護連合　101
国定公園　94-5
国内外来種　179
国立公園法　92
国連環境計画　75, 152, 189
国連持続可能な開発サミット　82
国連人間環境会議　72, 252
コース　270-1
　　──の定理　269, 272
国家環境政策法　252
五代友厚　34
コーデックス委員会　258

索引 289

ゴボウ 182
ゴマフアザラシ 178
ごみ 12, 211-8, 221
　　——戦争 214
コモンズ 116
　　——の悲劇 163-4
コルボーン 249
コンジョイント分析 142

[さ]

再生資源利用促進法 218
最大経済生産 161
最大持続生産量 160
サクラマス 120-1, 127
サザエさん 214-5
札幌市時計台 107
佐藤栄作 58
産業廃棄物 221, 223, 229
酸性雨 28, 64-5, 208
サンルダム 120-7

[し]

シカゴ学派 271
市街化調整区域 112
四阪島 33
市場の失敗 264, 267
史蹟名勝天然記念物保全協会 92-3
自然公園法 94
自然保護官 97
自然保護憲章 145-6
指定法人ルート 239
標津町 254
社会的費用 12, 273-280
シャルルボワサミット 241
シャルルボワブループリント 242
囚人のジレンマ 164
受忍限度 270
昭和電工 47-8
食育 245
　　——基本法 245
食品リサイクル法 237, 240
食養 244
知床 104

しれとこ平方メトル運動 103
信玄堤 17
新古典派 264
振動 41, 61
身土不二 243
森林原則声明 79
森林環境税 205-206
森林環境贈与税 219
森林税 205
事業系一般廃棄物 220
持続可能漁獲量 158
実語教 29
自動車リサイクル法 219, 240
地盤沈下 41, 44, 61
循環型社会形成推進基本法 218
ジョンミューアトレイル 83
神社合祀 105
神通川 49-50

[す]

水質2法 43, 55
水質保全法 43
水田養鯉 248
スティグラー 271
ストックホルム会議 76
スリーマイル 66-9

[せ]

成長の限界 72-3
生物学的防除 164
生物多様性 145-152, 280
　　——国家戦略 148
　　——条約 75, 79, 135, 145-6
生態系サービス 152
セイヨウオオマルハナバチ 181, 183
セヴィン 70
世界遺産 105
潜在技術 248
ゼニガタアザラシ 178

[そ]

騒音 33, 39, 57, 61
　　——規制法 63

ソロー　86

［た］

第 1 約束期間　193
大気汚染　19, 27, 41-2, 57, 61, 83, 109
大雪山ナキウサギ訴訟　60
ダウ・ケミカル　71
田子の浦　56
タタラ製鉄　23
田中正造　29-31
ダービー伯　65-6
多辺田政弘　166
ダマノスキ　249
田村剛　92

［ち］

地域 HACCP　255
チェルノブイリ　66, 68-9
地球温暖化　12, 69, 185
　　──対策税　204
地球サミット　78, 145, 189
チッソ　45
窒素酸化物　42, 64
中央環境審議会　80-1, 95
鳥獣被害防止特措法　175
鳥獣猟規則　169
直接規制　199
沈黙の春　246

［つ］

ツシマヤマネコ　140

［て］

天塩川　120, 123, 128
典型 7 公害　41
天神崎　103, 105
天武天皇　14, 162
デポジット　232
デュピュイ　134
デラニー条項　256

［と］

東邦亜鉛　40

特定外来生物　180-1
都市計画法　111, 136
利根川　27, 29, 31, 122
豊平川　44, 123
トラベルコスト法　137
トランプ　197
トレーサビリティ　253, 255
洞海湾　40, 58

［な］

ナイト　271
内分泌撹乱化学物質　249
中西準子　45, 257-9
名古屋議定書　148
ナショナルトラスト　102

［に］

新潟水俣病　26, 47-8
二酸化硫黄　28, 33, 40, 48
西端学　244
日光　88, 177
日本ナショナル・トラスト協会　103
人間環境宣言　74

［は］

ばい煙　34, 36, 57
廃棄物処理法　218, 221-3, 228
排出量取引　193, 206
灰吹（はいふき）法　19
バッズ　225, 227
ハーディン　164, 166
ハザード　254
原田義昭　60
パリ協定　196-8

［ひ］

ピグー　267
　　──税　201, 231, 267
姫島村　235-6
ビル用水法　44
ピンショ　98-9

[ふ]

富国強兵　26, 31, 37, 244
ブッシュ　195
フットパス　109-111
フーリエ　185
ブラキストン　179
フリードマン　271
古河市兵衛　26-7
ブルントラント　75
　　——委員会　71, 75-6
分別収集　217, 239

[へ]

ベッカー　279
別子銅山　33, 41
ペッチェイ　72
ヘドニック価格法　135
ヘドラ　56
ヘドロ　56

[ほ]

北条貞時　16
北海英語学校　90
北海学園　6, 9, 90-2, 114
北海道旅行倶楽部　91
ボパール　63, 69-70
ボールディング　164
ボーモル=オーツ税　202, 231
ホルモン　249-50
本州製紙事件　42-3

[ま]

マイヤーズ　249
前田一歩園　103
松木村　28
松倉川　139
マニフェスト　228-9
間宮陽介　166
マンチェスター　34-5
マーシャル　10, 264-5

[み]

ミシャン　113
三井金属鉱業　50
緑の点　238
水俣条約　49
水俣病　26, 45-8, 245
　　——救済特措法　46-7
南方熊楠　104-5
南アユ子　54
美濃部亮吉　214
ミミズ　2
ミューア　86-7, 99-100
ミレニアム生態系評価　152

[め]

メソポタミア文明　13
メドウス　72

[や]

谷中村　31
八並則吉　36
八幡製鉄所　35
山中貞則　60

[ゆ]

有機水銀　46-7
ユニオンカーバイド　70-1
夢の島　213-4

[よ]

容器包装リサイクル法　218, 220, 237-9
養老律令　14
ヨコハマナガゴミムシ　138
四日市ぜん息　42, 51
淀川　122
ヨハネスブルクサミット　81
ヨハネスブルク宣言　81
四大公害訴訟　45

[ら]

ラスキン　133
乱獲　158, 161, 165

［り］

リオ宣言　79
リオ＋20　81
リサイクル　12, 23, 218, 237
リスク　12, 43, 256-260
リバウンド効果　232

［れ］

レセプター　249
レバノンスギ　13
レブンアツモリソウ　137-8
連邦食品医薬品化粧品法　256

［ろ］

ロードプライシング　114-5
ロビンス　225
ローマクラブ　72

［わ］

渡良瀬川　23, 27
割引　119

［欧文］

ABS　149
AR 4　188
AR 5　189-191
AR 6　191
BOD　43
BSE　255
CBA　117-8
CBD　78, 79
CDM　193-4
COD　43
COP 3　193
COP 10　148-9
COP 24　193
CVM　139-140
DDT　70, 247-8
DSD　238
EPR　237-8

ET　193, 206
EU-ETS　208
FAR　189
FFDCA　256
GHG　188, 167-8
HACCP　253-4
　──支援法　254
HPM　135
IPCC　188
JI　193
J-VER　209
JVETS　209
J クレジット　209
MA　152
MEY　161
MIC　70
MSY　160-1
NDC　198
NEPA　252
PCB　245
PET ボトル　232-6
PM 2.5　82-3
RVM　236-7
SAR　189
SD　76-7
SDGs　82
SFP　79
SY　158, 160
TAC　161
TAR　189
TCM　137-8
TDM　113
UK-ETS　208
UNCED　78
UNCHE　73
UNEP　75, 189
UNFCCC　79, 188-9
WMO　189
WTA　141-2
WTP　132, 142

著者紹介

ふるばやしえいいち
古林英一

北海学園大学経済学部教授．1958 年生まれ．京都大学大学院
農学研究科博士課程中退．南九州大学園芸学部講師，同助教授，
北海道大学水産学部講師，同助教授を経て現職．京都大学博士
（農学）．著作に『環境経済論』日本経済評論社，2005 年，「野
生生物と農林業の共存：北海道のエゾシカ被害を事例として」
（奥田郁夫と共著）地域農林経済学会『農林業問題研究』45 巻
2 号，2009 年，「産地競馬としての「ホッカイドウ競馬」再
論－競馬システムにおけるホッカイドウ競馬－」（高倉克己と
共著）『北海学園大学経済学部経済論集』57 巻 4 号，2010 年，
「水産物の静脈流通－資源と廃棄物の狭間で－」東京水産振興
会『水産振興』45 巻 10 号，2011 年，『現代社会は持続可能
か－基本からの環境経済学－』日本経済評論社，2013 年，「中
西関松の時代から金山明彦の時代へ－ばんえい競馬の近代
化－」ウマ科学会『ヒポファイル』No. 62，2015 年，「公営競
技の「拡張」と「縮小」－競輪を中心に」北海学園大学学術研
究会『学園論集』第 168 号，2017 年，『ばんえい競馬今昔物
語』クナウマガジン，2019 年，ほか．

増訂版
現代社会は持続可能か
基本からの環境経済学 　　　シリーズ 社会・経済を学ぶ

2019 年 9 月 25 日　第 1 刷発行

定価(本体 3000 円＋税)

著　者　　古　林　英　一

発 行 者　　柿　﨑　　　均

発 行 所　　株式会社 日本経済評論社

〒101-0062 東京都千代田区神田駿河台 1-7-7
電話 03-5577-7286／FAX 03-5577-2803
E-mail: info8188@nikkeihyo.co.jp
振替 00130-3-157198

装丁＊渡辺美知子　　　　　　　藤原印刷／根本製本

落丁本・乱丁本はお取替いたします　　Printed in Japan
© FURUBAYASHI Eiichi 2019
ISBN978-4-8188-2531-4　C1333

・本書の複製権・翻訳権・上映権・譲渡権・公衆送信権（送信可能
化権を含む）は，㈱日本経済評論社が保有します．
・ JCOPY 〈(一社)出版者著作権管理機構　委託出版物〉
本書の無断複写は著作権法上での例外を除き禁じられています．
複写される場合は，そのつど事前に，(一社)出版者著作権管理機構
（電話 03-5244-5088，FAX 03-5244-5089，e-mail：info@jcopy.
or.jp）の許諾を得てください．

シリーズ社会・経済を学ぶ

木村和範 格差は「見かけ上」か　所得分布の統計解析
所得格差の拡大は「見かけ上」か．本書では，全国消費実態調査結果（ミクロデータ）を利用して，所得格差の統計的計測にかんする方法論の具体化を試みる．　**本体3000円**

小坂直人 経済学にとって公共性とはなにか　公益事業とインフラの経済学
インフラの本質は公共性にある．公益事業と公共性の接点を探りつつ，福島原発事故をきっかけに浮上する電力システムにおける公共空間の解明を通じて，公共性を考える．　**本体3000円**

小田　清 地域問題をどう解決するのか　地域開発政策概論
地域の均衡ある発展を目標に策定された国土総合開発計画．だが現実は地域間格差は拡大する一方である．格差是正は不可能か．地域問題の本質と是正のあり方を明らかにする．　**本体3000円**

佐藤　信 明日の協同を担うのは誰か　非営利・協同組織と地域経済
多様に存在する非営利・協同組織の担い手に焦点をあて，資本制経済の発展と地域経済の変貌に伴う「協同の担い手」の性格変化を明らかにし，展望を示す．　**本体3000円**

野崎久和 通貨・貿易の問題を考える　現代国際経済体制入門
ユーロ危機，リーマン・ショック，TPP，WTOドーハラウンド等々，現代の通貨・貿易に関する諸問題を，国際通貨貿易体制の変遷を踏まえながら考える．　**本体3000円**

徐　　涛 中国の資本主義をどうみるのか　国有・私有・外資企業の実証分析
所有制と産業分野の視点から中国企業の成長史を整理し，マクロ統計資料と延べ約1千万社の企業個票データをもちいて，国有・私有・外資企業の「攻防」を考察する．　**本体3000円**

越後　修 企業はなぜ海外へ出てゆくのか　多国籍企業論への階梯
多国籍企業論を本格的に学ぶ際に，求められる知識とはどのようなものか．それらを既に習得していることを前提としている多くの類書を補完するのが，本書の役割である．　**本体3400円**

笠嶋修次 貿易利益を得るのは誰か　国際貿易論入門
貿易と投資の自由化は勝者と敗者を生み出す．最新の理論を含む貿易と直接投資の基礎理論により，自由貿易の産業部門・企業間および生産要素間での異なる経済効果を解説する．　**本体3000円**

市川大祐 歴史はくり返すか　近代日本経済史入門
欧米技術の導入・消化とともに，国際競争やデフレなど様々な困難に直面しつつ成長をとげた幕末以降から戦前期までの日本の歴史について，光と陰の両面から考える．　**本体3000円**

板垣　暁 日本経済はどのように歩んできたか　現代日本経済史入門
戦後の日本経済はどのように変化し，それにより日本社会はどう変化したのか．その成長要因・衰退要因に着目しながら振り返る．　**本体3000円**

水野邦彦 韓国の社会はいかに形成されたか　韓国社会経済論断章
数十年にわたる国家主義統合と経済成長，その陰での民衆抑圧構造，覆い隠されてきた「過去事」とその清算運動，米国・日本の関与とグローバル化のなかで韓国社会を把握．　**本体3000円**

内田和浩 参加による自治と創造　新・地域社会論
共同体としての見直しが進む「地域社会」とは何か．現代に至るまでの歴史と構造を学び，高齢者，エスニック，女性，ボランティア等々，多様な住民の地域への参加を考える．　**本体2800円**

古林英一 増訂版 現代社会は持続可能か　基本からの環境経済学
環境問題の解決なくして人類の将来はない．環境問題の歴史と環境経済学の理論を概説し，実施されている政策と現状を環境問題の諸領域別に幅広く解説する．　**本体3000円**